中国矿业大学教材建设工程资助教材

FLUENT 化工流体计算与应用实例

闫小康　王利军　陈英华　编　著

中国矿业大学出版社
·徐州·

内容简介

本书基于FLUENT软件系统介绍了工程流体数值计算方法，内容包括计算流体力学技术（CFD）的基本概念和理论基础知识、建模方法、网格划分方法、求解及后处理方法，涉及湍流、传热、多相流、旋转机械流动分析等模型或技术；基于知识循序渐进、能力逐步提高的原则，精心安排展示了多个具有化工专业特色、兼顾先进性和实用性的数值分析案例，案例包括了完整的前处理、求解和后处理过程。

本书可作为高等院校过程装备与控制工程、动力工程、化学工程、矿物加工工程等相关本科专业师生用书，也可作为从事CFD分析的技术人员的参考书。

图书在版编目(CIP)数据

FLUENT化工流体计算与应用实例/闫小康，王利军，陈英华编著. 一徐州：中国矿业大学出版社，2022.6

ISBN 978-7-5646-5394-1

Ⅰ. ①F… Ⅱ. ①闫… ②王… ③陈… Ⅲ. ①流体力学－工程力学－计算机仿真－应用软件 Ⅳ. ①TB126-39

中国版本图书馆CIP数据核字(2022)第081025号

书　　名　FLUENT化工流体计算与应用实例
编　　著　闫小康　王利军　陈英华
责任编辑　陈　慧
出版发行　中国矿业大学出版社有限责任公司
（江苏省徐州市解放南路　邮编221008）
营销热线　(0516)83884103　83885105
出版服务　(0516)83995789　83884920
网　　址　http://www.cumtp.com　**E-mail**:cumtpvip@cumtp.com
印　　刷　徐州中矿大印发科技有限公司
开　　本　787 mm×1092 mm　1/16　**印张** 14.25　**字数** 356千字
版次印次　2022年6月第1版　2022年6月第1次印刷
定　　价　40.00元

前　言

计算流体力学(Computational Fluid Dynamics,CFD)是利用数值计算方法,结合现有计算机技术,对描述流体运动的方程组进行数值求解,进而研究流体运动规律的一门交叉学科,具有耗时少、重复性好、节省人力和物力等优点。它比实验自由和灵活,可较容易地模拟物理现象中的真实条件,并能给出实验难以测量的流场信息,近年来无论是在工程应用领域还是学术研究领域都得到了广泛的应用。

本书基于 FLUENT 软件,系统地介绍了工程流体数值计算的实现方法,内容包括 CFD 技术的基本概念、基本原理及基本方法;CFD 数值模拟的前处理、求解、后处理技术和方法以及相关理论知识;提供了涉及湍流、传热、多相流、旋转机械等具有化工专业特色的实例,每个实例都包含了完整的前处理、求解和后处理操作步骤。书中所有实例在 ANSYS Fluent 19.0 环境下调试运行,前处理使用 ICEM CFD,求解和后处理均使用 FLUENT。

本书各章主要内容安排如下:第 1 章介绍了计算流体力学的基本概念、基本原理、应用领域及求解过程;第 2 章介绍了 FLUENT 的主要功能、可提供的物理模型及用户操作界面;第 3 章介绍了前处理网格划分技术和方法以及专业前处理软件;第 4 章介绍了 FLUENT 中边界条件的选择、使用和设置方法;第 5 章介绍了 FLUENT 的后处理功能,主要包括图形可视化方法和定量结果提取方法;第 6 章为实例部分,提供了与化工设备及化工机械内流场求解紧密关联的 7 个实例,主要以典型的化工设备或机械为载体,例如管道、流化床、离心式风机、搅拌槽、旋流器等,涉及湍流、流动与传热、气-固两相流、气-液两相流、液-固两相流、旋转部件流场等代表性流场的求解,求解方法具有每一类型问题的通用性,读者可以通过实例学习举一反三求解其他同类问题的流场。考虑本科教学中上机指导的实际情况,使学生能在有限的课堂时间内完成实例的操作,第 6

章的实例大多采用了二维流场,同时书中也配备了三维流场的求解实例。部分实例来源于编者的科研工作,具有一定的工程意义。在每一个实例中,求解策略根据问题类型而异,使用的几何建模和网格划分方法也特别进行了差异化设计,旨在使读者通过这些算例的学习掌握较为全面的知识和技术。

本书可作为高等院校过程装备与控制工程、动力工程、化学工程、矿物加工工程等相关专业师生用书,也可作为从事CFD分析的技术人员的参考书。

本书由闫小康、王利军、陈英华编著,参与本书算例测试和文字处理工作的还有尧燕萍、钱琳、粟文兵、李娟、杨涵曦、苏子旭、李晓恒、张子昂、王文剑等,感谢安世亚太科技股份有限公司南京分公司提供平台支持,在大家共同努力和辛苦工作下,本书的编写才能得以顺利完成。

由于作者水平有限,书中的缺点和错误在所难免,望广大读者给予指正,以使本书在再版中得以更新和完善,读者可通过电子邮件 xk_yan@126.com 直接与作者联系,不甚感谢!书中使用的实例文件读者可通过网址 http://www.cumtp.com/download/item-621.html 直接下载。

作　者

2022 年 1 月

目 录

第1章　CFD简介

1.1　CFD的基本概念

计算流体力学(Computational Fluid Dynamics，简称CFD)是流体力学学科的一个分支，在20世纪60年代形成。CFD是利用数值方法，综合现有的计算机技术，对描述流体运动的数学方程组进行数值求解，以揭示流体运动规律的一门多领域交叉学科，涉及流体力学、偏微分方程的数学理论、计算机科学、计算几何及数值分析等领域，研究内容也扩展到包括网格生成、区域分解和并行计算、算法结构以及流场显示等多个方面的交叉。

流场中的物理参量随时间和空间的变化及分布通常可以通过求解偏微分方程来获取，这些方程控制着流体的流动过程，在CFD中称为"控制方程"。描述流体流动的控制方程组有质量守恒方程、动量守恒方程、能量守恒方程等。CFD用数值计算方法求解控制方程组，把原来在空间与时间坐标中连续的物理量的场，用一系列有限个离散点上的值的集合来代替，通过一定的原则建立起这些离散点上变量值之间关系的代数方程，求解所建立起来的代数方程以获得所求解变量的近似值。

流体力学的研究方法主要有三种：理论解析、实验观测及CFD数值模拟，这三种方法互为补充。与传统理论分析方法以及实验方法相比，CFD方法具有如下独特优势：① 适用性强，应用面广。对于非线性且自变量多的流动问题控制微分方程，若计算域几何结构、边界条件复杂，则难以获得解析解，而采用CFD方法可以获得满足工程需求精度的数值解。② 成本低、耗时短、重复性好、灵活性强。CFD方法不受物理模型和实验模型的限制，对于有毒、易燃等很难达到的客观条件，采用它可以获得详细完整的信息，还可灵活改变各种物理和化学因素，选择不同参数，寻求最优化方案。

CFD学科发展初期，研究者需要投入大量时间用于编写计算机程序。随着需求的不断增长，工业界甚至科学研究领域都希望在非常短的时间内获得CFD的计算结果，使得成熟的商业CFD软件得到广泛认可。

1.2　CFD的应用领域

近十多年来，CFD有了很大的发展，所有涉及流体流动、热交换、组分输运等现象的问题，几乎都可以通过CFD方法进行分析和模拟。CFD不仅作为一项研究工具，还作为设计工具在动力工程、化学工程、水利工程、土木工程、环境工程、食品工程、海洋工程、工业制造、矿业工程等领域发挥作用。典型的应用领域包括：

① 飞机、航天飞机等飞行器的空气动力学分析。

② 动力装置领域，如内燃机、发动机、气体透平设备内部流场以及燃烧分析。

③ 旋转机械领域，如风机、搅拌器、泵、压缩机内的流动及气动噪声预测等。

④ 电气及电子工程领域，如装置散热设计等。

⑤ 化学过程工程领域，如混合、分离、聚合物模塑过程等。

⑥ 建筑物内部及外部环境领域，如风载荷、供暖通风等。

⑦ 环境工程领域，如大气污染物及废水排放及扩散等。

⑧ 气象学领域，如大气运动、天气预报等。

⑨ 生物工程领域，如人体上呼吸道气流、动脉及静脉的血液流动等。

综上所述，这些领域的研究过去主要借助于基本理论分析和大量的实验，现在越来越多地采用CFD技术加以分析和解决。CFD技术的广泛应用和日益深入也促进了这些领域的发展进步。

1.3 CFD的求解过程

CFD数值模拟求解大致可分成以下若干步骤。

(1) 建立基本守恒方程组

从流体力学、热力学、传热学、传质学、燃烧学等的基本原理出发，选取和物理问题相关的质量、动量、能量、组分守恒方程组。对于多相流、组分输运等问题，基于不同的模拟理论，往往基本守恒方程组也不相同。

(2) 建立或选择基本守恒方程组的封闭方法

建立的基本守恒方程组往往是不封闭的，特别是复杂问题的湍流、多相流、化学反应流更是如此。例如，动量方程中的脉动速度关联项(雷诺应力项)，能量方程中的湍流导热项及辐射项，扩散方程中的扩散项及湍流反应项等均未知，方程组不封闭。解决这一问题，使方程组封闭是模拟理论的关键问题，这须配合相应的物理模型，其实就是补充方程用于封闭主控方程。为了正确选择和使用各种物理模型，在数值模拟之前必须对物理模型进行详细了解、调研和研究，以评价该物理模型是否适用于所研究的物理问题。

(3) 确定初始与边界条件

按照流动区域的几何形状和尺寸，从问题的物理特征出发，确定计算域并给定计算域的进出口、轴线(或对称面)及各壁面或自由面处条件。边界的设置位置以及边界条件是否合理往往也是数值模拟成败的关键因素之一。初始条件是所研究对象在过程开始时刻各求解变量的空间分布情况。

(4) 空间离散

采用数值方法求解控制方程时，需要将控制方程在空间区域上进行离散，然后求解得到离散方程组。其本质就是把连续的空间变量用离散的网格点上的变量来近似。现在已经发展出多种对各种区域进行离散以生成网格的方法，这种网格生成技术也成为CFD的一个独特分支，网格生成软件也应运而生。采用专门的网格生成软件可以很方便地生成各种网格，包括二维三角形、四边形网格以及三维的四面体、六面体、棱锥、棱柱等多种网格，或者它们的混合网格。

（5）建立离散化方程

用数值方法求解偏微分方程组，须将方程组离散为代数方程组，然后通过求解代数方程组来得到这些节点上的值。由于所引入的因变量在节点之间的分布、假设及推导离散化方程的方法不同，形成了有限差分法、有限体积法、有限元法等不同类型的离散化方法。在同一种离散化方法中，例如有限体积法，对方程中对流项所采用的离散格式不同，也将导致不同形式的离散方程，例如中心差分格式、一阶迎风格式、二阶迎风格式、QUICK 格式等；对于非稳态问题，还涉及时间上的差分。

（6）求解设置

对离散完成的代数方程组有各种不同的求解方法，例如涡量-流函数算法、基于压力的压力-速度修正算法（SIMPLE 系列算法）、基于密度的耦合隐式或显式时间推进求解算法等。针对代数方程组的求解有三角矩阵法（追赶法）、逐线迭代法、高斯赛德尔迭代法等。

（7）数值模拟结果分析及后处理

当计算收敛后就可以提取计算结果进行后处理。如何判断解的收敛性是一个经验性很强的问题，常用的判断方法是判定残差小于设定标准。实际应用中，经常需要配合以总的质量流量、某点物理量的变化或某个截面通量物理量的变化、物体所受的力或力矩的变化情况等来综合判断，所监控的物理量不再变化，或所监控的物理量呈周期性变化时，可以认为解收敛。如果解不收敛甚至发散，原因可能要从边界条件、模型甚至网格等多方面开始查找；松弛因子可以调整，但是要谨慎调整，否则有可能会造成假收敛。很多时候需要采取一些措施帮助收敛，例如计算湍流时，可先从层流算起，逐步稳定后改成湍流。计算非稳态问题时，如果关心的是最终稳定下来的结果，那么可以从稳态算起，当初步流场形成后再改回非稳态。非稳态计算时，初始条件的设置也会较大地影响收敛进程。

这里要注意，收敛的结果不一定是准确的结果。要判断数值模拟结果的准确性，须将模拟预测结果和实验测量结果进行对比，或者依据一些理论计算结果，定性、定量地评价模拟结果或模拟理论及方法的优缺点和可靠性，以确定更适合所求解物理问题的数值模型及方法。

将计算所得的大量离散数据，通过可视化的方式呈现出来的过程称为后处理，例如矢量图、等值线图、流线图等多种方式。

1.4 方程离散化基本方法

简单介绍几种最常见的离散方法：有限差分法（finite difference method，简称 FDM）、有限体积法（finite volume method，简称 FVM）和有限元法（finite element method，简称 FEM）。

有限差分法（FDM）是最容易实施的数值方法。它是将求解区域用与坐标轴平行的一系列网格线的交点所组成的点的集合来代替，在每个节点上，将控制方程中每一个导数用相应的差分表达式来代替，从而在每个节点上形成一个代数方程，每个方程中包括了本节点及其附近一些节点上的未知值，求解这些代数方程就获得了所需的数值解。

有限体积法（FVM）将所计算的区域划分成一系列控制体积，每个控制体积都有一个节点作代表。通过将守恒型的控制方程对控制体积做积分来导出离散方程。在导出过程中，需要对界面上的被求函数本身及其一阶导数的构成作出假定，这种构成的方式就是有限体积法中的离散格式。用有限体积法导出的离散方程可以保证具有守恒特性，而且离散方程系数的物理意义明确，是目前流动与传热问题数值计算中应用最广的一种方法。目前通用性较广的商业 CFD 软件如 FLUENT，CFX，PHOENICS，STAR-CD 等都采用有限体积法。

有限元法(FEM)是一种把计算区域分成一组离散的容积，称为单元(在二维情况下单元的形状常是三角形或四边形)，然后通过对控制方程积分得出离散方程的数值方法。它与有限体积法的主要区别在于：① 对每个单元要选定一个形状函数(最简单的为线性函数)，通过单元中节点上的被求变量之值来表示该形状函数，并在积分之前把所假设的形状函数代入控制方程中；② 控制方程在积分之前应乘上选定的权函数，并要求在整个区域上控制方程的余量的加权平均值为零，从而导出一组关于节点上被求变量的代数方程。有限元法的最大优点是对不规则几何区域的适应性好，但是它在对流项的离散处理及不可压缩 N-S 方程的原始变量法求解方面不如有限体积法成熟。随着有限体积法中非结构网格的应用，有限体积法与有限元法之间的差别正在缩小。目前通用性较广的商业 CFD 软件中，只有少数软件，例如 FIDAP 采用有限元法。

CFD 可以用以上三种离散化方法中的任何一种进行处理。目前，有限元法在 CFD 中的应用还没有形成规模，有限差分法和有限体积法在全部 CFD 实际应用中占到了约 95%。本书限于篇幅，仅对有限差分法进行讨论。其他还有诸如有限分析法、边界元法、谱分析法、数值积分变换法等，有兴趣的读者可以查阅相应的参考书。

1.4.1 有限差分求解过程

首先将求解区域划分为差分网格，用有限个网格点代替连续的求解域，将待求解的流动变量(如密度、速度等)存储在各网格点上，将偏微分方程中的微分项用相应的差商代替，从而将偏微分方程转化为代数形式的差分方程，得到含有离散点上的有限个未知变量的差分方程组。求得该差分方程组的解，也就得到了网格点上流动变量的数值解。

1.4.2 有限差分基础

偏微分方程的解析解可给出未知函数在区域内的连续变化，数值解只在区域内的离散点上给出结果，这些离散的点称为网格点。例如，图 1-1 给出了 xOy 平面内的一组离散网格点。为方便起见，假设网格点在 x 方向上的间距是均匀的，记作 Δx，在 y 方向上的间距也是均匀的，记作 Δy，一般来讲，Δx 和 Δy 可以不相等，相邻两点之间的间距(Δx 或 Δy)也是可以变化的。图 1-1 中网格沿 x 方向用 i 标记，沿 y 方向用 j 标记。如果 P 点的标记是(i,j)，那么 P 点右边的网格点就是$(i+1,j)$，左边是$(i-1,j)$，上边是$(i,j+1)$，下边是$(i,j-1)$。

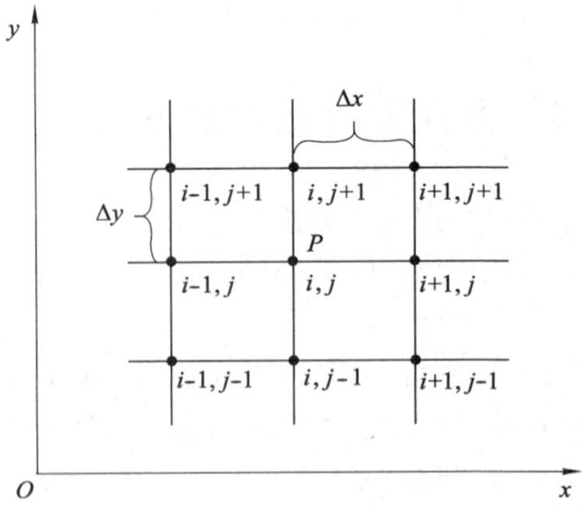

图 1-1　离散网格点

关于离散化的理解，假设有一个二维流场，控制方程为 N-S 方程或欧拉方程。这些偏微分方程的解析解 u、v、w、p 理论上是 x、y 的连续函数。利用这些函数表达式，可以得到流场中任意指定的点上变量的值。但是，如果这些控制方程中的偏微分被近似的代数差分替代，那么微分方程就被一组代数方程所代替，解代数方程组，只能得到流场变量在离散网格点上的值，则原来的偏微分方程被“离散化”了，该离散化方法称有限差分法。

对于用代数差分代替偏导数，借助泰勒级数展开式可推导出导数的有限差分一般形式。例如，在图 1-1 中，若 $u_{i,j}$ 表示速度的 x 分量在 (i,j) 点的值，则 $(i+1,j)$ 点的速度 x 分量 $u_{i+1,j}$ 可以用 (i,j) 点的泰勒级数展开表示：

$$u_{i+1,j}=u_{ij}+\left(\frac{\partial u}{\partial x}\right)_{i,j}\Delta x+\left(\frac{\partial^2 u}{\partial x^2}\right)_{i,j}\frac{(\Delta x)^2}{2}+\left(\frac{\partial^3 u}{\partial x^3}\right)_{i,j}\frac{(\Delta x)^3}{6}+\cdots \tag{1-1}$$

此处举例帮助理解泰勒级数相关内容。考虑 x 的连续函数 $f(x)$，设它在 x 点有各阶导数。于是函数 f 在 $x+\Delta x$ 处的值可以由 x 点处的泰勒级数计算，即

$$f(x+\Delta x)=\underbrace{f(x)}_{\text{与原值相等}}+\underbrace{\frac{\partial f}{\partial x}\Delta x}_{\text{加上斜率的影响}}+\underbrace{\frac{\partial^2 f}{\partial x^2}\frac{(\Delta x)^2}{2}}_{\text{加上曲率的影响}}+\cdots+\frac{\partial^n f}{\partial x^n}\frac{(\Delta x)^n}{n!}+\cdots \tag{1-2}$$

为了与式(1-1) 保持一致，式(1-2)中仍采用了偏导数的记号，其实该例使用的函数是一元函数，它的偏导数也就是通常的导数。

式(1-2)的含义可用图 1-2 来帮助理解。假设 f 在 x 时(图 1-2 中的点 1)的值已知，我们要用式(1-2)计算 f 在 $x+\Delta x$ 时(图 1-2 中的点 2)的值。考察式(1-2)右边的各项可以看出，第一项，$f(x)$本身并不能作为 $f(x+\Delta x)$好的预测值；第二项$\frac{\partial f}{\partial x}\Delta x$ 估算考虑到了曲线在 1 点的斜率；第三项$\frac{\partial^2 f}{\partial^2 x}\frac{(\Delta x)^2}{2}$近似考虑了 1、2 两点之间曲率的贡献。一般来说，要得到更精确的结果，就要加上更多的高阶项，如果能将式(1-2)右边的无穷多项都考虑进来的话，这个式子就成为 $f(x+\Delta x)$的精确表达式。

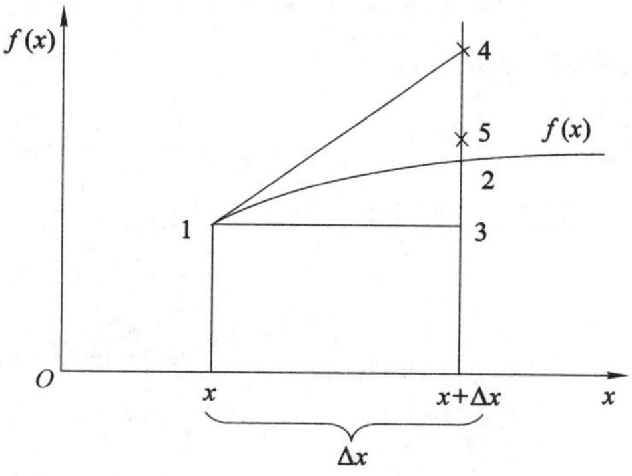

图 1-2　泰勒级数中前三项的作用

回到式(1-1)，继续讨论导数的差分表达式。从式(1-1)中解出$(\partial u/\partial x)_{i,j}$，有

$$\left(\frac{\partial u}{\partial x}\right)_{i,j}=\underbrace{\frac{u_{i+1,j}-u_{i,j}}{\Delta x}}_{\text{差分表达式}}\underbrace{-\left(\frac{\partial^2 u}{\partial x^2}\right)_{i,j}\frac{\Delta x}{2}-\left(\frac{\partial^3 u}{\partial x^3}\right)_{i,j}\frac{(\Delta x)^2}{6}-\cdots}_{\text{截断误差}} \tag{1-3}$$

式(1-3)左边是偏导数在(i,j)点的准确值，右边第一项是偏导数的有限差分表达式，右边其余项构成了截断误差。也就是说，如果用上述代数差分作为偏导数的近似，则有

$$\left(\frac{\partial u}{\partial x}\right)_{i,j}\approx\frac{u_{i+1,j}-u_{i,j}}{\Delta x} \tag{1-4}$$

在式(1-3)中，截断误差的最低阶项是 Δx 的一次方，称有限差分表达式，具有一阶精度。式(1-3)可写成

$$\left(\frac{\partial u}{\partial x}\right)_{i,j}=\frac{u_{i+1,j}-u_{i,j}}{\Delta x}+O(\Delta x) \tag{1-5}$$

$O(\Delta x)$是数学上表示“与 Δx 同阶的项”的一种记法，这个记号明确地将截断误差的量级表示了出来。再看图 1-1，注意到式(1-5)中的有限差分表达式只用到(i,j)点右边的信息，这样的有限差分称为向前差分。导数$(\partial u/\partial x)$的一阶精度差分表达式(1-5)就称为一阶向前差分。

如果，使用 $u_{i-1,j}$ 在 $u_{i,j}$ 处的泰勒级数展开式

$$u_{i-1,j}=u_{i,j}+\left(\frac{\partial u}{\partial x}\right)_{i,j}(-\Delta x)+\left(\frac{\partial^2 u}{\partial x^2}\right)_{i,j}\frac{(-\Delta x)^2}{2}+\left(\frac{\partial^3 u}{\partial x^3}\right)_{i,j}\frac{(-\Delta x)^3}{6}+\cdots$$

或

$$u_{i-1,j}=u_{i,j}-\left(\frac{\partial u}{\partial x}\right)_{i,j}\Delta x+\left(\frac{\partial^2 u}{\partial x^2}\right)_{i,j}\frac{(\Delta x)^2}{2}-\left(\frac{\partial^3 u}{\partial x^3}\right)_{i,j}\frac{(\Delta x)^3}{6}+\cdots \tag{1-6}$$

解出$(\partial u/\partial x)_{i,j}$，有

$$\left(\frac{\partial u}{\partial x}\right)_{i,j}=\frac{u_{i,j}-u_{i-1,j}}{\Delta x}+O(\Delta x) \tag{1-7}$$

式(1-7)中的有限差分用到了网格点(i,j)左边的信息，(i,j)点右边的信息则没有用到，这种方式称为向后差分。

很多情况下，一阶精度是不够的。为构造具有二阶精度的有限差分，直接从式(1-1) 中减去式(1-6)，得

$$u_{i+1,j}-u_{i-1,j}=2\left(\frac{\partial u}{\partial x}\right)_{i,j}\Delta x+2\left(\frac{\partial^3 u}{\partial x^3}\right)_{i,j}\frac{(\Delta x)^3}{6}+\cdots \tag{1-8}$$

而式(1-8)又可写成

$$\left(\frac{\partial u}{\partial x}\right)_{i,j}=\frac{u_{i+1,j}-u_{i-1,j}}{2\Delta x}+O(\Delta x)^2 \tag{1-9}$$

构成式(1-9)中有限差分的信息来自网格点(i,j)的左右两边，即 $u_{i+1,j}$和 $u_{i-1,j}$。网格点(i,j)落在它们中间。同时，式中截断误差的最低阶项是$(\Delta x)^2$ 项，即具有二阶精度。所以，式(1-9)中的有限差分称为二阶中心差分。

对于二阶偏导数，将泰勒级数展开式(1-1)和式(1-6)相加，有

$$u_{i+1,j}+u_{i-1,j}=2u_{i,j}+2\left(\frac{\partial^2 u}{\partial x^2}\right)_{i,j}\frac{(\Delta x)^2}{2}+2\left(\frac{\partial^4 u}{\partial x^4}\right)_{i,j}\frac{(\Delta x)^4}{12}+\cdots \tag{1-10}$$

又可写成

$$\left(\frac{\partial^2 u}{\partial x^2}\right)_{i,j}=\frac{u_{i+1,j}-2u_{i,j}+u_{i-1,j}}{(\Delta x)^2}+O(\Delta x)^2 \tag{1-11}$$

式(1-11)右边第一项是二阶导数$\partial^2 u/\partial x^2$ 在网格点(i,j)处值的中心差分，具有二阶精度。

导数的差分近似还有许多其他形式，还可以导出精度更高的有限差分，如三阶精度、四阶精度等。

CFD 求解到底需要多高的精度难以定论，对高阶精度的优缺点有以下观点：

① 缺点。高阶精度的差分需要更多的网格点。所以计算中的每一个时间步或空间步都需要更多的计算时间。

② 优点。要得到相同精度的流场解，如果使用高阶差分格式，流场中网格点的总数可

以更少一些；高阶差分格式可以给出质量更高的流场解，例如捕捉到的激波更陡、更清晰。

对于大多数有限差分解，至少需要二阶精度，对于大多数工程问题二阶精度也足够了。

1.4.3　差分方程

对一个给定的偏微分方程，如果将其中所有的偏导数都用有限差分来代替，所得到的代数方程叫作差分方程，它是偏微分方程的代数表示。CFD中有限差分方法的基础就是用差分代替控制方程里的偏导数，得到关于未知函数在每一网格点处的值的差分代数方程组。例如，对于非稳态一维导热方程（热传导系数为常数）：

$$\frac{\partial T}{\partial t}=\alpha\frac{\partial^2 T}{\partial x^2} \tag{1-12}$$

用有限差分来代替方程(1-12)中的偏导数。方程(1-12)中有两个自变量 x 和 t。在图1-3所示的网格中，i 是 x 方向的标号，n 是 t 方向的标号。如果偏微分方程的一个自变量是用于推进求解的变量，如方程(1-11)中的 t，按照CFD的习惯，该推进变量方向的标号就用 n 来表示，并且在有限差分表达式中写成上标。例如，如果用向前差分式(1-5)代替方程(1-12)中的时间导数，并考虑截断误差，则

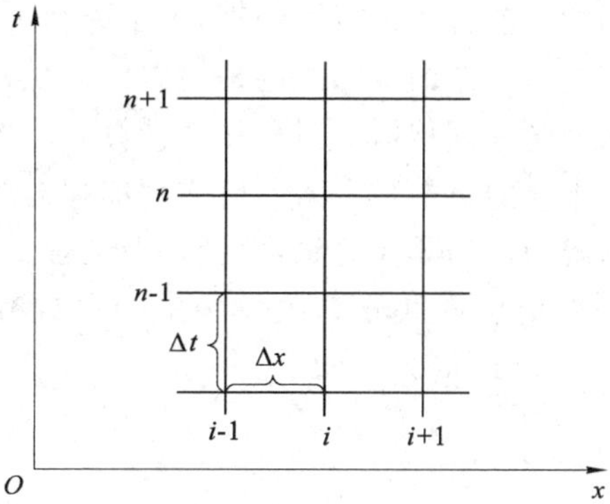

图1-3　方程(1-12)差分所用的网格

$$\left(\frac{\partial T}{\partial t}\right)_i^n=\frac{T_i^{n+1}-T_i^n}{\Delta t}-\left(\frac{\partial^2 T}{\partial t^2}\right)_i^n\frac{\Delta t}{2}+\cdots \tag{1-13}$$

再用中心差分式(1-11)代替方程(1-12)中的 x 方向导数，并考虑截断误差，即

$$\left(\frac{\partial^2 T}{\partial x^2}\right)_i^n=\frac{T_{i+1}^n-2T_i^n+T_{i-1}^n}{(\Delta x)^2}-\left(\frac{\partial^4 T}{\partial x^4}\right)_i^n\frac{(\Delta x)^2}{12}+\cdots \tag{1-14}$$

如果将方程(1-12)写成：

$$\frac{\partial T}{\partial t}-\alpha\frac{\partial^2 T}{\partial x^2}=0 \tag{1-15}$$

将式(1-13)和式(1-14)代入式(1-15)，有

$$\frac{\partial T}{\partial t}-\alpha\frac{\partial^2 T}{\partial x^2}=0=\frac{T_i^{n+1}-T_i^n}{\Delta t}-\frac{\alpha(T_{i+1}^n-2T_i^n+T_{i-1}^n)}{(\Delta x)^2}+\left[-\left(\frac{\partial^2 T}{\partial t^2}\right)_i^n\frac{\Delta t}{2}+\alpha\left(\frac{\partial^4 T}{\partial x^4}\right)_i^n\frac{(\Delta x)^2}{12}+\cdots\right] \tag{1-16}$$

考察式(1-16)，左边为原来的偏微分方程，右边前两项是原方程的差分表示，方括号项是差分方程的截断误差。将式(1-16)中的差分方程单独写出来就是：

$$\frac{T_i^{n+1}-T_i^n}{\Delta t}=\frac{\alpha(T_i^n-2T_i^n+T_{i-1}^n)}{(\Delta x)^2} \tag{1-17}$$

方程(1-17)就是用来表示原微分方程(1-12)的差分方程。但方程(1-17)仅仅是方程(1-12)的一个近似。由于用在方程(1-17)中的每一个有限差分都带有截断误差，所以最终形成的差分方程本身也就有了截断误差，它是每一个有限差分的截断误差的总和。式(1-16)中给出了自身的截断误差，注意该截断误差是 $O[\Delta t,(\Delta x)^2]$。

重点：差分方程与原微分方程并不相同，是两个完全不同的东西。差分方程是一个代数方程。如果在图 1-3 所示的区域内所有网格点上都列出这种差分方程，就得到一个联立的代数方程组。数值求解这个代数方程组，就求出了未知函数在所有网格点上的值，即求出了 T_i^n、T_i^{n+1}、T_i^{n+2} 等。理论上讲，我们希望数值解给出的 T 值能够代表原微分方程封闭形式的解析解所给出的结果，至少在截断误差的范围内。如果能够对下面的问题给出肯定的回答，我们就能从某种意义上对上述期望作出确认。这个问题是：当网格点的数量趋于无穷多，也就是 $\Delta x \to 0$，$\Delta t \to 0$ 时，截断误差是否趋于零。这决定了差分方程是否趋近于原微分方程。如果答案是肯定的，假如求解差分方程的数值方法是稳定的，再假如边界条件已经用合理的数值方法进行了处理，那么差分方程的数值解就应该能够代表微分方程的解析解，至少在截断误差的范围之内是可以的。然而，正是因为这么多个“假如”，再加上截断误差经常在区域内来回传播，使得 CFD 计算并不容易。

本节的目的是引入差分方程的概念，帮助大家理解 CFD 的工作原理，没有讨论用于数值求解的任何具体算法，以及涉及的显式解、隐式解、稳定性分析及数值耗散等，而它们对于 CFD 数值计算也是同等重要的。可以参阅相应的文献、参考书或帮助文档了解相关内容。

第 2 章　FLUENT 求解器基础

2.1　FLUENT 软件功能简介

FLUENT 是目前市场上主流的 CFD 商用软件，可完成各种复杂流体流动、传热和化学反应等复杂问题的数值模拟。针对各种类型工程问题的 CFD 分析，FLUENT 提供了强大的前处理、求解以及后处理功能。基于这些功能，用户可以对各种复杂流动过程进行高效建模、精确求解，并对计算结果进行后处理分析。

2.1.1　前处理

（1）几何建模

建立流体域的几何模型是 CFD 仿真的第一步。通过各种辅助设计系统（如 AutoCAD、UG、Creo、Solidworks 等）直接创建流体域的几何模型。这里要注意的是，建立的是所有流体通过的区域，通常需要做布尔运算来实现。此外，FLUENT 提供了专业的几何处理模块 ANSYS Design Modeler（简称 ANSYS DM），可直接用于流场区域几何模型的生成，也可对直接导入外部设计系统创建的模型进行修补和简化等处理。ANSYS DM 作为数值模拟的专用几何工具软件，除了建模功能之外，还具备许多模型编辑能力，例如删除不必要的细节特征、创建包围整个个体的外流场区域几何模型、体积抽取形成内流场区域几何模型等。

（2）网格划分

网格划分的目的是对流场几何域进行离散化。目前，FLUENT 软件网格划分主要是通过 ICEM CFD 和 ANSYS Mesh 模块来完成。ANSYS Mesh 集成于 ANSYS Workbench 环境中，集成了来自 TurboGrid、ICEM CFD、ANSYS Prep/Post 等一系列模块的网格划分功能，可以为流场分析、结构分析、电磁场分析等多种求解器输出计算网格。ANSYS Mesh 能够对流场区域进行四面体、六面体、棱柱体等形式的网格划分，还提供了 Mesh Metric 功能对所形成的网格进行质量评价。

2.1.2　FLUENT 求解

FLUENT 求解器的主要设置内容包括材料库、湍流模型、传热模拟、多相流模型、燃烧及化学反应模拟、边界条件、稳健的算法、并行计算功能以及计算控制功能等，下面对 FLUENT 的核心功能进行简要介绍。

（1）广泛的材料类型

FLUENT 支持的材料类型有 fluids(流体)、solids(固体)、mixtures(混合物)、combusting particles(燃烧微粒)、droplet-particles(液滴微粒)以及 inert-particles(惰性微粒),后 3 种类型主要用于模拟多相流动中的离散相。

FLUENT 的材料库有接近 700 种材料,材料库中的每一种材料都包含了缺省的物理属性值,用户可以由材料库直接拷贝所需的材料到分析项目中。另外,用户可以自定义材料或材料库,以满足自身的应用需要。

(2) 丰富的湍流模型

FLUENT 具有丰富而全面的湍流模型,可供选择的湍流模型包括 Spalart-Allmaras 模型、几种常见的 k-ε 模型(标准 k-ε、RNG k-ε 以及 Realizable k-ε)、k-ω 模型、RSM 模型(Reynolds Stress Model,雷诺应力模型)、SAS 模型(Scale-Adaptive Simulation Model,尺度自适应模拟)、DES 模型(Detached Eddy Simulation,分离涡模拟)、LES 模型(Large Eddy Simulation,大涡模拟)、ELES 模型(Embedded Large Eddy Simulation,植入大涡模拟)等。此外,壁面方程和壁面处理选项使用户能够更精确地模拟壁面附近的湍流流动。

(3) 动网格技术

FLUENT 软件的动网格技术可用于模拟各种复杂运动机构中的流动,比如内燃机汽缸活塞及配气机构、各类阀门运动等,以及模拟流体机械例如齿轮泵等设备中的流动。动网格模拟技术可以与 FLUENT 中的很多其他模型结合使用,例如喷雾模型、燃烧模型、多相流、自由表面、不可压流动、大涡模拟和化学反应模型等。滑移网格和多参考系模型则可用于模拟搅拌器、水泵等透平机械中的周期性流动,计算经济性比动网格好。

(4) 传热模拟

FLUENT 具有丰富的对流、辐射模型,可以处理各种对流、导热和辐射等传热问题,包括流体固体界面的共轭传热问题,此外,还可以模拟熔化、凝固、蒸发、液化等相变过程和问题。

(5) 多相流模型

FLUENT 提供 3 种 Euler-Euler 型多相流模型,即 VOF(Volume of Fluid)模型、混合(Mixture)模型和 Eulerian 模型;提供 1 种 Euler-Lagrange 型多相流模型,即离散相(DPM)模型。应用 FLUENT 提供的多相流模型,可模拟各种多相混合流动(固体、液体和气体组合)、颗粒流动、液体喷雾、流动物质界面预测等流动问题,与其他 FLUENT 模型结合还可分析各种化工设备中的多相传热、传质与反应流动问题。

(6) 燃烧及化学反应模拟

FLUENT 可以模拟多种与反应物输运同时发生的化学反应过程。FLUENT 中可以模拟的反应可以是发生在容器中的体相反应(volumetric reaction),也可以是在壁面上发生的壁面反应(wall surface reaction),或者是在微粒表面上发生的微粒表面反应(particle surface reactions)。此外,FLUENT 还提供了反应通道模型(Reacting Channel Model),可用于模拟燃料重组器、裂解炉等长而窄的通道中的化学反应过程,同时考虑与流动、传热的耦合。结合 FLUENT 的多相流模型、湍流模型以及有限速率反应模型、预混燃烧模型、非预混燃烧模型、部分预混燃烧模型等燃烧模型,可模拟各种燃烧过程,如气体、固体或液体燃料的燃烧,预测燃烧温度场、产物组分,包括 NO_x、SO_x 等污染物的形成和扩散过程等。

(7) 丰富的边界条件类型

FLUENT 软件提供了非常全面的流动边界类型，能定义各种复杂流动问题的边界。常见的边界类型、特点和适用范围详见后续章节。

(8) 稳健的算法

FLUENT 提供了两种类型的数值求解算法，即基于压力的求解器和基于密度的求解器。基于压力的求解器以动量和压力为基本变量，通过连续性方程导出压力和速度，主要应用于低速、不可压缩流，需要的内存少，求解过程灵活；基于密度的求解器以矢量方式求解连续性方程、动量方程、能量方程和组分方程，通过状态方程得到压力，其他标量方程按照分离方式求解，主要应用于高速、可压缩流体。近年来这两种算法都被不断地扩展和重构，均突破不少原来的限制，应用领域更为广泛。

(9) 并行计算功能

FLUENT 软件的高级并行处理就是利用多个计算节点(CPU)同时进行计算的。并行计算将网格划分成多个子域，各子域使用不同计算节点进行计算，从而提高计算速度。通过 FLUENT 的自动分区技术可以保证各 CPU 的负载平衡，实现各 CPU 的高效运行。

(10) UDF 功能

UDF 为 FLUENT 用户自定义函数，即用户可以通过自行编写程序，实现特定功能。UDF 程序用 C 语言编写，可以定义边界条件、材料属性、表面和体积反应率、输运方程中的源项、标量输运方程中的源项扩散率函数等，也可对 FLUENT 的流动模型(如离散相模型、多相混合物模型、辐射模型等)进行改进。该功能增强了 FLUENT 的使用灵活性，扩展了其应用范围。

2.1.3　FLUENT 软件的后处理功能

后处理主要完成结果数据提取，图形、动画展现，以及进一步计算分析等操作。FLUENT 的求解结果有 3 种后处理方式：

(1) 使用 FLUENT 自身集成后处理功能；

(2) 使用集成在 ANSYS workbench 平台里的产品，例如 CFD-Post；

(3) 计算结果导出到第三方后处理软件，例如 Tecplot、FieldView 等。

这几种方式都提供了强大的数据可视化后处理功能，可以实现等值线图绘制、矢量图绘制、流线及迹线图绘制、动画显示、二维曲线图绘制、FFT 分析、流量计算、体积积分、面积积分等。

2.2　FLUENT 物理模型及求解器设置

在 FLUENT 分析导航面板中选择 Models 分支时，即出现 Models 任务界面，如图 2-1 所示。常用的物理模型包括 Multiphase、Energy、Viscous、Radiation 等类型。下面对常用的物理模型进行简单介绍。

2.2.1　Multiphase 多相流模型

双击 Models 任务页面下的 Multiphase 选项，出现"Multiphase model"设置对话框，如图 2-2 所示。用户在此对话框中的 Model 选项组中选择要采用的多相流模型。在选择了多相流模型后，继续在任务页面中设置多相流模型的选项和参数。

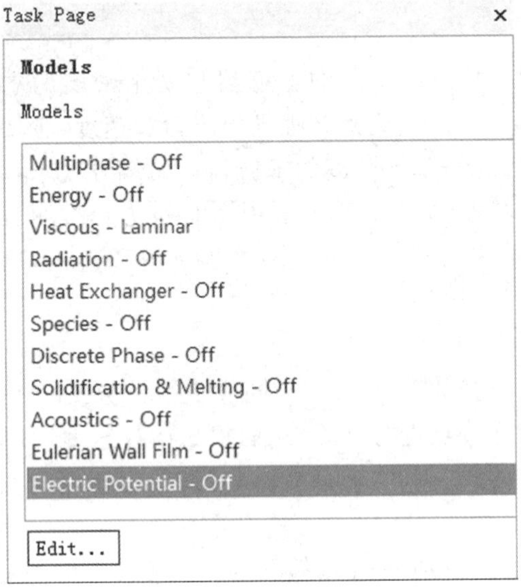

图 2-1　Models 任务界面

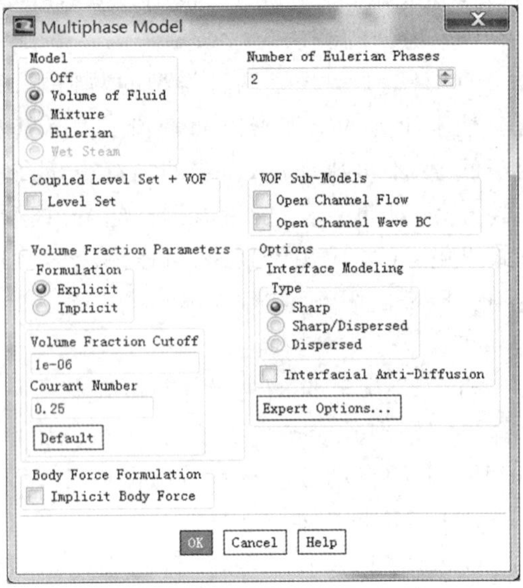

图 2-2　多相流模型

下面对 Model 选项组中所列多相流模型进行简单介绍。

(1) Volume of Fluid(VOF)模型

VOF 模型是一种在固定的欧拉网格上实现流体界面追踪的技术。在 VOF 模型中，不同流体组分共享一套动量方程，每一相的体积分数在整个计算域内被追踪。当存在一种或多种互不相溶流体间的交界面时，适用 VOF 模型，其应用包括分层流、自由表面流动、液体灌注、容器内液体振荡、液体中大气泡运动、堰流、喷注破碎的预测、气-液界面的稳态与瞬态追踪等。采用 VOF 模型时，存在一些限制，如必须使用基于压力的求解器，所有控制容积必须充满一种流体相或多相的组合，不允许没有流体的空区域等。

(2) Mixture(混合)模型

混合模型可用于流体或颗粒组成的“强耦合”多相流，其中各相被视为互相贯通的连续体。混合模型求解混合物动量方程，并通过体积分数方程描述离散相，也可通过相间滑移速度计算离散相速度。适用混合模型的应用包括低负载颗粒流、低气含率气泡流、沉降过程和旋风分离器等。混合模型还可用于模拟无相对速度的匀质弥散多相流。采用混合模型时，必须使用基于压力的分离求解器，各相中只有一相是可压缩的。

(3) Eulerian 模型

Eulerian 模型允许对多个独立但相互作用的相进行建模，相可以是液体、气体或几乎任何组合的固体。Eulerian 模型为每一相建立动量方程和连续性方程来求解，通过压力和相间交换系数实现相间耦合，处理耦合的方式取决于相的类型。FLUENT 的欧拉多相模型不区分流体-流体和流体-固体(颗粒)多相流，颗粒流是指至少包含一个被指定为颗粒相的相的流动。Eulerian 模型可以和所有的 k-ε 和 k-ω 湍流模型联用，相间的动量交换依赖于混合物的类型。Eulerian 模型的应用包括气泡柱、颗粒悬浮和流化床等。无论是 Mixture 还是

Eulerian 模型都不适用于计算无黏流、熔化和凝固流动。

2.2.2 Energy 能量方程选项

当模拟计算涉及传热和能量计算时，需要勾选"Energy Equation"项，勾选此项后，FLUENT 在求解过程中增加能量方程。选择的方法：双击 Models 任务页面下的 Energy 选项，出现"Energy"设置对话框，如图 2-3 所示，勾选"Energy Equation"，然后单击"OK"按钮。

2.2.3 Viscous 黏性模型

Viscous 选项用于选择黏性及湍流模型，包括的模型有 Inviscid（无黏流），Laminar（层流），以及数个湍流模型例如 k-ε，k-ω，Large Eddy Simulation 等。双击 Models 任务页面下的 Viscous 选项，则出现"Viscous Model"设置对话框，如图 2-4 所示。

使用这些模型，可以实现无黏流动、层流以及湍流的模拟。

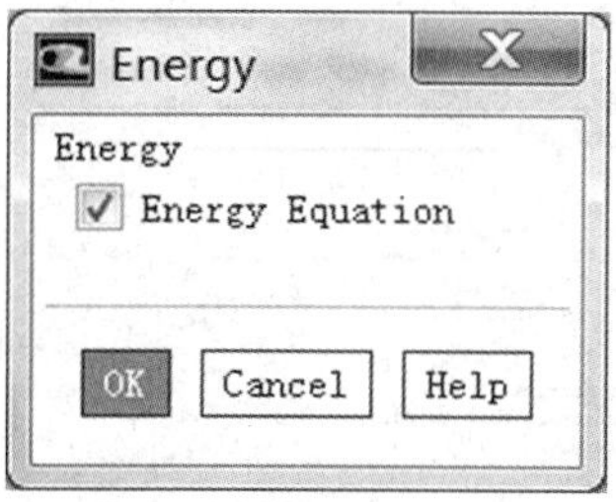

图 2-3 勾选能量方程

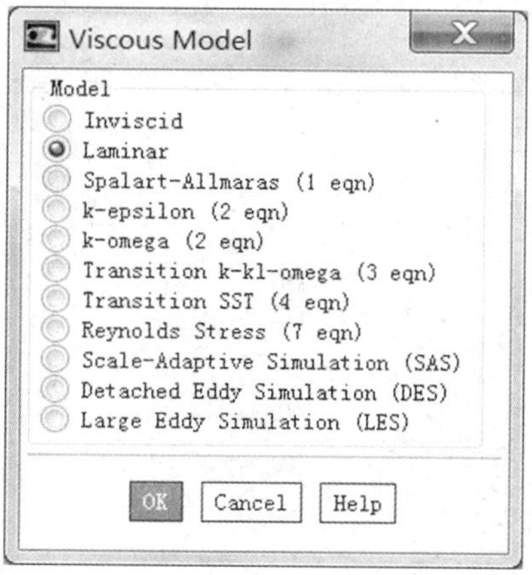

图 2-4 常用湍流模型

实际情况中湍流流动较为多见，下面对 FLUENT 中常用的湍流模型进行简单介绍。

（1）k-epsilon（简称 k-ε）模型

k-ε 模型是双方程模型，包括一个湍流动能 k 方程和一个湍流动能耗散率 ε 方程，用以封闭连续性方程和 N-S 方程，是鲁棒性和经济性较好且应用最为广泛的湍流模型。该模型于 1972 年由 Launder 和 Spalding 提出。k-ε 模型参数设置界面的选项如图 2-5 所示。

FLUENT 中包含 Standard k-ε、RNG k-ε 和 Realizable k-ε 三种 k-ε 模型，后两种都是针对标准 k-ε 模型的修正。RNG k-ε 模型在计算速度梯度较大的流场时能够更好地处理高应变率及流线弯曲程度较大的流动。Realizable k-ε 模型适用流动类型较为广泛，包括旋转均匀剪切流，包含有射流和混合流的自由流动、管道内流动、边界层流动以及带有分离的流动等，但是在同时存在旋转区和静止区的流场计算中，该模型会产生非物理湍流黏性，因此在类似计算中选用此模型应该慎重。

需要注意的是，k-ε 模型是针对充分发展湍流建立的数学模型，适用于高雷诺数流动，近壁区内的流动计算可以采用壁面函数法加以完善；对于低雷诺数流动，可以激活 FLUENT 中的低雷诺数 k-ε 模型。

（2）Reynolds Stress 模型

Reynolds Stress 模型，即雷诺应力模型，简称 RSM 模型。RSM 模型放弃了各向同性的涡黏性假设，通过求解雷诺应力输运方程和耗散率方程来封闭 N-S 方程，在三维流动中增加了 7 个额外的输运方程。由于该模型相比一方程和双方程模型考虑了流线曲率、旋涡、旋转和应变率快速变化的影响，因此对复杂流动的预测性能更好。当感兴趣的流动特征与雷诺应力各向异性高度相关时，必须使用 RSM 模型，例如旋风流、燃烧室中的高旋流、旋流流道和管道中应力诱导的二次流。选择 RSM 模型后，需要对 Reynolds-Stress Model，Reynolds-Stress Options 及 Near-Wall Treatment 等选项及有关模型常数进行设置，如图 2-6 所示。

（3）Large Eddy Simulation

Large Eddy Simulation 即大涡模拟，简称 LES。按照湍流的涡旋学说，湍流由一系列大大小小的涡旋构成，涡尺度的范围相当宽广。大尺度涡从主流中获取能量，通过涡-涡相互作用把能量传递给小尺度涡，小尺度涡的主要作用是耗散能量，近似各向同性。同时解析各种尺度的涡需要耗费大量计算成本，对计算能力是不小的挑战。

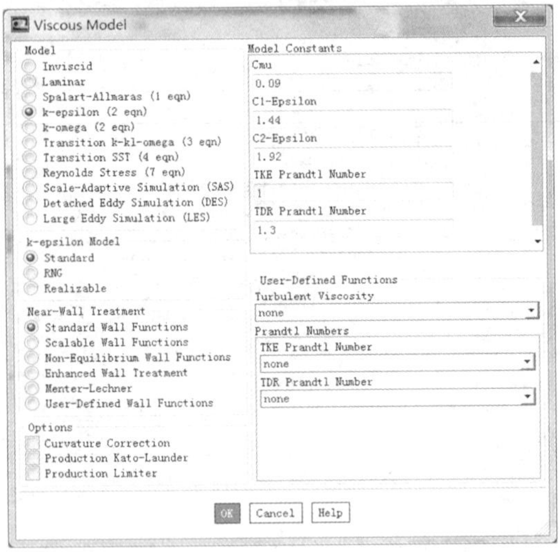

图 2-5　k-ε 模型

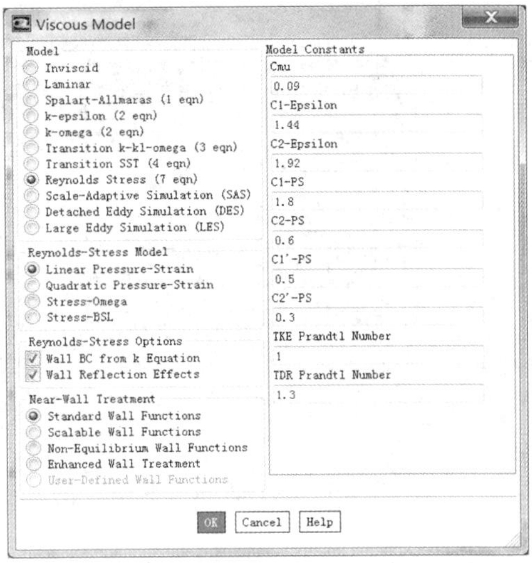

图 2-6　Reynolds Stress 模型

大涡模拟的基本原理是建立一种滤波函数，其作用是将湍流瞬时运动方程中尺度比滤波函数小的涡过滤掉，从而分解出大涡流场的运动方程。小尺度涡虽然没有得以解析，但是它对大尺度涡运动的影响通过在大涡流场的运动方程中引入附加应力项来实现，该附加应力项称为亚格子尺度应力。对该应力项建立的数学模型叫作亚格子尺度模型（Sub Grid-Scale Model），简称 SGS 模型。

在 FLUENT 中采用 LES 方法模拟湍流时，需要设置的选项如图 2-7 所示。在湍流模型下选择大涡模拟后，需要选择亚格子尺度模型，即 Subgrid-Scale Model 选项，包括 Smagorinsky-Lilly，WALE，WMLES，WMLES S-Omega 以及 Kinetic-Energy Transport。

2.2.4　Radiation 模型

Radiation 选项用于设置热辐射模型。双击 Models 任务页面下的 Radiation 选项，出现

“Radiation Model”设置对话框。在 FLUENT 中,主要包括如图 2-8 所示的 5 种辐射模型。

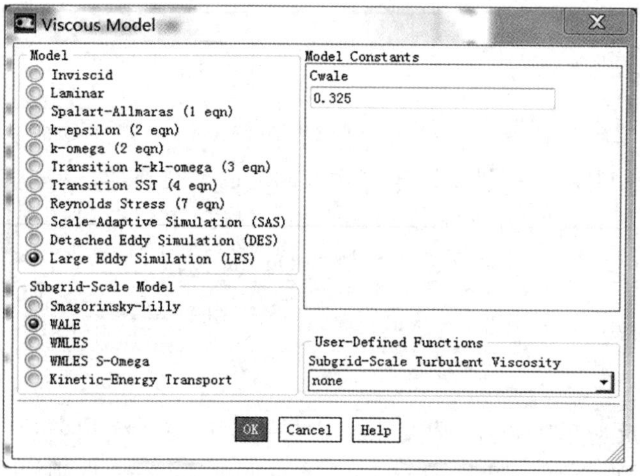

图 2-7　LES 湍流模型

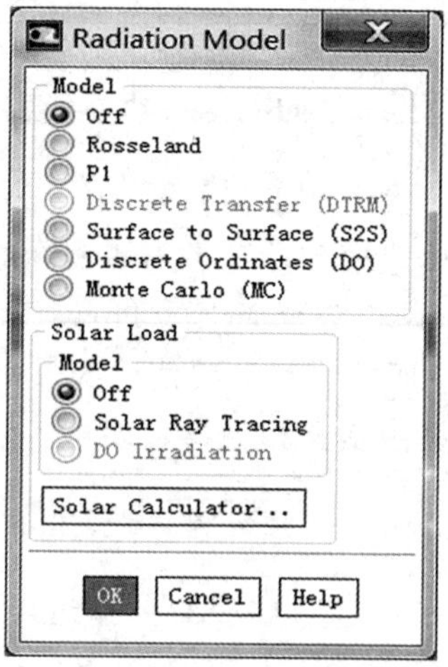

图 2-8　5 种辐射模型

(1) P1 模型

P1 模型的辐射换热方程是一个计算量较小的扩散方程,同时包含了散射效应。该模型在燃烧等光学厚度很大的问题中,计算精度较好。P1 模型的局限在于:其假设所有表面都是漫射表面(即入射的辐射射线没有固定反射角,被均匀反射到各个方向);计算中采用灰体假设,光学厚度小,则计算精度受几何复杂度影响;在计算局部热源问题时,辐射热流量可能出现偏高的情形。

(2) Rosseland 模型

Rosseland 模型无须计算额外的输运方程,计算速度比 P1 模型更快,需要的内存更少。其局限在于:只能采用分离求解器进行计算,只能用于光学厚度大于 3 的问题。

(3) DTRM 模型

DTRM 模型的优点是简单,通过增加射线数量就可以提高计算精度,对光学厚度无限制。其局限在于:假设所有表面都是漫射表面,没有考虑散射效应;计算中辐射假定是灰体辐射;如果采用大量射线进行计算的话,会造成很大的求解负担;不能用于动网格存在的情况。

(4) DO 模型

DO 模型是适用范围最广泛的辐射模型,它可以计算所有光学厚度的辐射问题,可模拟的范围涵盖了从表面辐射、半透明介质辐射到燃烧问题中出现的参与性介质辐射在内的各种辐射问题。DO 模型采用灰体模型进行计算,既可以计算灰体辐射,也可以计算非灰体辐射。如果网格划分不过分精细的话,其计算中所占用的系统资源也不大,因此它在辐射计算中最为常用。

(5) S2S(表面辐射)模型

S2S 模型适用于没有辐射介质情况下的封闭空间内的辐射换热计算,例如:太阳能集热器、辐射式加热器、汽车机箱内冷却等。尽管视角因子(view factor)的计算需要占用较多的 CPU 时间,但 S2S 模型在每个迭代步中的计算速度比较快。其局限在于:假定所有表面都是漫射表面；采用了灰体辐射模型进行计算；不能用于多重封闭区域的辐射计算，不能用于二维轴对称问题。

2.2.5 Heat Exchanger(热交换器)模型

对于大多数工程问题，由于热交换器往往包含大量管束，对热交换器的单个翅片及管道进行实体建模和计算是不切实际的。FLUENT 提供了用于简化该问题的热交换器模型，双击 Models 任务页面下的 Heat Exchanger 选项，出现“Heat Exchanger Model”设置对话框，如图 2-9 所示。勾选要使用的热交换模型，然后单击该模型右侧的 Define 按钮，在随后出现的对话框中定义相关参数即可。

2.2.6 Species(组分输运)模型

Species 选项提供组分输运与化学反应模型，可完成复杂燃烧与化学反应的模拟，包括体相反应、物面反应和弥散相粒子表面的反应。双击 Models 任务页面的 Species 选项，出现“Species Model”设置对话框，如图 2-10 所示。

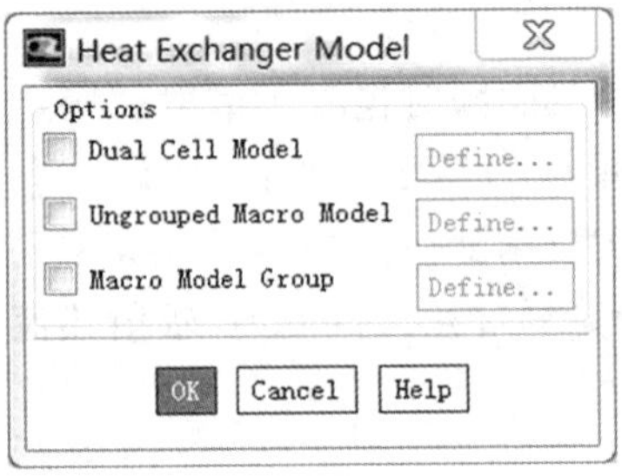

图 2-9　Heat Exchanger 模型对话框

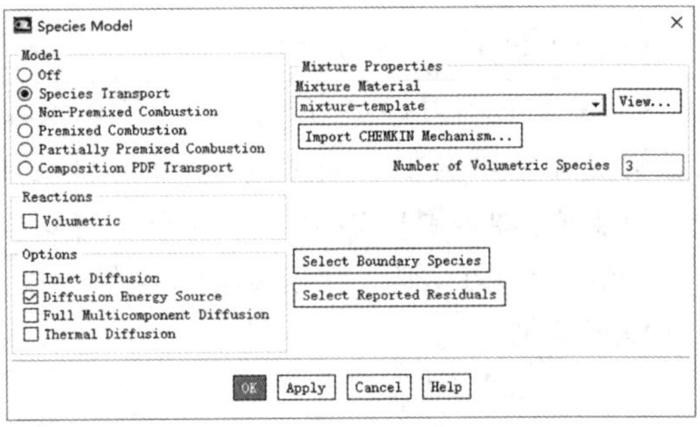

图 2-10　Species 模型对话框

利用所选择的 Species 模型计算组分输运以及化学反应过程。可以采用的计算模型有：

① Species Transport(组分输运及有限速率模型)。

② Non-Premixed Combustion(非预混燃烧模型)。

③ Premixed Combustion(预混燃烧模型)。

④ Partially Premixed Combustion(部分预混燃烧模型)。

⑤ Composition PDF Transport(PDF 输运方程模型)。

以 Species Transport 为例，在 Mixture Material(混合物材料)中选择所计算问题中涉及的反应物，在 Number of Volumetric Species(体积组分数量)中自动显示混合物中的组分数量。如需完整计算多组分的扩散或热扩散，应选择 Full Multicomponent Diffusion(完整多组分扩散)及 Thermal Diffusion(热扩散)选项。

2.2.7 Discrete Phase(离散相)模型

Discrete Phase Model，离散相模型，简称 DPM 模型。利用该模型可计算散布在流场中的粒子的运动和轨迹。FLUENT 中的拉格朗日 DPM 模型遵循 Euler-Lagrange 方法，通过 Navier-Stokes 方程求解连续相，通过追踪大量的颗粒、气泡或液滴来求解离散相。离散相可以与流体相交换动量、质量和能量。例如，在油气混合物中，空气是连续相，油滴则是离散相。在包含离散相的物理问题求解过程中，通常是先计算连续相流场，再通过施加离散相模型设置离散相粒子受到的作用力，从而追踪其运动轨迹。DPM 模型因其忽略了颗粒-颗粒相互作用力及颗粒体积分数对气相的影响，通常适用于离散相体积分数较低（通常低于 10%～12%）的流动，例如喷雾干燥器、煤和液体燃烧等。

使用 DPM 模型需双击 Models 任务页面下的 Discrete Phase 选项，出现“Discrete Phase Model”设置对话框，如图 2-11 所示，根据需要可进行相关选项的设置。

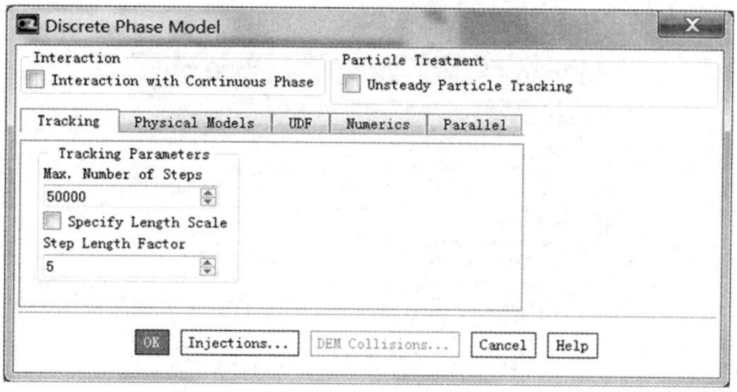

图 2-11　DPM 模型设置对话框

（1）Interaction

可以选择勾选“Interaction with Continuous Phase”，即离散相与连续相的相互作用选项。

（2）Particle Treatment

即颗粒处理，对非稳态问题勾选该选项，同时还需要设置追踪时间步长。

下方选项卡中的“Physical Models”选项可以对除了重力及曳力之外的相间作用力进行设置，例如虚拟质量力；除此之外，使用 DPM 模型时，离散相的曳力在“Injections”对话框中的“Physical Model”选项卡中设置。

2.3　FLUENT 用户界面导航

FLUENT 软件群有两种使用方式，一种是通过 ANSYS Workbench，这种方式可以很方便地借助 Workbench 集成的前后处理模块进行几何建模、网格划分以及后处理，优点是可以进行参数化建模与分析，甚至优化；另一种是建模、前处理、求解及后处理分别在相应的软件中独立进行，然后再依次导入后续环节。因 CFD 计算是一个相对复杂的、专业性很强的计算过程，例如，几何参数调整时，网格可能需要选用不同的划分策略以确保网格质量，边界条件上的值发生变化时，可能数值模型的适应性就需要重新考量，因此很多时候，尤其是对于初学者，建议采用各环节分开进行的方法。以下以直接启动 FLUENT 为例进行求解器环节的介绍。

2.3.1 启动 FLUENT 界面

以 ANSYS Fluent 19.0 为例，成功安装软件后，选择开始/所有程序/ANSYS 19.0/Fluid Dynamics/Fluent 19.0 命令，启动 FLUENT，此时将弹出如图 2-12 所示的启动界面。在“Dimension”选项组中根据物理问题选择 2D(二维)或 3D(三维)选项，在“Options”选项组中选择双精度(Double Precision)、网格模式(Meshing Mode)、作业调度模式(Use Job Scheduler)和远程 Linux 计算节点模式(Use Remote Linux Nodes)，在“Processing options”选项组中选择串行(Serial)或者并行(Parallel)计算，指定并行 CPU 的核数，在“Working Directory”组合框中选择设定的工作目录，然后单击“OK”按钮，启动 FLUENT 求解器。

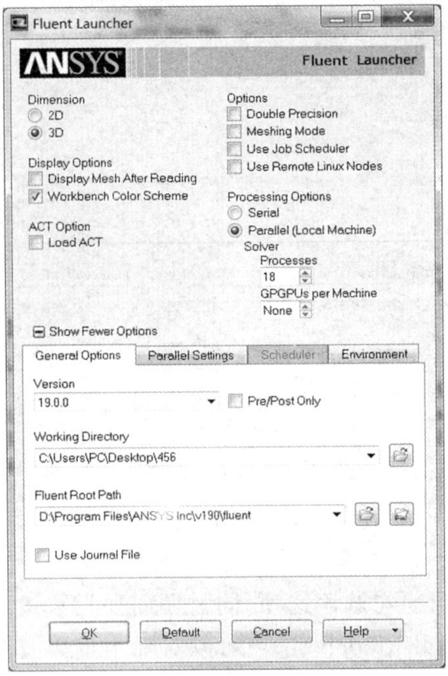

图 2-12 ANSYS Fluent 19.0 启动界面导航

2.3.2 Fluent 主界面导航

图 2-13 所示为 ANSYS Fluent 19.0 的主界面，根据各菜单和按钮功能的不同，可将该主界面分为菜单栏、标签栏、显示窗口、导航栏、任务界面和控制台。

菜单栏中包含了一系列同类型操作的下拉菜单按钮，单击菜单上的按钮，或按住 Alt 键的同时按菜单栏上有下划线的字母，可以弹出下拉菜单。其中在 File 菜单下，用户可以实现 FLUENT 网格、案例及结果的导入与输出等；在 Setting Up Domain 菜单下可以完成网格的显示缩放、区域合并分割、创建表面等；在 Setting Up Physics 菜单下可以完成求解器设置、计算模型选取、材料\相\组分定义等；在 User Defined 菜单下可以完成自定义函数、自定义标量方程等设置；在 Solving 及 Postprocessing 菜单下可完成求解及后处理设置；在

Viewing 菜单下可完成显示、图形界面、鼠标设置等。

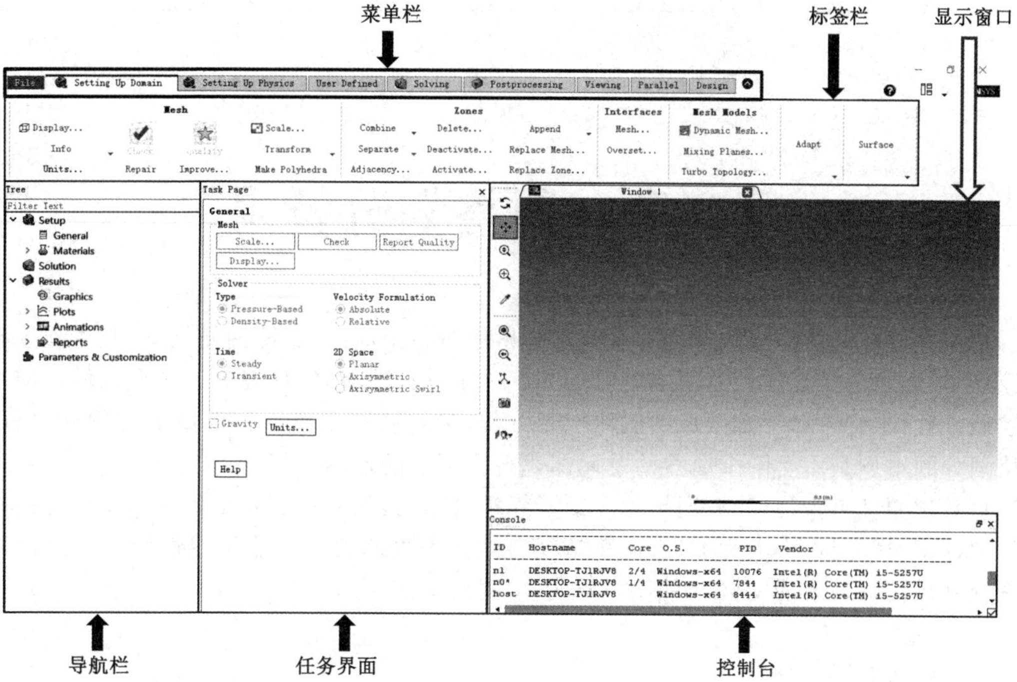

图 2-13　ANSYS Fluent 19.0 主界面

显示窗口显示的是正在进行操作的工况。计算域、网格、迭代过程、后处理结果等都可以在显示窗口中直观地显示。

导航栏位于主界面左侧，包含了一系列任务页，包括 Problem Setup 的项目按钮和 Solution 的项目按钮，以及 Results 项目按钮，可以实现菜单中绝大多数按钮的功能。

控制台是控制程序执行的主窗口。用户与控制台之间有两种交流方式，即文本界面(TUI)和图形界面(GUI)，在 TUI 界面可以使用命令方式设置物理模型、边界条件等，当需要进行作业批处理时，可运用文本命令编写脚本文件。

第 3 章　网格划分技术

目前常规的流体计算软件都需要对计算区域进行空间离散，即网格划分，其主要思想在于：将空间连续的计算区域分割成足够小的若干个计算区域，然后在每一计算区域上应用流体控制方程，求解计算所有区域的流体控制方程，最终获得整个计算区域上的物理量分布，网格划分的本质是用有限个离散的单元体代替实际上的连续空间。

从数学原理上来说，计算网格越密则计算精度越高，然而在实际工程应用中计算网格增多导致计算时间成本大大增加，且计算精度与网格数量的关系并非呈线性增长。因此应尽量选择满足计算精度的网格，而不是一味追求网格精细。

3.1　网格划分方法

3.1.1　网格术语

Grid、Mesh，均可指网格；Cell（单元）是构成网格的基本元素，对于二维网格是离散化后的单元面，对于三维网格指的是离散化后的单元体，有的前处理软件使用 element 来表示。此外还有 Node（节点）、Edge（边）、Face（面）等表示组成 Cell 的各个要素。

3.1.2　网格形状

在二维几何模型中，常见的网格类型包括三角形网格与四边形网格，如图 3-1 所示。

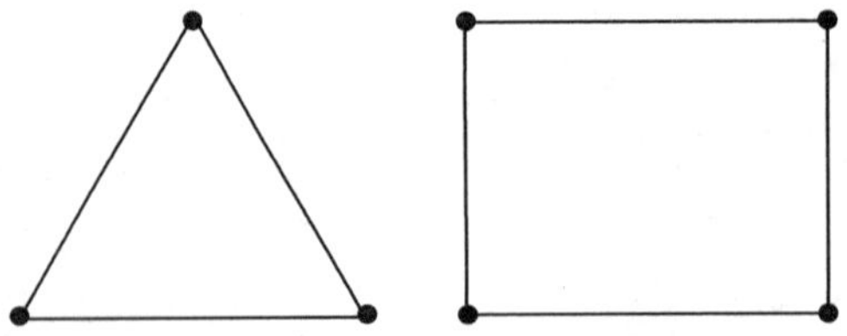

图 3-1　三角形网格和四边形网格

在三维几何模型中，常见的网格类型包括：四面体网格、六面体网格、棱柱网格、金字塔网格、多面体网格等，如图 3-2 所示。

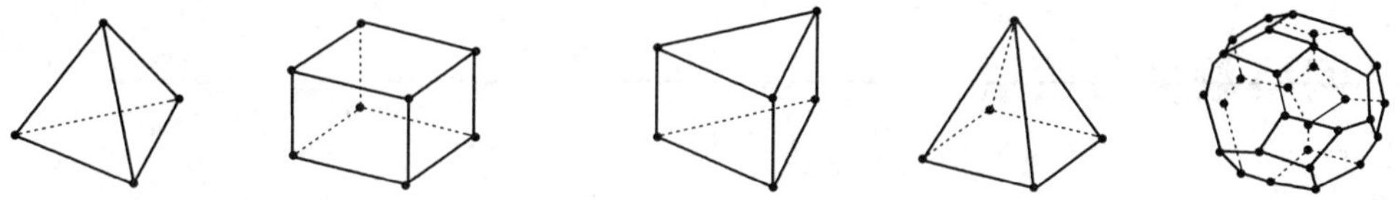

(a) 四面体网格　(b) 六面体网格　(c) 棱柱网格　(d) 金字塔网格　(e) 多面体网格

图 3-2　常见三维网格类型

3.1.3　网格划分方法

网格按其生成方法可分为两大类:结构化网格和非结构化网格。

(1) 结构化网格

结构化网格是指网格区域内所有的内部点都具有相同的毗邻单元,即网格体系中节点排列有序、相邻点间的关系明确。结构化网格可以用直角坐标系或圆柱(球)坐标系下的坐标值表示其网格的位置(x,y,z)及大小。结构化网格的组成单元包括二维的四边形和三维的六面体,对于单块计算区域而言,常用的结构化网格生成技术包括代数方法、保角变化方法、微分方程方法和变分原理方法等。结构化网格的优点主要体现为:生成速度快,网格质量高,数据结构简单,边界条件处理方便准确,计算精度和计算效率较高。同样的几何模型,使用结构化网格往往能使网络数量更少。它的主要缺点是适用范围比较窄,对求解区域几何特征相对复杂的情况,网格生成较难,甚至难以实现,因此在使用上受到限制。

(2) 非结构化网格

为了弥补结构化网格不能解决任意形状和任意连通区域的网格划分的缺点,20 世纪 60 年代末非结构化网格划分技术出现,现已成为研究的热点之一。与结构化网格不同的是,非结构化网格是指网格区域内的内部点不具有相同的毗邻单元,即与网格划分区域内的不同节点相连的网格数目不同,网格单元和节点彼此没有固定的规律可循,其节点分布完全是任意的,非结构化网格中可能会包含有结构化网格。

非结构化网格划分技术假设任何空间区域都可以被四面体(三维)或三角形(二维)单元所填满,即任何空间区域都可以使用四面体或三角形进行网格划分。非结构化网格适合于几何特征复杂、不规则区域的网格划分,更易于操作网格自适应,以便更好地捕获流场的物理特性。但是,在相同网格数量下,采用非结构化网格比结构化网格需要的内存大、计算时间长,同时因网格具有各向异性,计算结果存在准确性和收敛性不佳的可能性。非结构化网格生成技术包括四叉树(或八叉树)方法、Delaunay 方法和阵面推进方法。

为克服结构化网格和非结构化网格各自的缺点,混合网格技术应运而生,即在不同的区域采用不同的网格划分策略,它结合了结构化网格和非结构化网格的优点,已越来越受到重视。

工程计算多采用成熟的商业软件作为求解器,因此大部分数值计算工作是由计算机完成的。网格生成时间常常占整个项目周期的一半以上,所以选择合适的网格划分方法,生成高质量的网格将会显著提高计算精度和收敛速度。

3.2 网格数量与质量

3.2.1 网格数量

通常所说的网格数量指的是网格单元面(二维网格中)或网格单元体(三维网格中)数量。因每次计算均需读入网格,求解方程在每个单元上进行计算,且要存储数据,因此,网格数量越多,计算需要的计算资源(内存、CPU 时间、存储空间等)越大。在划分网格的过程中,有几点需要注意:

(1) 一般而言,网格的尺寸要足够小才能满足计算需求,但是并非网格越小,计算越精确。对于物理量变化剧烈的区域采用局部网格加密可以提高该区域计算精度,但是对一些非敏感区域提高网格密度并不能显著提高计算精度,反而会显著增加计算成本,粗细网格交接部位,网格大小跨度也不宜很大。因此在网格划分过程中,一般采取在物理量变化梯度大的区域使用细网格,再采用网格尺寸渐变的方法过渡到非敏感区域的粗网格,而不是对整体进行加密。

(2) 网格独立性验证的必要性。网格数量的多少对计算结果影响较为明显,尤其是多相流,对网格的要求更高,数值模拟的首要环节必须是对网格依赖性进行验证,即对网格逐步加密,考量计算结果的变化程度,直至计算结果不再因网格数量的变化而发生明显差异为止,此时才是与网格无关的合理网格。另外,近年数值模型也取得了一些显著进步,有的计算模型本身对网格的适应性非常好,粗网格下可以取得和细网格一样的结果,例如普林斯顿大学 Sankaran Sundaresan 教授的亚格子过滤双流体模型。

(3) 对于非稳态计算,时间步长常常与网格尺寸有关,小的网格尺寸通常需要设置非常小的时间步长。

3.2.2 网格质量

网格质量是影响计算收敛性、精确性的重要因素。网格划分完毕之后必须对网格质量进行检查,一般的前处理软件都具备网格质量评价功能,不同的软件使用的指标可能不同。常用的网格质量评判指标如下:

(1) 角度(angle)

指度量网格边之间的夹角,划分网格过程中,构成网格单元的网格线之间夹角不宜采用过小的锐角或者过大的钝角。角度范围越接近 90°质量越高。

(2) 纵横比(aspect ratio)

纵横比主要用于六面体网格,定义为单元最大边长度与最小边长度的比值。其中纵横比为 1 时为最佳网格。纵横比最好限定在 20 以内。在 CFD 计算中,只有边界层网格允许较大的纵横比,过大的纵横比会引入较大的计算误差,甚至会导致计算发散。

(3) 偏斜率(skewness)

偏斜率决定了一个网格单元的形状与理想情形(例如等边三角形或正方形)的接近程度,其取值范围为 0～1,0 表示网格形状最为理想,1 表示质量最差。Gambit 软件常使用该指标评价网格质量。

(4) 行列式(determinant 2×2×2)

其定义为最大雅克比矩阵行列式与最小雅克比矩阵行列式的比值。该比值为1时表示为最佳网格,比值越低表示网格质量越差,负值表示存在负体积网格,不能被求解器接受。该评判标准应用较多。

(5) 行列式(determinant 3×3×3)

该评判指标常用于六面体网格。与2×2×2不同的是,其单元边上的中心点会被增加至雅克比计算中。

(6) 压扁程度(squish)

对于四面体网格而言,可以采用偏斜率或压扁程度来衡量网格质量,而对于多面体网格而言,无法得到偏斜率的信息,需要依靠压扁程度来判断网格质量。压扁程度接近1时网格较差,接近0时质量较好。

(7) 质量(quality)

该指标是ICEM CFD中用于评价网格质量的一个指标,它对不同类型的网格自动匹配不同的评价方法。

① 三角形或四面体网格:计算高度与每一条边的长度比值,取最小值评价,越接近1质量越好。

② 四边形网格:采用行列式(determinant 2×2×2)度量。

③ 六面体网格:采用3种度量方式(行列式、最大正交性、最大翘曲度),取最小值作为评价值。

④ 金字塔网格:采用行列式度量。

⑤ 棱柱网格:采用行列式和翘曲度,取最小值作为评价值。

当划分网格质量欠佳时,首先检查并找到质量差的网格区域,可以通过改进几何质量、减小网格尺寸、使用网格尺寸函数或局部加密等方法完善;另外,导入到FLUENT软件后还可以对网格进行光顺等质量优化,FLUENT软件提供的网格自适应功能还可以根据初步计算结果识别物理量高梯度区域位置,有针对性地进行网格细化。

3.3 网格划分软件简介

目前,较为常用的网格划分软件主要包括Gambit、ANSYS ICEM CFD、Hypermesh和TGrid等,部分CFD软件自身也集成有网格划分功能。下面以FLUENT较常用的前处理软件Gambit和ANSYS ICEM CFD为例进行简要介绍。

3.3.1 Gambit

Gambit软件是早期FLUENT最常用的专业前处理器软件,具有几何建模功能和强大的网格划分功能,也可以从主流的CAD/CAE系统如Creo、UG、CATIA、SolidWorks、ANSYS、AutoCAD等导入几何体和网格;Gambit也可通过书写Journal命令行形式实现从几何体到网格划分的自动化生成及批处理。该软件简单易学,使用过程逻辑清晰、易懂,虽然在FLUENT并入ANSYS后开发受限,但直到目前仍然是不少CFD从业者乐于推崇的前处理软件之一。

（1）几何处理能力

Gambit 软件遵从从点到线到面以及体的建模逻辑，也可以直接建立规则形状的面或者体。从接口导入其他建模软件的几何体后还具有几何修复和编辑能力，为 Gambit 生成高质量计算网格打下坚实的基础。

① 几何建模：Gambit 生成曲面的方法包括放样曲面、拉伸曲面、回转曲面等，可以很方便地生成回转体、拉伸体、放样体，利用现有曲面缝合实体等；对几何体可进行移动、复制、镜像、旋转等编辑操作；通过布尔运算可以非常方便地利用简单的几何体构建复杂几何体；也可以进行合并或者分割，使网格划分区域更为规则，以便于高质量网格划分。

② 几何修复：在导入几何体时可以自动合并重合的点、线、面；利用几何修复工具条，在消除短边、缝合缺口、修补尖角、去除小面、去除单独辅助线和修补倒角时快速、自动、灵活，修复过程中可以设置几何体的公差。

（2）网格生成技术特点

Gambit 能够针对极其复杂的几何体外形生成三维四面体、六面体的非结构化网格，也提供了对复杂的几何体生成边界层内网格的重要功能，而且边界层内的贴体网格能很好地与主流区域的网格自动衔接，大大提高了网格的质量。另外，Gambit 能自动将四面体、六面体、三角柱和金字塔形网格混合，这对复杂几何体来说尤为重要；Gambit 也提供了网格尺寸函数功能，可以实现从细网格到粗网格之间的渐变，极大地降低网格总体数量。

（3）用户界面

如图 3-3 所示，Gambit 用户界面可分为菜单栏、视图、命令面板、命令显示窗、命令解释窗、命令输入窗和视图控制面板。Gambit 存储文件后缀为. dbs，而要将 Gambit 建立的网格

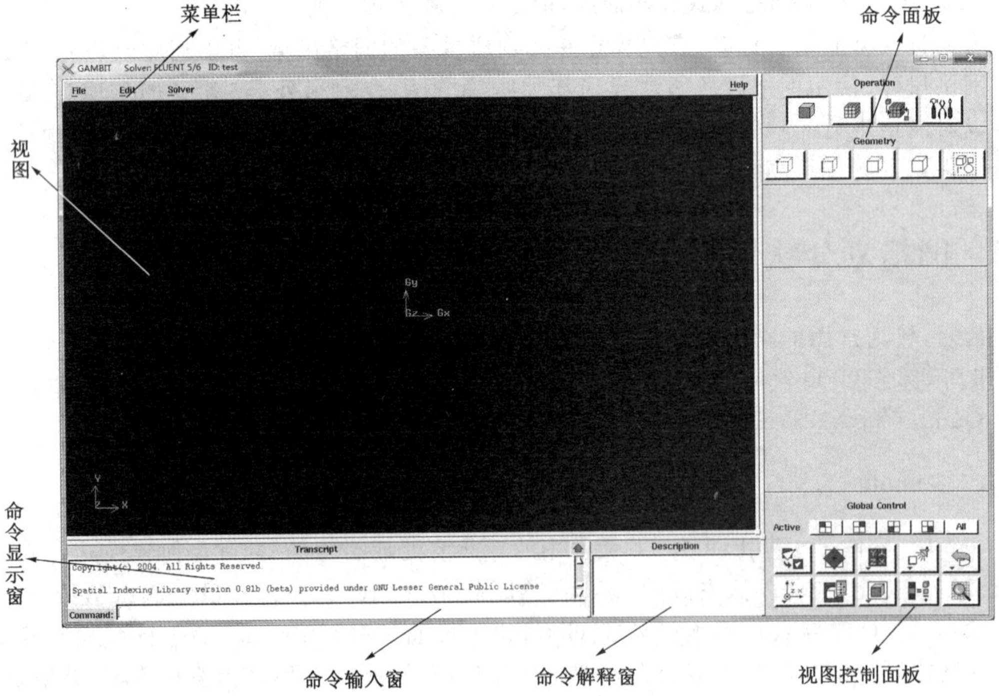

图 3-3　Gambit 软件用户界面

模型导入 FLUENT 中使用，则需要将其导出为.msh 文件。

Gambit 右上角的操作命令面板中各部分对应的按钮说明如图 3-4 所示，囊括了从几何建模到边界条件定义的主要功能。

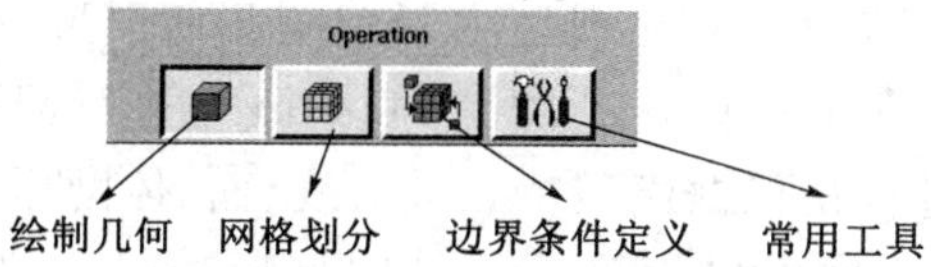

图 3-4　命令面板

Gambit 界面中可同时显示 4 个视图，也可以只显示 1 个视图。视图的坐标轴由视图控制面板来决定。图 3-5 所示为视图控制面板。这里只列出全局控制面板中较为常用的命令。

全局显示：缩放图形显示范围使图形整体显示于当前窗口，相当于 zoom all。

选择显示视图：使用上一次的菜单及窗口配置更新当前显示。

选择视图坐标：设置模型显示坐标方位和视角。

选择显示项目：指定模型元素是否可见等属性，可以指定线、面或者网格等可见或者隐藏。

线框方式：用于设置模型显示方式，包括线框图、渲染和消隐方式等。

网格检查：对网格质量进行检查。该按钮可以方便地实现显示低于网格质量标准的网格区域，对于有针对性地修复网格非常有用。

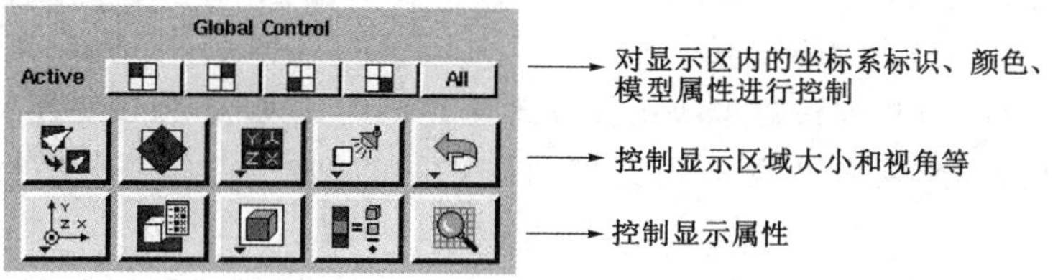

图 3-5　视图控制面板

（4）网格检查和网格输出功能

该功能可以直观地显示网格质量，可以获得单元畸变、扭曲、网格过渡、光滑性等质量参数，能够显示网格差的区域，根据需要细化和优化网格。Gambit 导出所需要的网格格式，支持所有的 FLUENT 求解器，以及 NEKTON、POLYFLOW、FIDAP 等求解器。

（5）Gambit 的安装和启动

Gambit 早期是针对 UNIX 系统开发的软件，必须在 UNIX 环境下才能运行，在 Windows 环境下运行 Gambit 须先安装 Exceed 软件，用于在 Windows 环境下模拟 UNIX 环境。

安装成功之后，选择开始/程序/Fluent Inc Product/Gambit 即可启动，启动后根据提示设置工作路径和任务名称。

（6）Gambit 操作步骤

Gambit 的工作流程十分简单清晰：几何建模→网格划分→边界条件定义→区域类型设置→输出。无论是几何建模还是网格划分都遵从点→线→面→体的顺序。

① 创建几何模型。Gambit 通常按照点、线、面的顺序来建模，也可以直接利用 Gambit 体生成命令创建体，再通过布尔运算生成更为复杂的几何图形。对于复杂程度较高的几何外形，在专业 CAD 软件生成几何模型后，导入 Gambit 中进行网格划分更为方便。

② 划分网格。一般过程是根据模型特点进行线、面、体网格的划分，也可以直接对面或者体进行自动划分。对于实体网格划分，还可以利用 Gambit 提供的网格显示方式功能按钮来观察网格内部情况。

③ 指定边界条件类型。Gambit 首先需要指定所使用的求解器（具体包括 FLUENT 5/6、FIDAP、ANSYS、RAMPANT 等），然后指定网格模型中各边界的类型。

④ 指定区域类型。CFD 求解器一般会提供 fluid 和 solid 两种区域类型，因此需要给不同区域网格模型指定区域类型。

⑤ 导出网格文件。选择 File/Export/Mesh，打开输出网格文件（Export Mesh File）对话框，指定文件名，便可生成后缀为. msh 的指定名称的网格文件。该文件可以直接由 FLUENT 读入。

3.3.2 ANSYS ICEM CFD

作为集成于 ANSYS Workbench 平台中的专业前处理软件，ICEM CFD 也兼具几何建模、修复和网格划分的功能。ICEM CFD 不仅支持常见的中间格式模型（如 igs、stp、parasold 等），还支持一些通用 CAD 软件（如 CATIA、NX、CREO、SolidWorks 等）的直接模型输入，同时还支持点数据输入。ICEM CFD 可为大多数 CFD 及 CAE 软件提供网格模型，包括 FLUENT、CFX、CFD++ 、CFL 3D、STAR-CD、STAR-CCM+、Nastran、Abaqus、Ls-dyna、ANSYS 等。ICEM CFD 通过虚拟块拓扑方式创建结构化网格，可以灵活地建立拓扑结构实现结构化网格划分，还可实现不同类型网格之间的创配，创建复杂结构网格能力十分强大。

与 Gambit 直接在几何体上划分网格不同，ICEM CFD 创建结构化网格时不是针对几何模型进行操作，而是对规则的块（blocking）进行操作，然后通过点、线、面的映射关系将块上的网格映射到几何模型上。因虚拟的块操作相对于固定结构的几何模型更为便捷和灵活，因此在结构网格的划分上具有得天独厚的优势，同时也因为多了块操作步骤，相较 Gambit 来说，过程较为复杂。

(1) ICEM CFD 中的文件类型

ICEM CFD 生成的文件扩展名分别为 tin、prj、uns、blk、fbc、atr、par、jrf、rpl。这些文件类型所包含的文件内容如表 3-1 所列。

表 3-1　ICEM CFD 中的文件类型

文件类型	文件扩展名	文件内容
Tetin	*. tin	包含了几何实体、材料点、创建的 part、关联信息以及网格尺寸数据
Project Setting	*. prj	包含 project 设置数据
Domain	*. uns	包括非结构网格数据

表 3-1(续)

文件类型	文件扩展名	文件内容
Blocking	*.blk	保存分块拓扑结构信息
Boundary Conditions	*.fbc	包含边界条件设置数据
Attributes	*.atr	包括属性、局部参数及单元类型
Parameters	*.par	包括模型参数及单元类型
Journal	*.jrf	记录用户的操作步骤
Replay	*.rpl	保存用户录制的脚本文件

(2) ICEM CFD 的操作界面

如图 3-6 所示，ICEM CFD 的操作界面包括菜单栏、标签栏、工具栏、选择工具栏、数据设置窗口、图形显示窗口、消息窗口、模型树等，以下针对主要栏目分别介绍。

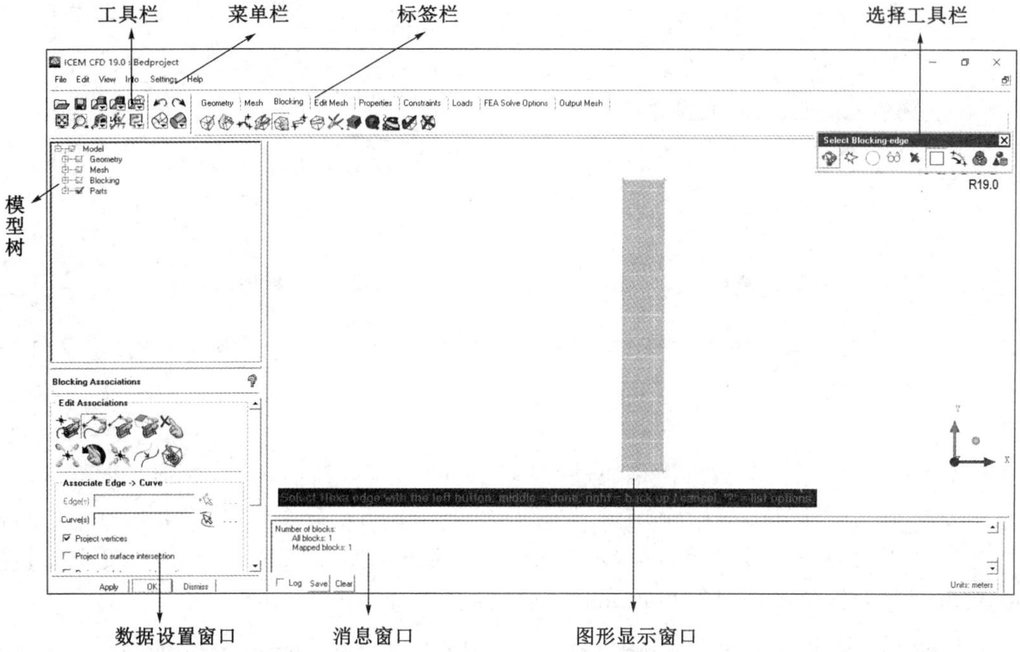

图 3-6　ICEM CFD 操作界面

① 菜单栏

菜单栏常用的操作有以下几个：

a. 设定工作目录。设定工作目录后，网格划分过程中所生成的文件均会保存至该目录中，通过 File/Change Working Dir…可以设定 ICEM CFD 的工作目录。

b. 导入几何模型。指导入 ICEM CFD 本身支持的 tin 文件及导入其他软件所创建的几何文件。导入 tin 文件可以通过 File/Geometry/Open Geometry 途径。注意只有 tin 文件才可以采用此方式打开；若要打开的文件是外部 CAD 软件创建的几何文件，则需要利用 File/Import Geometry 下的子菜单。

c. 设定主窗口背景颜色。单击菜单 Settings/Background Style，显示如图 3-7 所示的背景设置窗口。通过该窗口可以将背景设置为单色、梯度渐变色等。

d. 鼠标设置。通过选择菜单 Settings/Mouse Bindings/Spaceball，进入如图 3-8 所示鼠标设置窗口。在此窗口中可以设置鼠标键的不同功能。

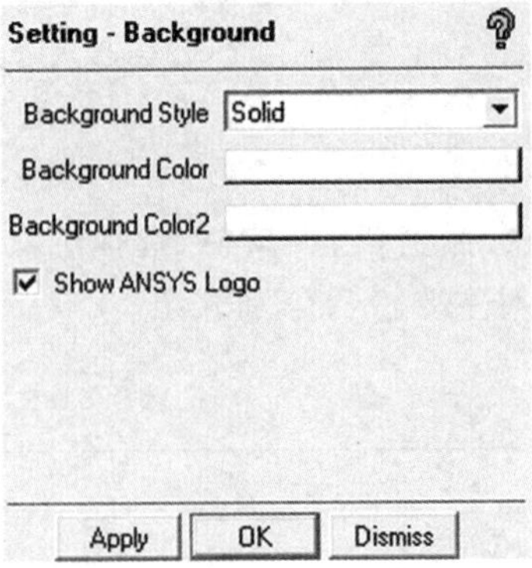

图 3-7　背景设置窗口

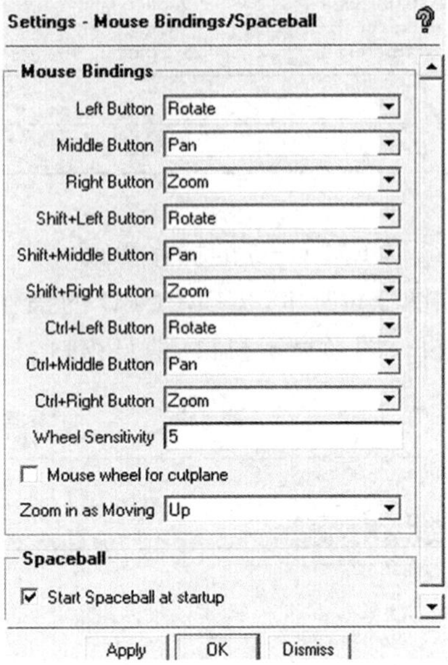

图 3-8　鼠标设置窗口

此外，Setting 菜单中还包括了很多 ICEM CFD 全局设置，如定义内存占比、定义灯光、默认公差、定义单位等。

② 标签栏

ICEM CFD 中的绝大多数操作是通过标签栏下的功能按钮实现的，如图 3-9 所示。标签栏上主要包括几何标签类(Geometry)、网格标签类(Mesh)、分块标签类(Blocking)、网格编辑标签类(Edit Mesh)、属性标签类(Properties)、约束标签类(Constraints)、载荷标签类(Loads)、求解选项标签类(Solve Options)和输出设置标签类(Output)。

图 3-9　标签栏

图 3-10 所示为 Geometry 标签栏下的功能按钮，包括创建点、创建线、创建面、创建 body、创建网格面、几何修补、几何变换、恢复主导对象、删除点、删除线、删除面、删除 body 和删除任意对象。

图 3-10　Geometry 标签栏

图 3-11 所示为 Mesh 标签栏下的功能按钮，主要用于非结构网格生成，分别为全局网格参数设置、部件网格尺寸设置、面网格尺寸设置、线网格尺寸设置、网格密度设置、创建连接器、线单元生成和网格生成。

图 3-12 所示为 Blocking 标签栏功能按钮，该功能主要用于分块结构化网格划分，主要包括创建块、块切分、顶点合并、编辑块、关联、顶点移动、块变换、Edge 编辑、Pre-mesh 参数、Pre-mesh 质量显示、Pre-mesh 光顺、块检查和删除块等。

图 3-11　Mesh 标签栏

图 3-12　Blocking 标签栏

图 3-13 所示为 Edit Mesh 标签栏功能按钮，该栏只有在生成了网格之后才会被激活。对于非结构网格来说，Compute Mesh 之后即可激活此标签页下功能按钮，而对于分块六面体网格，则必须通过 File/Mesh/Load From Blocking 操作生成网格之后才能将其激活。

图 3-13　Edit Mesh 标签栏

图 3-14 所示为 Output 标签页下的功能按钮，利用该功能按钮可以输出各类求解器所需求的网格文件。

③ 工具栏

工具栏包含如图 3-15 所示的功能按钮，主要功能包括打开和保存项目，几何文件、块文件及网格文件，图形窗口的显示和缩放，距离、角度等的测量，建立坐标系，前进/后退，图形渲染等。

图 3-14　Output 标签页

图 3-15　工具栏按钮

④ 模型树

模型树如图 3-16 所示，它以分层方式进行管理，根节点为 Model，其下分布有 Geometry、Mesh、Blocking、Topology、Parts 等节点（根据用户操作不同，其下节点可能会存在差异，如生成了网格之后才会出现 Mesh 节点，创建了 Block 之后才会出现 Blocking 节点）。

⑤ 选择工具栏

当数据输入窗口需要用户进行对象选择的时候，在图形选择窗口会出现浮动的选择工具栏，其提供了一些方便用户进行对象选择的功能按钮。

⑥ 数据设置窗口

数据设置窗口用来输入某功能按钮激活后所需的数据输入。

⑦ 消息窗口

消息窗口提供操作反馈，例如提示、警告或错误等。

(3) ICEM CFD 的鼠标操作

在视图对话框上使用鼠标一般完成显示操作和任务操作两个方面的任务，常见的操作键见表 3-2。

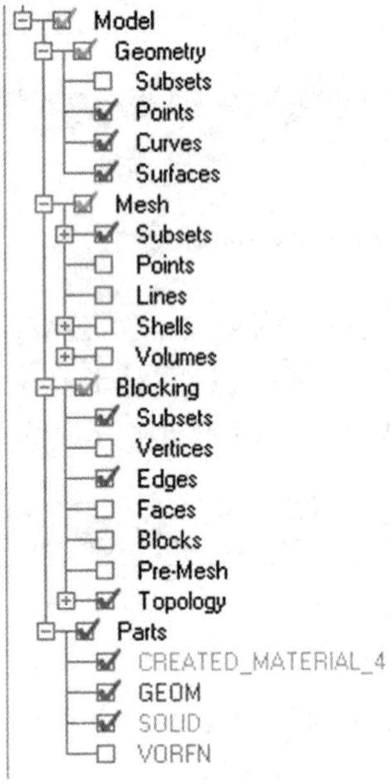

图 3-16 模型树

表 3-2 鼠标按键组合

鼠标操作	操作结果
左键单击	选择
单击中键	确认
单击右键	取消
按住左键拖动	使模型围绕点旋转
按住中间拖动	使模型按拖动方向平移
按住右键上下移动	缩放
按住右键左右移动	当前平面内旋转
滚动中键	放大或缩小视图

ICEM CFD 中有选择模式与视图模式。选择模式可以选择几何对象，视图模式无法选择对象，但可以进行图形视图查看。当鼠标为十字时表示处于选择模式，当鼠标为箭头时表示处于视图模式。

(4) ICEM CFD 的启动

ICEM CFD 已以组件模块的方式集成在 ANSYS WorkBench 中，它的启动方式主要有以下两种。

① 在 WorkBench 中以模块方式启动 ICEM CFD。启动 ANSYS WorkBench，从 Component Systems 中利用鼠标将 ICEM CFD 拖动至工程窗口中。

② 以独立方式启动 ICEM CFD。这是比较常用的一种方式，通过开始/程序/ANSYS/Meshing 文件夹/ICEM CFD 启动。

(5) ICEM CFD 网格划分的基本流程

主要工作流程如图 3-17 所示。

① 创建或打开工程；

② 创建或导入并修复几何体；

③ 对几何体定义 Parts，为模拟所需边界命名，例如选中几何体入口，定义为 Inlet，便于 FLUENT 读入后设置边界条件；

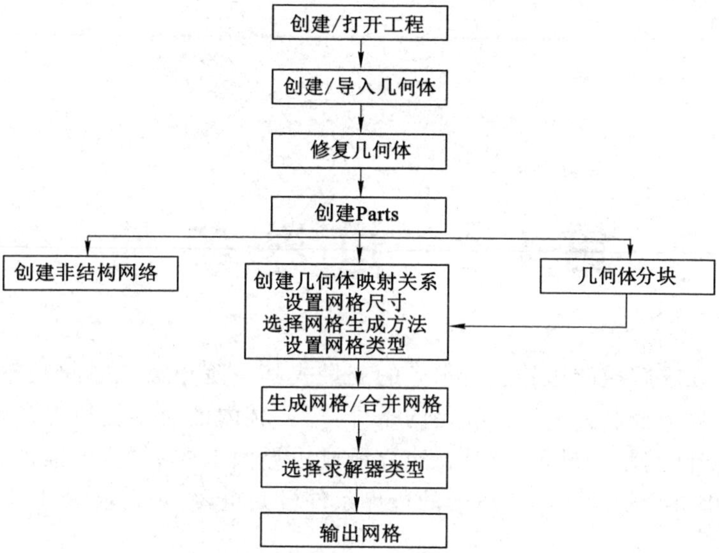

图 3-17　ICEM CFD 网格划分流程

④ 生成网格，包括分析几何体，构思 block、创建 block、建立 block 与几何体之间的映射关系、设置网格大小与分布；

⑤ 检查与调整网格质量；

⑥ 求解器设置并输出网格。

第 4 章 边界条件

边界条件指在求解域的边界上所求解的变量或其一阶导数随时间及空间变化的规律，是在流体运动边界上控制方程应该满足的条件，计算域内的流动受边界条件控制。从某种意义上说，求解实际问题的过程，就是将边界线或边界面上的数据，内推扩展到计算域内部的过程，因此提供符合物理实际且适合的边界条件极其重要，否则求解过程将很难进行。

4.1 边界条件选择

模拟过程出现发散或者收敛困难的一个最常见的原因就是边界条件选择不合理，数值结果与实验测量没有取得一致性的重要原因之一也和边界条件设置与物理问题的实际工况不符相关。边界条件设置主要包括边界条件位置的确定和边界条件类型的选择。

(1) 边界条件的位置

对于内部流场计算问题，例如管道或者设备内部流动，计算域除入口与出口外的边界一般为固体壁面。流体边界与物理实体的内边界相对应，如需考虑传热等影响，物理实体的固体壁面也应计入计算区域。入口与出口的位置选取遵循的原则仍然是与物理实际相一致。如果这样做使得计算域过大，那么可以取在容易获得边界条件值、流动稳定、远离障碍物的位置上。例如，对于进出口连接有复杂管道的系统，进出口不一定要取在管道的始端和终端，可以取距离计算域比较接近的进出口位置以节省计算成本，但此时进出口的边界条件值例如速度或者压力应予以重新计算，而不应直接将整个管道系统的进出口值赋予简化后的计算域进出口上。在取定位置时，入口位置一般选择容易测量或者容易根据整个系统进口条件推算该处边界条件值且流动稳定的区域，出口位置则一般选择流动充分发展的区域。如果流动出口边界附近有固体障碍物，流动可能因存在流动分离尚未达到充分发展的状态，导致比较大的误差。一般来讲，为了得到准确的结果，出口边界需位于最后一个障碍物后5～10倍于障碍特征尺寸或更远的位置。对于更高计算要求，应首先模拟计算结果对于出口位于不同距离时的影响，以保证内部模拟不受出口位置选取的影响。

对于外部流场计算，例如圆柱周围的绕流、机翼绕流问题，被绕流的物体边缘是计算域的内边界，这种类型问题的物理实际中外部边界常常为无穷远处，此时计算域的外部边界一般是人为确定的，外边界位置是否合理影响计算结果的准确性。通常外流场计算时，要求尽量减小外部边界对流场的影响，例如在计算圆柱绕流时，我们不希望外部边界对绕流流场产生影响。同样，对于更高的计算要求，应对外部边界的位置首先进行试算，以确定不对流场产生影响的边界位置。

（2）边界条件的类型

FLUENT 中边界条件类型可以分为外部边界条件和内部边界条件。

外部边界条件是计算域边界上的面/线可以设置的边界条件，主要包括：压力进口（Pressure Inlet）、速度进口（Velocity Inlet）、质量流量进口（Mass-Flow Inlet）、通风口出口（Outlet Vent）、进气风机（Intake Fan）、压力出口（Pressure Outlet）、压力远场（Pressure Far-Field）、出流（Outflow）、通风口进口（Inlet Vent）、排气风机（Exhaust Fan）、壁面（Wall）、对称性（Symmetry）、周期性（Periodic）和轴（Axis）等。

内部边界条件是计算域内部面/线可以设置的边界条件，主要包括：风机（Fan）、散热器（Radiator）、多孔介质（Porous Jump）、内部面（Interior）和壁面（Wall）等。

4.2　边界条件设置

4.2.1　压力进口（Pressure Inlet）边界条件

当进口压力已知，而流动速度或流量未知时，可使用压力进口边界条件。它适用于可压缩及不可压缩流动。压力进口边界条件也可用于定义外部流动或非受限流动的“自由”边界。

在 Boundary Conditions（边界条件）面板中选择压力进口（Pressure Inlet）边界，然后单击 Edit 按钮可以进入压力条件的设置对话框，如图 4-1 所示。

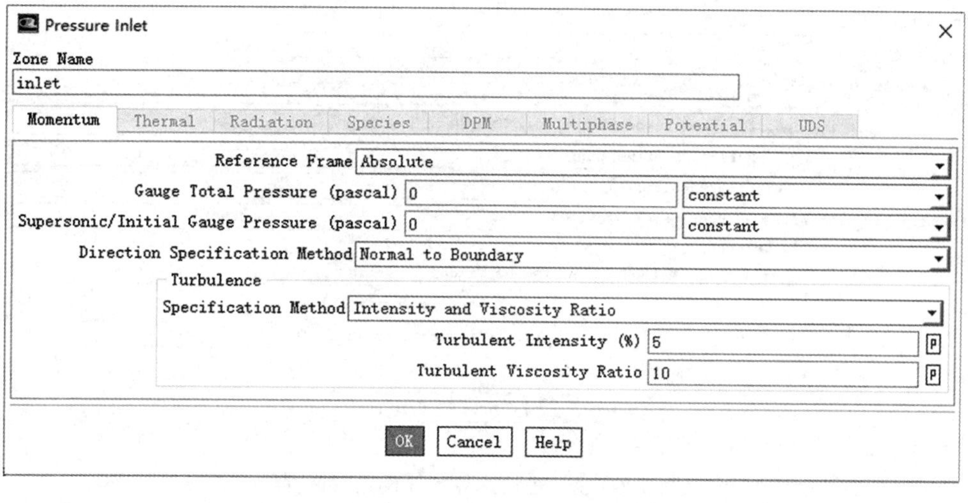

图 4-1　压力进口边界条件设置对话框

（1）设置总压和总温

在 Momentum（动量）选项卡内，Reference Frame 为参考系，有绝对参考系（Absolute）与相对于临近区域参考系（Relative to Adjacent Zone）两个选项供选择。一般保持默认的绝对参考系（Absolute）即可。

Momentum（动量）选项卡内的 Gauge Total Pressure（总压表压）文本框中输入总压的值，注意这里总压为表压，即输入的总压值是绝对总压与操作压力之差。

当能量方程激活时，Thermal（热）选项卡内需定义进口的温度。

（2）设置流动方向

在进口速度垂直于边界面时，可以直接将流动方向定义为“垂直于边界”，或定义 x、y、z 三个方向的速度分量，也可以用柱坐标形式定义径向、切向和轴向三个方向的速度分量。

（3）设置静压

如果进口流动是超音速，或计划用压力进口边界条件进行初始化，则必须定义静压 Supersonic/Initial Gauge Pressure（超音速/初始表压）。当流场为亚音速流场时，FLUENT 将忽略 Supersonic/Initial Gauge Pressure（超音速/初始表压）的输入数据，而用驻点参数求出静压。

另外，如果在计算中使用了湍流模型、辐射模型、燃烧模型、多相流等物理模型时，除了 Momentum 选项卡，其他选项卡中还需要定义与这些模型相关的参数，例如进口的湍流参数、相体积分数、温度等。

4.2.2　速度进口(Velocity Inlet)边界条件

当进口速度已知时，可以为计算域入口施加速度进口边界条件类型，其使用进口处流体的流动速度及相关流动变量作为边界条件。需要注意的是，速度进口条件中允许驻点参数浮动，仅适用于不可压流，用于可压流时可能导致出现非物理解。

在 Boundary Condition（边界条件）面板中选择速度进口（Velocity Inlet）边界，然后单击 Edit 按钮可以进入压力条件的设置对话框，如图 4-2 所示。

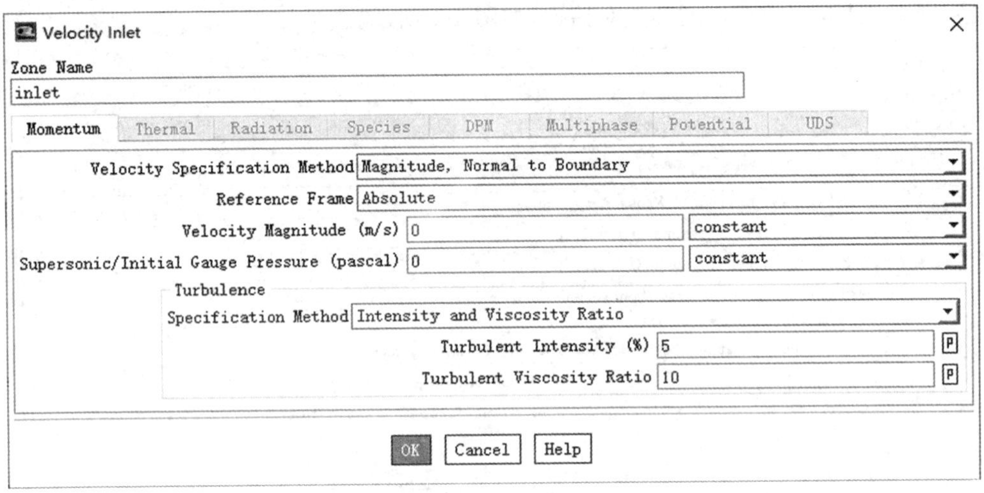

图 4-2　速度进口边界条件设置对话框

（1）设置速度指定方法

在 FLUENT 中定义速度的方式有三种，在 Velocity Specification Method（速度定义方法）下拉列表中可选择，包括：Magnitude and Direction（设定速度值与速度方向）、Components（设定速度分量）和 Magnitude，Normal to Boundary（设定速度值，速度方向垂直于边界）。

（2）设置相对速度或者绝对速度

在 FLUENT 中既可以使用相对速度，也可以使用绝对速度定义速度，在毗邻网格是静区域时，这两种速度定义方式完全等价。如果速度进口边界相邻区域是动区域，则在 Reference Frame（参考坐标系）下拉列表中选择 Relative to Adjacent Cell Zone（以相邻网格为参照的相对速度)选项或 Absolute(绝对速度)选项确定所定义的速度是相对速度还是绝对速度。

(3) 速度参考坐标系设置

FLUENT 提供直角坐标系、柱坐标系和局部柱坐标系 3 种坐标系形式。坐标系是在 Coordinate System(坐标系)下拉列表中,通过选择 Cartesian (x,y,z)(直角坐标系)、Cylindrical(Radial,Tangential,Axial)(柱坐标系)或 Local Cylindrical(Radial,Tangential,Axial)(局部柱坐标系)来确定的。

(4) 设置静压

对于超音速流动或计划使用速度进口边界进行初始化时,需要设置静压值。当流场为亚音速流场时,FLUENT 将忽略 Supersonic/Initial Gauge Pressure(超音速/初始表压)的输入数据。

如果计算中激活了能量方程用于计算传热,则需要在入口速度边界处设定温度。除了上面的参数外,如果求解湍流、组分输运、辐射、多相流等模型时,在速度进口边界条件中还需定义湍流参数、组分质量浓度、辐射参数、非预混燃烧参数、预混燃烧边界条件、离散相边界条件等参数。

4.2.3　质量流量进口(Mass-Flow Inlet)边界条件

如果流场在进口处的主要流动特征是质量流量保持不变,则适合采用质量流量进口条件,此时进口处总压将随流场内部压力场变化而变化,这在一定程度上直接影响计算的稳定性,所以不建议在流场的主要进口处使用质量流量条件。在不可压缩流动计算中不需要使用该进口条件,因为不可压缩流动中的密度为常数,很容易通过流量计算得出进口的速度值,采用速度进口边界更稳定。

在 Boundary Condition(边界条件)面板中选择质量流量进口(Mass-Flow Inlet)边界,单击 Edit 按钮弹出压力条件设置对话框,如图 4-3 所示,输入参数和前述边界条件较为相似。

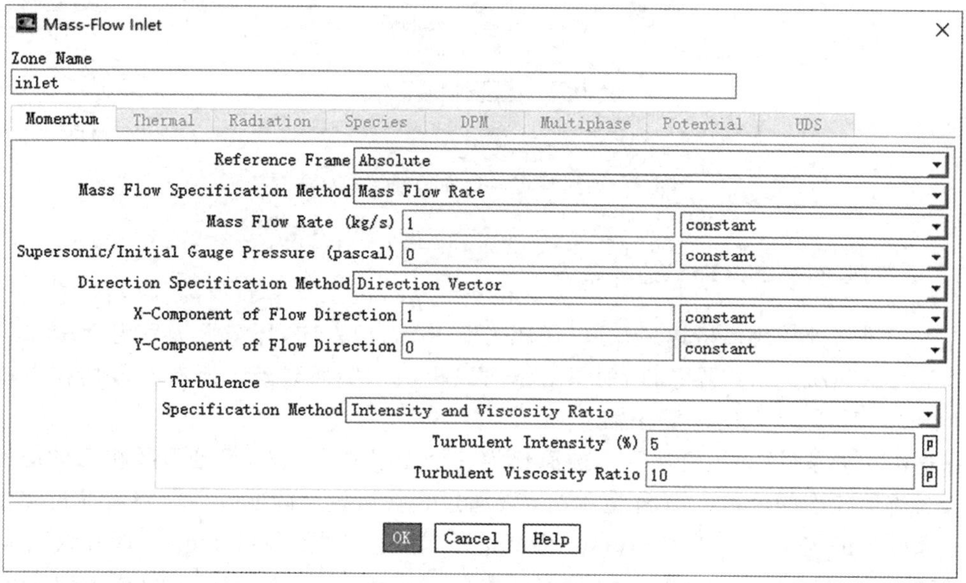

图 4-3　质量进口边界条件设置对话框

需要注意的是，在轴对称流场计算中，输入的质量流量应该是整个截面（角度范围为2π）上的流量，而不是单位弧度切片上的流量。

4.2.4 通风口进口（Inlet Vent）边界条件

通风口进口边界条件用来模拟给定损失系数、流动方向、进口/环境压力和温度的通风口。所有参数均在 Inlet Vent（通风口进口）对话框（见图 4-4）中设置，这个对话框也是在 Boundary Conditions（边界条件）面板中激活。

通风口进口边界面上的压力降（特指流动方向上的压力降）正比于流体的动压与损失系数的乘积，即 $\Delta p=0.5K_{L}\rho v_{n}^{2}$，式中 K_{L} 为无量纲损失系数。在 Inlet Vent（通风口进口）对话框中，损失系数的定义方式在 Loss Coefficient（损失系数）下拉列表中定义，其中包括 constant（常数）、polynomial（多项式拟合）、piecewise linear（分段线性函数）或 piecewise-polynomial（分段多项式）4 种定义形式。

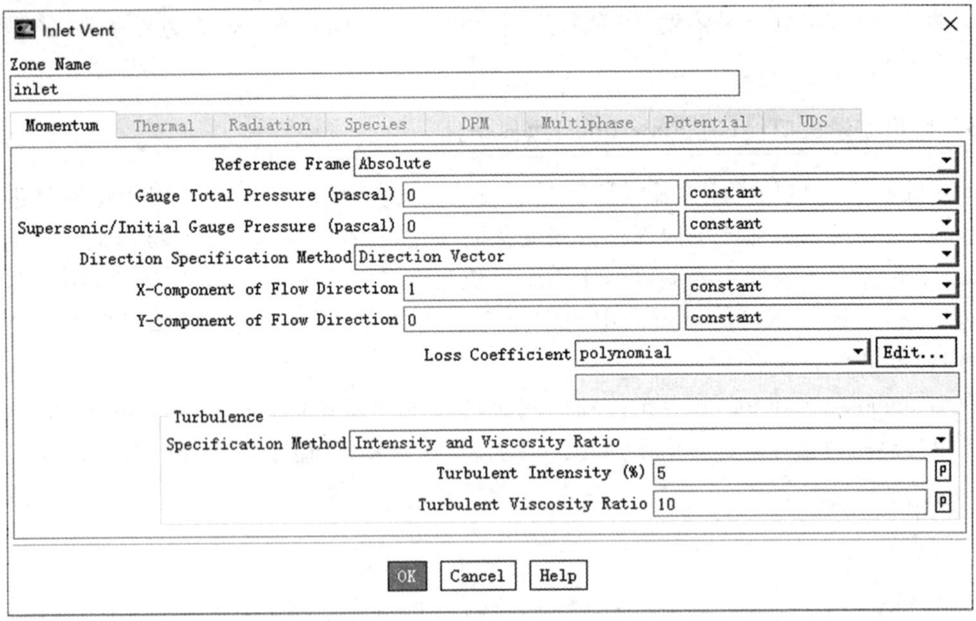

图 4-4　通风口进口边界条件设置对话框

4.2.5 进气风机（Intake Fan）边界条件

在流场进口处使用风机送风，可以用压力跃升、流动方向、环境压力和温度等参数的集合作为简化的风机进口边界条件，而不必针对风机进行实体建模。所有参数均在进口风机（Intake Fan）对话框（见图 4-5）中输入。

在这个边界条件中，风机实际上被简化为一个无限薄平面，气流通过风机后的压力的跃升定义为流体速度的函数。该函数一般可以通过查找风机性能曲线获取或者通过实验测量获取。该函数的定义方法通过 Pressure Jump 下拉列表进行，包含 constant（常数）、polynomial（多项式拟合）、piecewise linear（阶梯函数）或 piecewise-polynomial（分段多项式）4 种定义形式。

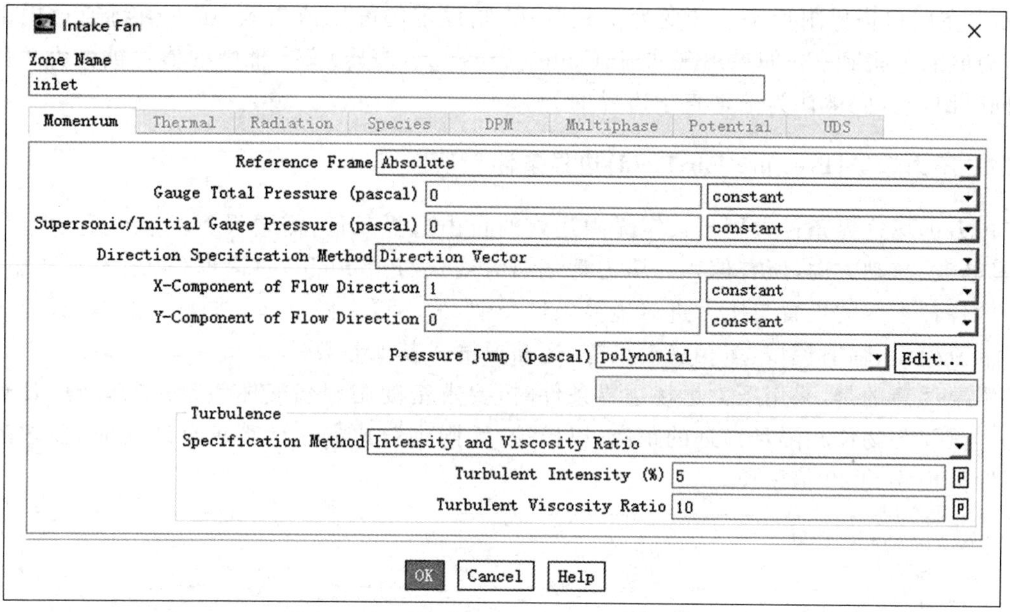

图 4-5　进口风机边界条件设置对话框

4.2.6　压力出口(Pressure Outlet)边界条件

压力出口边界是最常使用的出口边界条件,常用于出口静压已知的情况,例如出流到大气环境。压力出口边界条件主要需要设置出口静压(表压)、回流条件(Back flow)。回流条件仅在出口处发生回流现象时被使用,适合的回流条件设置有助于提高求解收敛性。FLUENT在压力出口边界条件上可以使用径向平衡条件,同时可以给定预期的流量。所有参数均在 Pressure Outlet(压力出口)对话框(见图 4-6)中输入。回车需要注意的有几点:

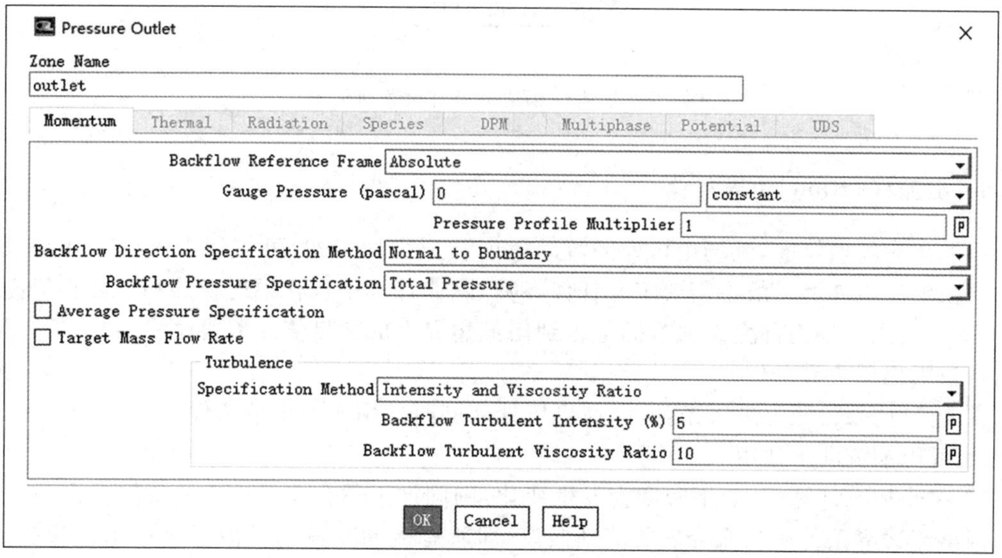

图 4-6　压力出口边界条件设置对话框

① 如果在出口边界附近流动转变为了超音速，则设定的静压值失效，压力值将通过内部流场压力值插值得到；② 如果出现回流，Gauge Pressure（表压）文本框中的值将被作为总压使用，同时回流方向被认为是垂直于边界的。

4.2.7 压力远场(Pressure Far-Field)边界条件

压力远场边界条件常用于设定无限远处的自由边界条件，需要设置的参数主要包括静压、马赫数、流动方向，所有值均在压力远场（Pressure Far-Field）对话框（见图 4-7）中输入，其中的各种参数的设置与压力进口边界条件类似，故不再多做解释。同样，如果在计算中激活了湍流模型、辐射模型、多相流模型等，还需要输入其他参数。

需要注意的是，采用压力远场边界条件时，要求密度用理想气体假设进行计算，计算域的边界需要与物体相隔足够远的距离，以模拟“无限远”，比如在计算翼型绕流时，要求远场边界距离模型约 20 倍弦长。

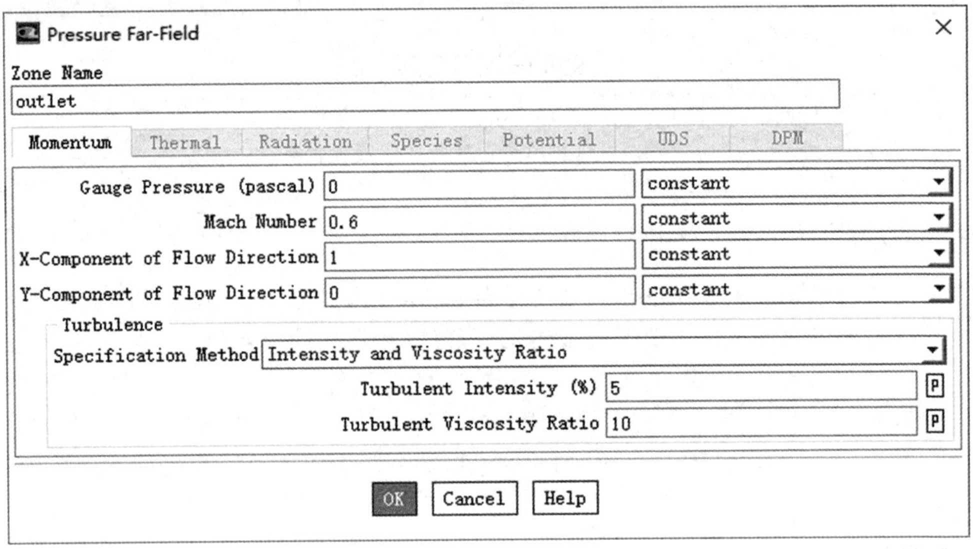

图 4-7　压力远场边界条件设置对话框

4.2.8 出流(Outflow)边界条件

如果在流场求解前，流场出口处的流动速度和压力均未知，可使用出流（Outflow）边界条件。在出流边界上一般不需要定义任何参数，除非计算中包含辐射换热和离散相等问题，FLUENT 会用流场内部变量通过插值得到出流边界上的变量值。需要注意的是，下列情况不适合采用出流边界条件：

① 进口如果为压力进口条件，则在出口处应同时使用压力出口条件。

② 可压缩流动不适用。

③ 在非稳态计算中，如果密度会发生变化，则同样不适合使用该边界条件。

因出流边界条件服从充分发展流动假设，即所有流动变量的扩散通量在出口边界的法向等于零，所以在出流边界存在很大的法向梯度或者出现回流时不应使用出流边界条件。比如在障碍物前后，流场速度梯度变化很大，并有可能出现回流，此时就不应该使用出流边界条件。

在FLUENT中可以使用多个出流边界条件，在Outflow（出流）对话框中，通过设置Flow Rate Weighting（流量权重）就可以指定每个出流边界的流量比例。

4.2.9 对称性(Symmetry) 边界条件

对称性边界条件适用于流场的几何和物理现象具有镜像对称性的情况。在对称轴或者对称平面上，没有对流通量和扩散通量，对称边界的任何量的梯度为0、法向速度为0。计算中不需要给定任何参数，只需要确定对称边界的位置，对于二维轴对称计算，对称轴设置Axis边界条件，而不是对称条件。

4.2.10 周期性(Periodic)边界条件

如果流动的几何边界和流动现象是周期性重复的，则可以采用周期性边界条件。FLUENT提供了两种周期性边界类型：一类是流体经过周期性重复后没有压降，另一类则有压降。

4.3 区域条件设置

边界条件通常施加在边（二维问题）或者面（三维问题）上，区域条件是设置在面域（二维问题）或者体域（三维问题）上的条件。

4.3.1 区域类型

CFD计算中按照计算域材料类型将计算域分为流体区域、固体区域和多孔介质区域，其中多孔介质区域又被归为流体区域的一种。

（1）流体区域

流体区域是计算域中介质为流体的区域，所有需要求解的方程都要在流体区域上被求解。在计算之前必须指定流体区域中流体介质的材料信息，即指明是何种流体，例如空气或者水；在计算组分输运或燃烧问题时不需要选择材料，因为在组分输运计算中，流体是由多种组分组成的，而组分的特性在Species Model（组分模型）对话框中设置；在多相流计算中也不需要指定材料性质，选取相即可，流体性质在定义相时已经设置完成。

其他可以选择输入的参数包括源项、流体质量、动量、热或温度、湍流以及组分等流动变量，还可定义流体区域的运动。如果流体区域存在旋转边界，则需要指定转动轴及坐标原点；如果计算中使用了湍流模型，还可以根据需要将流体区域定义为局部层流区；如果计算中使用DO模型计算辐射，则可以设置流体是否参与辐射过程。

（2）固体区域

固体区域是计算域中介质为固体的区域。例如计算列管换热时管道的壁厚，在固体区域上只求解导热方程，与流动相关的方程不在固体区域求解。在固体区域上必须指明固体的材料性质。固体区域可以设定为热源（需指定热生成率），或者设为恒温（需指定温度值），也可以定义固体区域的运动。如果计算中使用DO模型计算辐射，则需要设置固体区域是否参与辐射过程。

(3) 多孔介质区域

流场中有过滤纸、多孔板或管道阵列等类似多孔类物理实体，且计算不关注这些物体内部的细节流动，但是需要考虑它对流动带来的宏观影响，鉴于计算成本，无法按照多孔几何进行实体建模时，可将该区域简化设置为多孔介质条件(Porous Zone)。

在流体区域设置面板中，选中“Porous Zone”选项即可设置该区域为多孔介质区域，通过输入各方向上的黏性阻力系数和惯性阻力系数、孔隙率等参数确定压降特性。

多孔介质模型采用经验公式定义多孔介质上的流动阻力。从本质上说，多孔介质模型是在动量方程中增加了一个动量消耗源项。多孔介质模型需要满足下面的限制条件：

① 因为多孔介质的体积在模型中没有体现，在默认情况下，FLUENT 在多孔介质内部使用基于体积流量的名义速度来保证速度矢量在通过多孔介质时的连续性。如果要求更精确的结果，需在多孔介质内部使用真实速度。

② 多孔介质对湍流的影响是近似考虑的。

③ 在运动坐标系中使用多孔介质的模型时，应使用相对坐标系以保证获得正确的源项解。

薄的多孔介质面可以通过在边(二维问题)或面(三维问题)上使用一维假设“多孔跳跃(Porous Jump)”定义速度和压力降特征。“Porous Jump”与“Porous Zone”的区别在于：① 两者均可以实现压降特性的模拟，但 Porous Jump 条件不能用于体域，对流场没有整流作用；② 多相流模型中，Porous Zone 对离散相没有作用，而 Porous Jump 可以选择对离散相的作用；③ Porous Jump 只考虑惯性阻力项；④ 在计算中应尽量使用 Porous Jump 条件，因为这个模型可以增强计算的稳定性和收敛性。

4.3.2 区域条件设置

在 FLUENT 操作界面中选择 Define/Cell Zone Conditions 命令，可弹出区域设置对话框，如图 4-8 所示。在 Zone 栏下选中相应的区域名称，在 Type 下拉列表中选择区域类型。

(1) 流体区域设置

在如图 4-8 所示的单元区域对话框中选择 Type 下拉列表中的 fluid 选项，然后单击 Edit 按钮，即可弹出 Fluid(流体)对话框，如图 4-9 所示。在该对话框中即可设置流体区域的相关参数，主要参数设置介绍如下。

① 指定流体属性

一般在设置材料步骤时，模拟所需的所有材料已设置好，这里只需从材料列表中选择材料即可，通过编辑材料可以修改材料性质参数。

② 定义源项

在 Source Terms(源项)选项卡中可以定义热、质量、动量、湍流、组分和其他流动变量的源项。

③ 定义固定参数值

在 Fixed Values(固定值)选项卡中可以为流体区域中的变量设置固定值。

④ 设定层流区

当计算中使用了湍流模型时，对话框内会出现 Laminar Zone 复选框，勾选该复选框时，则在该区域不求解湍流方程，从而设定为一个层流区域。这个功能在已知转捩点位置或层

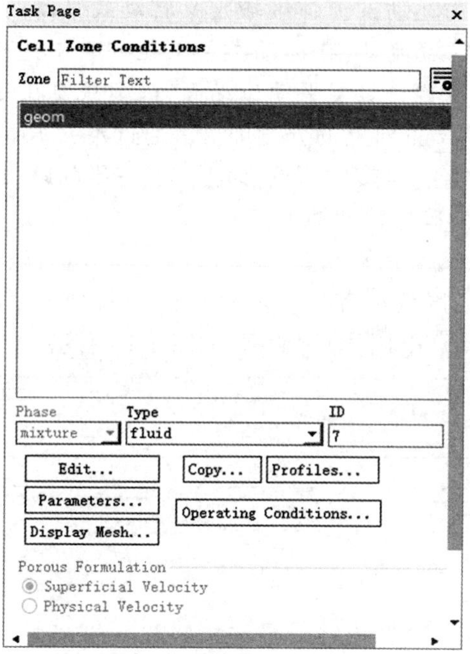

图 4-8　单元区域对话框

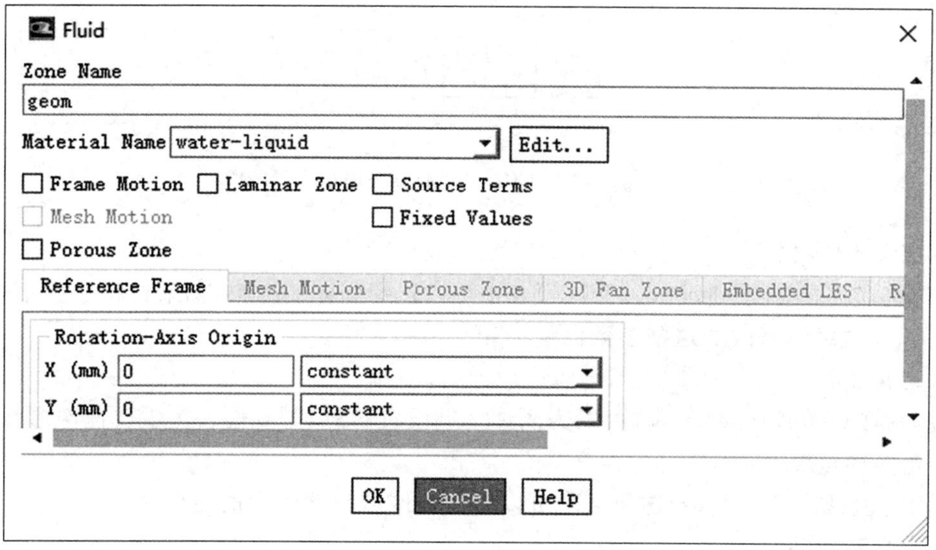

图 4-9　流体(Fluid)设置面板

流区和湍流区位置时是非常有用的。

⑤ 定义区域的运动

“Frame Motion”和“Mesh Motion”是用于运动区域求解的两种方法，在求解叶轮旋转或者搅拌桨叶旋转时非常有用，一般而言 Mesh Motion 方法可以获得比 Frame Motion 准确性更高的结果。Frame Motion 通过定义运动坐标系求解运动，在面板中选择 Reference

Frame(移动参考系),可以为运动的流体区域定义转动或平动的参考系。Mesh Motion 通过滑移网格方法求解运动区域流动,在运动类型下拉列表中选择 Moving Motion(移动网格),然后进行相关参数的设置。对于平动运动而言,则只要在 Translational Velocity (平动速度)中设定速度在 x、y、z 方向上的分量即可。通过定义 Rotation-Axis Direction(旋转轴方向)和 Rotation-Axis Origin(转轴原点)即可定义三维问题中的转动轴。在二维问题中只需要指定转轴原点就可以确定转动轴了。

(2) 固体区域设置

在如图 4-8 所示的单元区域对话框中选择 Type 下拉列表中的 Solid(固体) 选项,然后单击 Edit 按钮,即可弹出 Solid(固体)对话框,如图 4-10 所示。

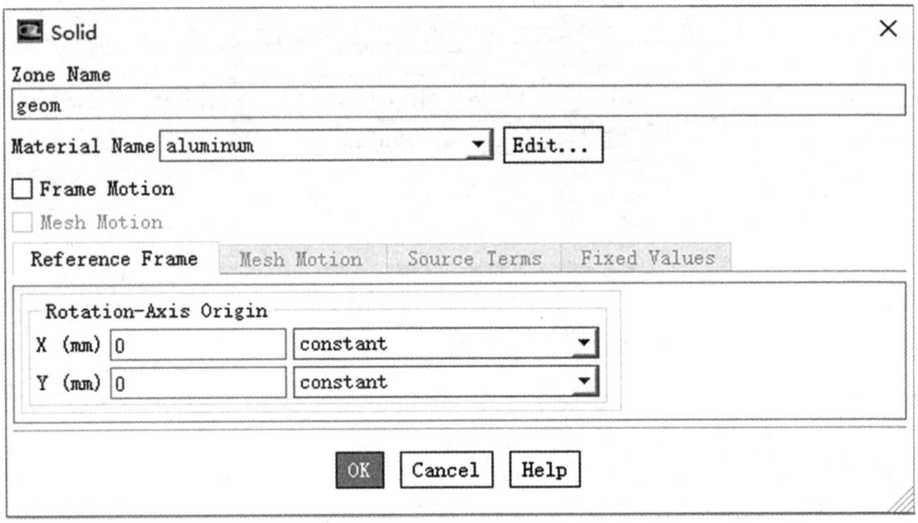

图 4-10　固体(Solid)设置面板

① 定义固体材料

在材料名称(Material Name)下拉列表中可以选择固体的材料,如果材料参数不符合要求,还可以通过编辑来改变这些参数。

② 定义热源

选择源项(Source Terms)就可以为固体区域设置热源,需要输入热生成速率参数。

③ 定义固定温度

在固定值(Fixed Values)选项卡中可以为固体区域设置固定的温度值。

④ 定义转动轴

通过定义轴的方向和原点位置进行定义固体区域转动轴,在二维情况下只需确定转轴原点。

⑤ 定义区域运动

勾选 Frame Motion 复选框,在 Reference Frame(运动参考系)选项完成运动参考坐标系定义。对于带有直线运动的固体区域而言,则可以通过定义 Translational Velocity(平移速度)的 3 个分量来定义。

(3) 多孔介质计算域

多孔介质计算中的参数设置在流体(Fluid)对话框中完成,如图 4-11 所示。勾选 Porous Zone(多孔介质区)复选框就可以将流体区域设为多孔介质区域,主要设置介绍如下。

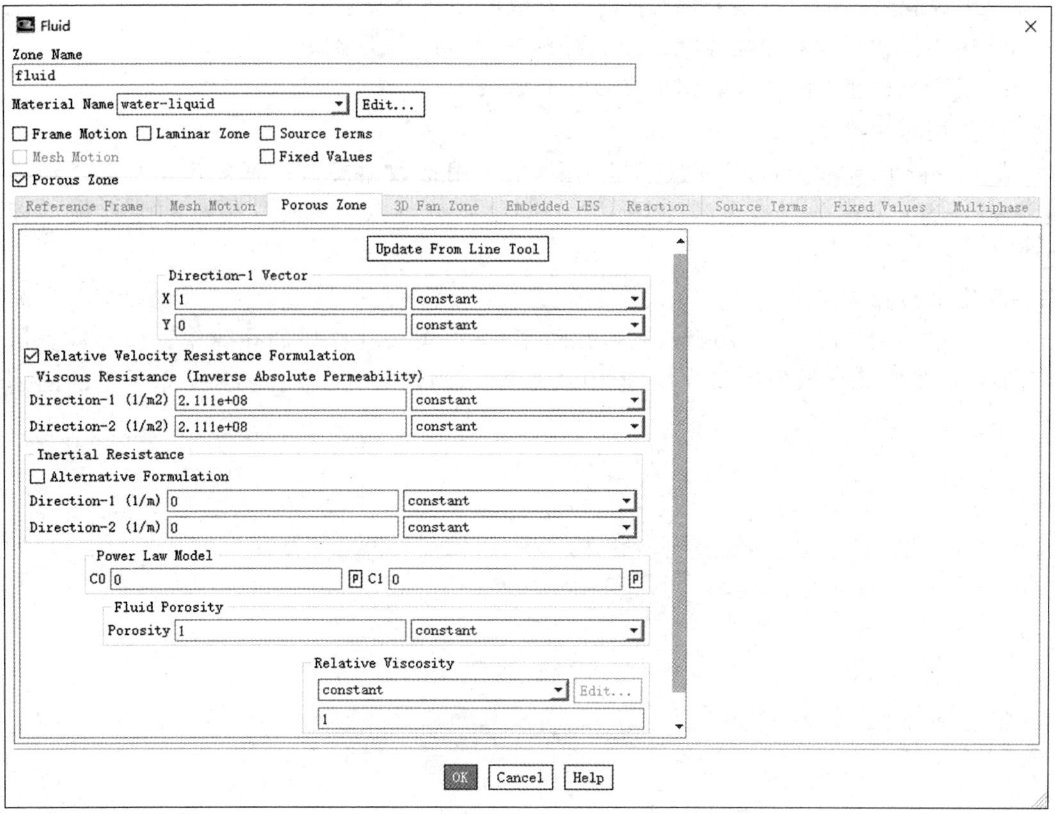

图 4-11　多孔介质参数设置面板

① 定义流过多孔介质的流体

在 Material Name(材料名称)下拉列表中选择所需的流体名称。可以用编辑功能改变流体的参数设置。组分计算和多相流计算中的流体不在这里定义,而是在 Species Model(组分模型)和 Phase(相)对话框中定义。

② 定义黏性和惯性阻力系数

黏性和惯性阻力系数的定义方式相同。在直角坐标系中指定一个方向矢量,在二维问题中定义一个方向矢量,在三维问题中定义两个方向矢量(必须相互垂直)、另外一个未指定的方向默认与指定方向垂直,然后在每个方向上定义黏性和惯性阻力系数,也可以使用 UDF 用户自定义。如果计算的问题是轴对称旋转流,可以为黏性和惯性阻力系数定义一个附加的方向分量。这个方向应该与其他两个方向矢量相垂直。需要注意的是,多孔介质流中计算黏性或惯性阻力系数时采用的是名义速度;当使用 Frame Motion,Mesh Motion 或者 Dynamic Mesh 计算使用旋转边界的流动时,需勾选 Relative Velocity Resistance Formulation,以使计算更为准确。

③ 黏性和惯性阻力系数的推导

推导黏性和惯性阻力系数的方法如下:

a. 采用已知的压降与速度之间关系的经验公式，基于名义速度推导多孔介质参数；

b. 用 Ergun 方程计算充填床的多孔介质参数；

c. 用经验公式推导以湍流状态流过多孔板的多孔介质参数；

d. 用表格数据计算以层流状态流过纤维垫的多孔介质参数；

e. 用压力和速度的试验数据拟合多孔介质系数。

④ 采用幂律模型

在 Power Law Model 下设置幂律模型，指采用指数律模型计算多孔介质动量消耗源项，则需要输入的参数只有系数 C_0 和 C_1。幂律模型可以与 Darcy 模型和惯性模型同时使用。

⑤ 定义孔隙率

在对话框中的 Fluid Porosity(流体孔隙率)下设置多孔介质的孔隙率。该参数表示流体可通过区域占总区域的体积分数，范围从 0 到 1，当设置为 1 时，该多孔介质上的固体不起作用。

第5章 后 处 理

经求解后的数值解为大量数据的集合，如何将这些数据直观地进行展示是后处理的主要任务。FLUENT 本身具有很强的后处理功能，可以方便地进行流场显示，将 CFD 的求解结果进行可视化、定性或者定量地表征流场。本章将介绍如何使用这些功能，主要包括图形可视化及量化数据报告。

需要说明的是，为 FLUENT 计算结果提供有接口的后处理软件很多，例如 Tecplot、FieldView、EnSight 及 ParaView 等，ANSYS workbench 提供的 CFD-post 也可以方便地生成 FLUENT 后处理报告。

5.1 创建点、线和面

在后处理过程中通常需要显示流场的局部信息或者积分计算某个流场截面上的物理量，而在前处理建模过程中，没有特别将这些位置进行建模或者命名，这时需要首先创建点、线或者面以进行下一步操作；如果需要显示的位置已经存在，例如进口面或出口面，这时不需要另行建立。在 FLUENT 操作面板的菜单栏中，选择 Surface(面)菜单，如图 5-1 所示，可进行创建区域、点、线、面、等值面等操作。下面对较为常用的几个功能进行介绍。

(1) Point(点)

在计算域内部创建一个点，可用来监视流场区域中一个特定点上某变量或函数的变化。

选择 Setting Up Domain/Surface/Point 命令，即可弹出点表面对话框，如图 5-2 所示。可通过以下 3 种方式指定点的位置：

图 5-1 Surface(面)菜单

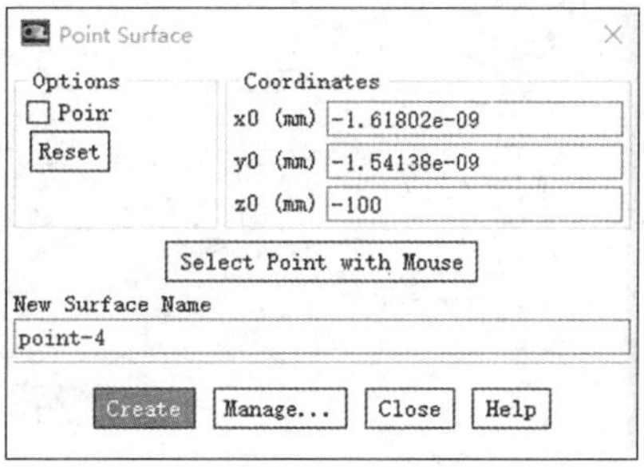

图 5-2 点表面对话框

① Coordinates：输入点的坐标。

② Select Point with Mouse:通过鼠标选定点。

③ Point Tool:用点工具选定点。勾选该复选框时,在图形界面出现一个点工具图表,拉动该图表,可以方便地在图形窗口中在更为精确的位置创建点。从起始点出发,可以方便地移动该点到目的位置。比如,如果需要区域中心的数据点,可以首先在邻近区域中选择点,然后把该点移动到目的位置。

(2) Line/Rake(线/耙)

需要显示某条内部线上某变量变化趋势时,首先需要使用此命令来建立线;在显示流动轨迹时,可利用该功能建立线,指定示踪粒子从该线上释放。Rake 是指在指定的两个端点之间包含等间距的指定数目的点。

选择 Setting Up Domain/Surface/"Line/Rake"命令,即可弹出线/耙表面对话框,如图 5-3 所示,然后在 Type 下拉列表中选择要创建的类型。Line 和 Rake 均需要指定起始点和终点,两者区别在若要创建 Rake,另需指定等间距分布的点数。起始点和终点的指定方式同样可以通过输入坐标、鼠标选取和利用线工具(Line Tool)选取。若要创建 Rake,需指定等间距分布的点数。

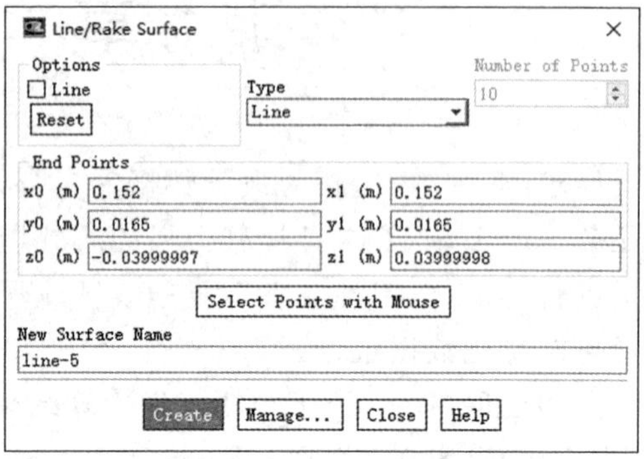

图 5-3　线/耙表面对话框

(3) Plane(平面)

在三维问题中可以创建任意方向的平面以显示计算结果。选择 Setting Up Domain/Surface/Plane 命令,即可弹出平面表面对话框,如图 5-4 所示。可以通过以下 5 种方法创建平面:

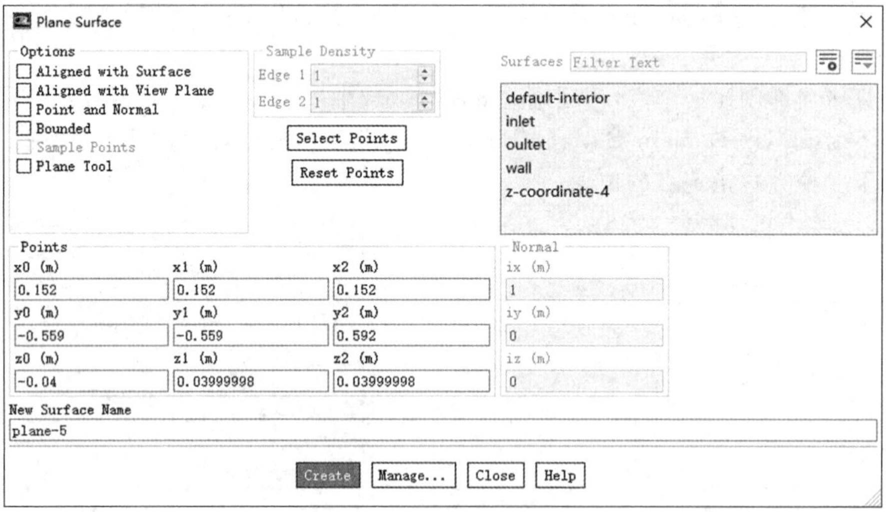

图 5-4　平面表面对话框

① 直接输入非共线的 3 个空间点的坐标,产生平面贯穿计算域。

② Aligned with Surface(与参考表面平行):定义一个参考平面和一个指定点。

③ Aligned with View Plane(与视图平面平行):定义一个独立的点。

④ Point and Normal(点和法向):定义法线矢量方向和一个数据点。

⑤ Bounded(有界平面):用于创建平行六面体平面,数据点非均匀分布。如果与Sample Points(采样点)联用,则可创建数据点均匀分布的有界平面。

(4) Quadric(二次曲面)

通过指定函数的系数来定义线、圆、二次曲线,三维问题中可定义平面、球面及二次曲面等。选择 Setting Up Domain/Surface/Quadric 命令,即可弹出二次曲面对话框,如图 5-5 所示。首先选择二次曲面的类型,FLUENT 提供的曲面类型包括以下 3 种:

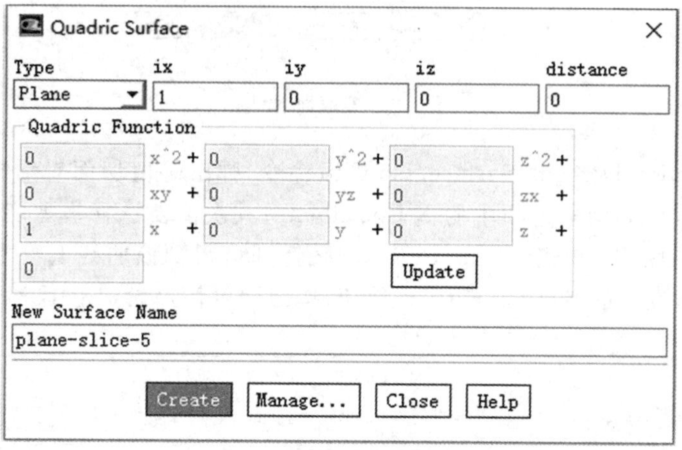

图 5-5 二次曲面对话框

① 平面。对应方程为 $ax+by+cz=d$,需要输入系数 a、b、c 和 d 的值。

② 球面。对应方程为$(x-x_0)^2+(y-y_0)^2+(z-z_0)^2=r^2$,需要输入球形原点$x_0$、$y_0$和$z_0$以及半径 r。

③ 一般二次曲面。对应方程为$a_1x^2+a_2y^2+a_3z^2+b_1xy+b_2yz+b_3zx+c_1x+c_2y+c_3z+d=0$,输入变量前面各项系数即可。需要注意的是,方程中的系数采用国际长度单位,即 m(米)。

(5) Iso-Surface(等值面)

在这个面上,某个变量值是相等的。例如速度为 0 的面,指在这个面上数据点的速度均为 0。

选择 Setting Up Domain/Surface/Iso-Surface 命令,即可弹出等值面对话框,如图 5-6 所示。

首先选择关注的物理量,比如速度中的 x 方向速度,其次选择在哪个区域抽取该等值面(默认为整个流场区域);然后设定 Iso-Values(等值量),单击 Compute(计算)按钮可获得最大值和最小值;最后输入新表面的名称,单击 Create(创建)按钮创建等值面。

(6) Iso-Clip(等值切面)

如果希望在已存在的某个面上显示特定范围,可以通过 Clip(剪切)来把位于两个值之间的区域裁剪出来。

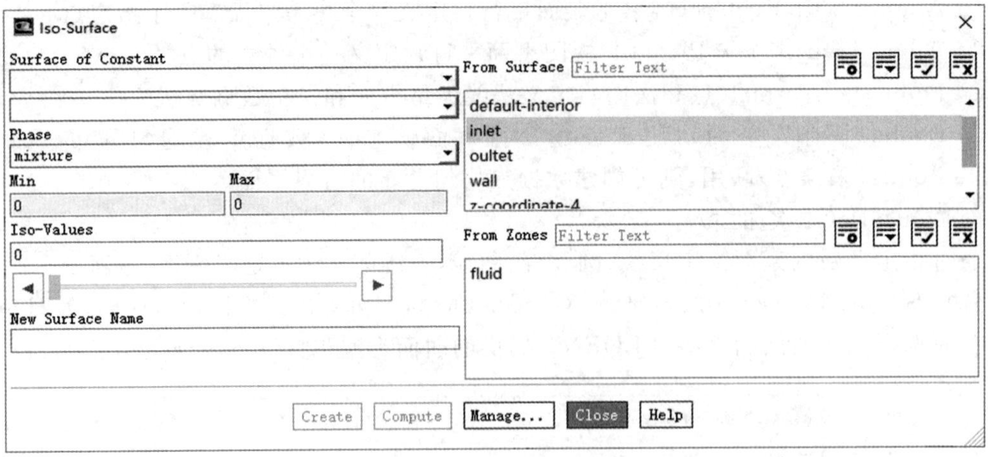

图 5-6　等值面对话框

选择 Setting Up Domain/Surface/Iso-Clip 命令，弹出等值切面对话框，如图 5-7 所示。首先选择物理量，比如网格选项中的 X-Coordinate；其次需要选择被剪切平面，然后根据需要设定物理量剪切范围，单击 Compute（计算）按钮即可得到该曲线上物理量的最大值和最小值；最后输入新表面的名称，单击 Clip（剪切）按钮即可切掉设定范围之外的部分。

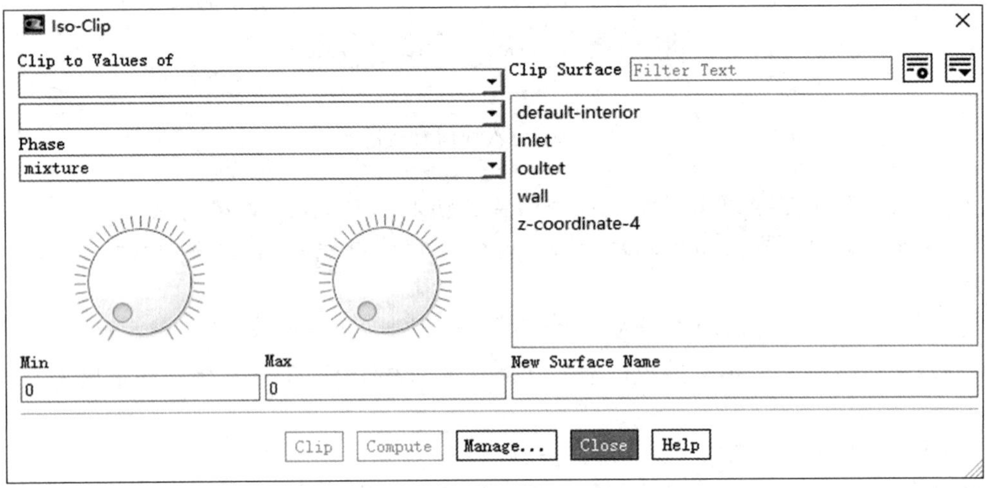

图 5-7　等值切面对话框

（7）其他

通过 Setting Up Domain/Surface/Transform（转换）命令，可以对已有表面进行旋转和移动等操作来生成新的表面。通过 Surface/Manage（管理）命令，可对面进行分组、重命名和删除等操作。

5.2　图形可视化

图形可视化指将计算结果以直观的图片或者动画显示，或者观察某些物理量沿着某路径，例如直径上的分布趋势，用于定性或者定量分析流场。

5.2.1　创建图形

(1) 显示网格(Mesh)

导入网格后通常需要检查几何、网格划分及边界条件类型设置情况。进行 Setup/General/Display 操作，将弹出网格显示对话框，如图 5-8 所示。

通过选择 Options(选项)和 Edge Type(边特征)选项组中的不同选项，可以显示网格的不同特征。Nodes、Edges、Faces、Partitions 分别显示所选面的节点、线、面和并行计算时的区域分割边界。Edge Type 选项中的 All、Feature、Outline 分别为显示全部、特征及轮廓。显示 Feature 时，减小特征角度可以显示更多的细节。

选择面的方式有两种，可以直接在 Surfaces(表面)列表中选择需要显示的表面；也可以从 Surface Types(表面所赋予的边界条件类型)列表中选择一类型的表面，例如选择 wall，那么 Surfaces 列表中所有边界条件为 wall 的表面都会被选中，这种方法对于检查边界条件是否施加在了正确的位置上特别有用。

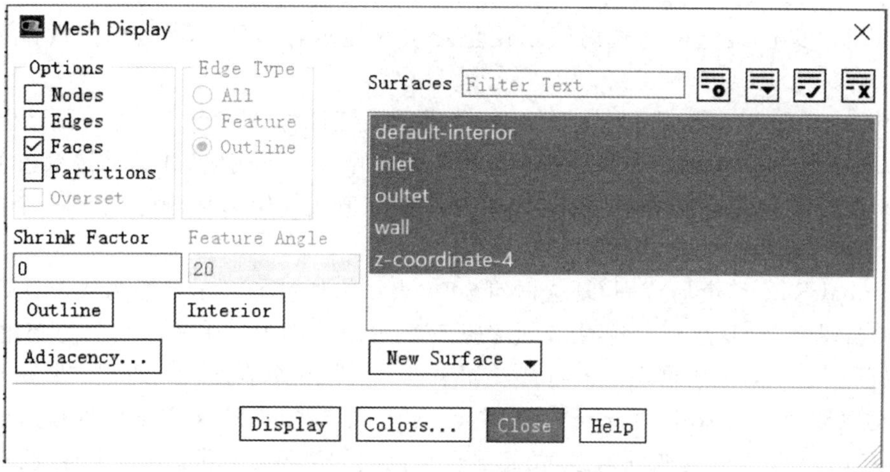

图 5-8　网格显示对话框

(2) 显示等值线云图(Contours)

等值线云图是流场显示的最常用方式之一。进行 Results/Graphics/Contours 操作，将弹出等值线对话框，如图 5-9 所示。

① 在 Contours of 的两个下拉列表中，在上面的下拉列表中选择变量主类，例如速度，在下面的下拉列表中选择变量细分，如速度中的 x 方向速度。如果是多相流计算，还需在 Phase 下拉列表里选择相。

② 在 Surfaces(表面)列表中选择需要显示的平面。如果没有选择任何表面，默认会在

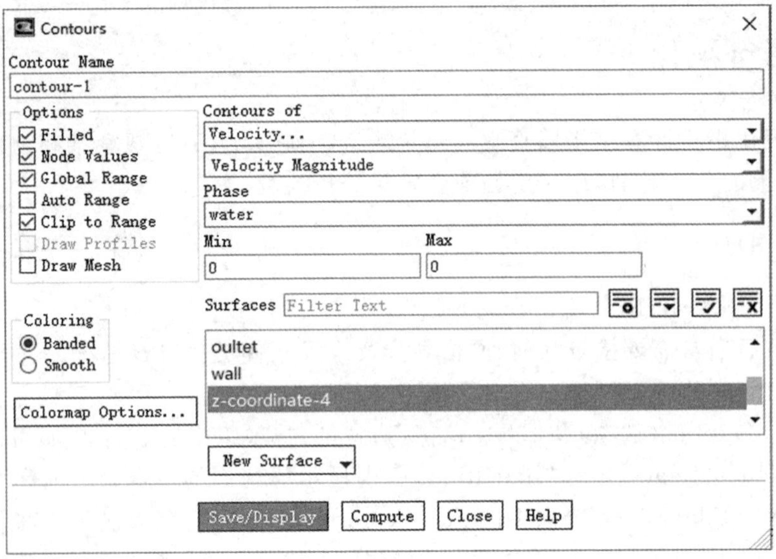

图 5-9　等值线对话框

整个求解对象上绘制等值线，对于网格数量庞大的模型，将会耗费相当长的计算机时间，因此不建议不选择任何表面。

③ 在 Options（选项）选项组中设置等值线显示形式。

a. Filled（填充）复选框勾选时表示用色彩填充显示等值线；不勾选时，只显示等值线线条。

b. Node Values（节点值）复选框勾选时，表示插值计算的节点值被显示；不勾选时，表示采用单元节点中心值。采用节点值绘制色彩填充的等值线或轮廓时，将按颜色的层次进行光滑显示；使用单元节点中心值绘制色彩填充的等值线或轮廓时，则会显示一个单元到其邻接单元颜色的显著变化。通常要勾选该项。

c. Global Range（全局范围）复选框勾选时，表示物理量的显示范围为整个计算域；Auto Range（自动范围）复选框勾选时，表示物理量的显示范围为选中的区域上的变化范围，这样更容易凸显关注面上该物理量的特征。如果只关心某一个表面上物理量在某一个范围内的变化，可以取消勾选 Auto Range 复选框，在 Min 文本框和 Max 文本框处输入需要的显示范围。Clip to Range 复选框勾选时，超出显示范围的值将被切除；不勾选时，低于 Min 的值将会以代表最低值的色彩进行显示，而高于 Max 的值将以代表最高值的色彩进行显示。

d. Draw Mesh（画网格）选项用于等值线云图的空间参考，即给出网格轮廓，有助于理解等值线云图的空间位置。勾选 Draw Mesh 复选框后，将弹出网格显示对话框。

④ 在 Coloring 选项卡中，可以选择以“Banded（带状）”或者“Smooth（光滑）”形式显示等值线。在“Colormap Options”里可以设置等值线的层次数目，该值设置越大，云图色彩过渡越光滑。

（3）显示矢量图（Vectors）

矢量图用于绘制速度矢量，也是最常用的流场显示方式之一。进行 Results/Graphics/Vectors 操作，即弹出矢量图对话框，如图 5-10 所示。

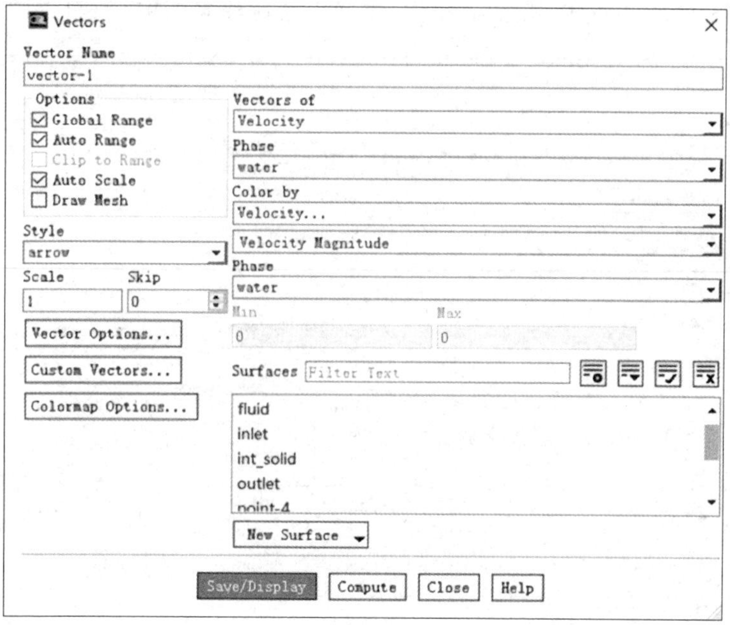

图 5-10 矢量图对话框

① 在 Vectors of 下拉列表中选择 Velocity(速度)或 Relative of Velocity(相对速度,常用于设置有运动参考坐标系的情况)设置速度。通过单击 Custom Vectors 按钮也可以自定义矢量。

② 在 Surfaces(表面)列表中选择平面。如果不选择默认显示整个流场区域内的矢量场,将会耗费较长的计算机时间。

③ Options 选项用于设置矢量显示形式。

a. 矢量缩放。默认情况下,Auto Scale 复选框处于勾选状态,表示矢量自动缩放;如果取消勾选 Auto Scale 复选框,矢量将按照实际的尺寸和比例系数进行绘制(默认的比例系数为 1)。一般要勾选此项。

b. 矢量稀疏性调整。如果箭头过多而导致矢量图显示不清楚,那么可以通过设置矢量对话框中 Skip 的值来减少箭头的显示数目。例如设置为 2 时,意味着每隔两个矢量显示一个箭头。

c. 显示固定长度或固定颜色的矢量。如果希望所有的矢量以相同的长度进行显示,则可以通过在矢量选项(Vector Options)对话框中勾选固定长度(Fixed Length)复选框来实现。在矢量对话框中调整 Scale Head 可以调整矢量中箭头的大小。

④ 矢量的颜色将由矢量对话框中的 Color by 选项决定,可以是速度大小,也可以选择其他,例如压力。

⑤ Style 下拉列表中可改变矢量的显示形状,例如 cone、filled-arrow、arrow、harpoon 和 headless 等类型。

(4) 显示轨迹线(Pathlines)

严格意义上讲,Pathlines 显示的曲线是流场中某一时刻流体质点的流线,稳态计算中该流线等同于迹线,但如果是非稳态计算,Pathlines 不能表征轨迹。

进行 Results/Graphics/Pathlines 操作，将弹出轨迹线对话框，如图 5-11 所示。

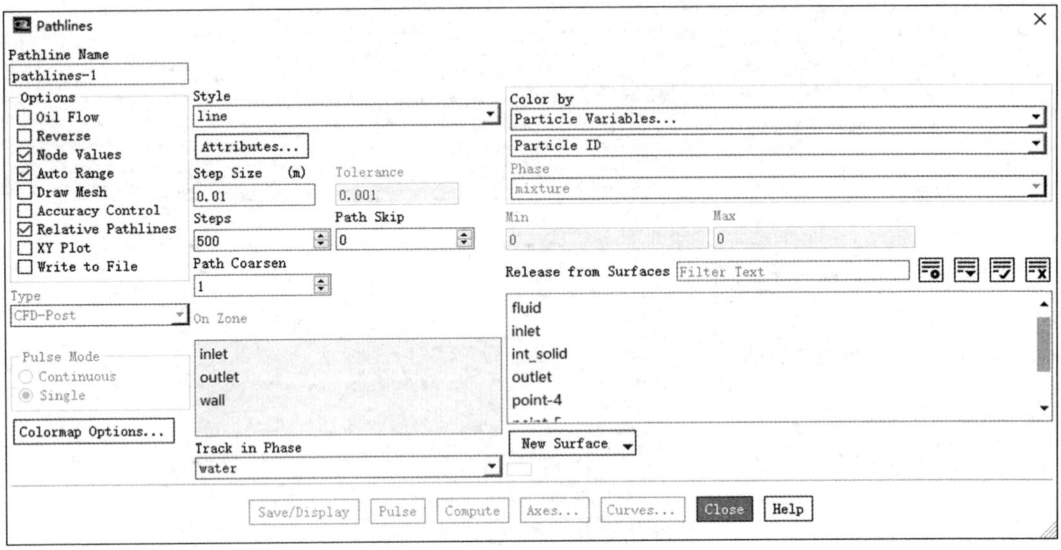

图 5-11　轨迹线对话框

① 在 Release from Surfaces 列表中选择相关面或者定义的线、点，设置示踪粒子的释放位置。

② 设置 Step Size 和 Steps。Step Size 设置的长度间隔用来计算粒子的下一个位置。Steps 设置一个粒子能够前进的最大步数，该值越大，显示的路径越长。

③ 单击 Save/Display 按钮绘制路径线，单击 Pulse 按钮可以动画显示粒子从释放到出口的位置变化。Pulse Mode 可以设置动画以连续形式播放还是单点形式进行。

5.2.2　创建动画

通过把静态的图像转化为动图可加强结果的演示效果。FLUENT 自带的后处理功能可以制作动画，具体创建步骤如下：

① 设置动画序列。进行 Solution/Calculation Activities/Solution Animation 操作，将弹出 Animation Definition 对话框，如图 5-12 所示。Record after every 后面填写每隔多少迭代次数(Iteration)保存一帧。对于非稳态流动，通常选择每隔多少个步长(Time Step)产生一个记录。

② 创建动画序列。首先选择存储的类型和路径，选择窗口 ID，单击 Set 按钮，定义一个新的显示窗口，以便在求解过程中观察生成的图片。然后选择每一帧要保存的对象，包括 Mesh，Contours 和 Pathlines 等，操作步骤与之前所述相同。最后单击 OK 按钮，回到 Solution Animation 对话框，再次单击 OK 按钮确认即可。求解过程中，根据设置，每隔一定的迭代次数或者一定步数，可自动观察到每一帧。求解完毕之后，即可在指定的路径中生成一个动画序列。

③ 动画播放与保存。进行 Results/Animations/Solution Animation Playback 操作，可弹出 Playback(动画回放)对话框，如图 5-13 所示。在该对话框中设置播放模式和播放速度

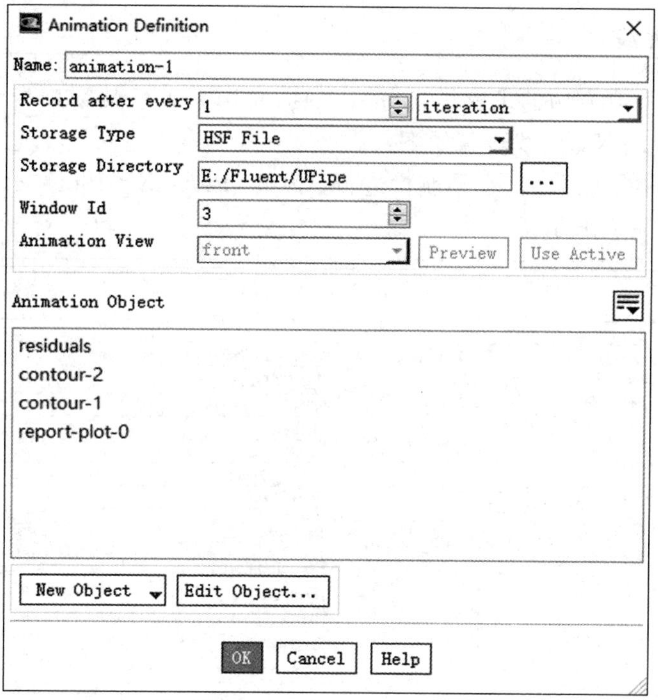

图 5-12　Animation Definition 对话框

等，然后单击播放按钮即可观看动画效果。单击 Write 按钮即可生成动画。在 Write/Record Format 下拉列表中选择动画保存格式，包括 Animation Frames（硬拷贝文件，保存动画的每一帧）、Picture files（图片格式）和 MPEG（视频格式）。

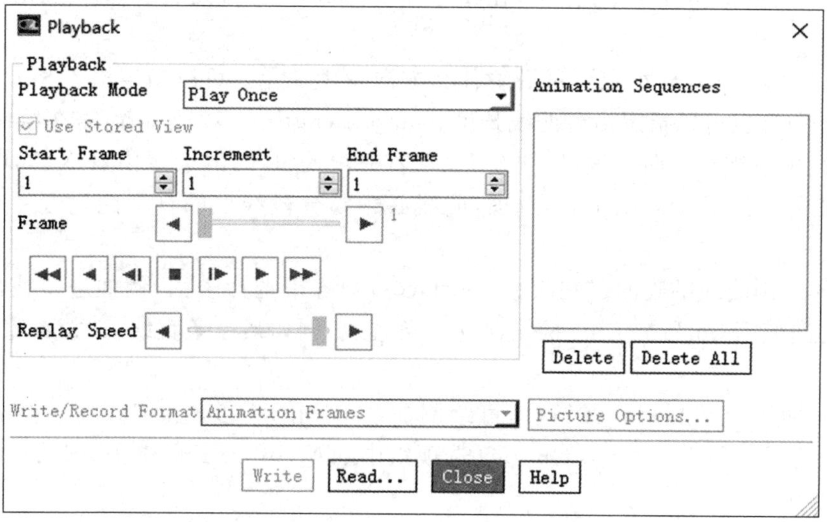

图 5-13　动画回放对话框

5.2.3 绘制 XY 曲线

XY 曲线也是非常有用的求解结果分析工具，常用来表示某物理量沿着某路径或方向上的变化趋势。绘制 XY 曲线步骤如下：

① 激活 XY 曲线对话框。在导航栏进行 Result/Plots/XY Plot/Set Up 操作，弹出 XY 曲线对话框，如图 5-14 所示。

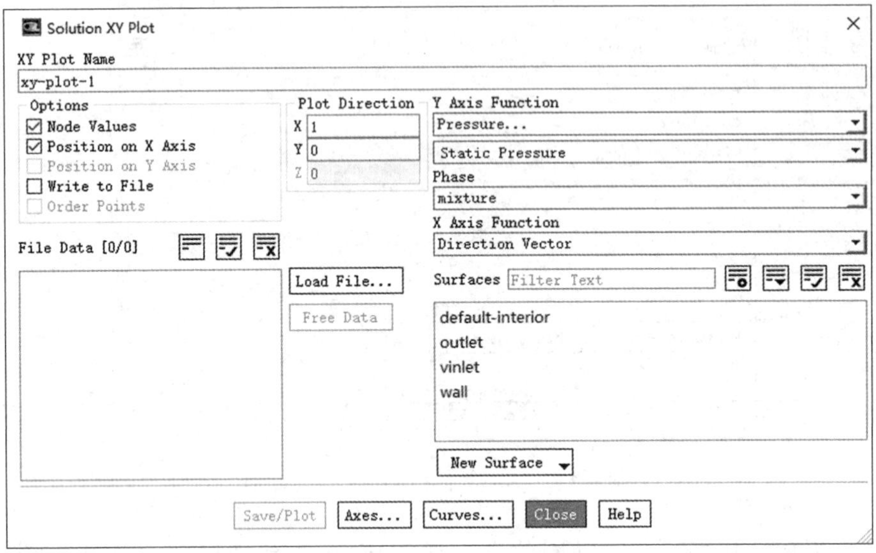

图 5-14　XY 曲线对话框

② 指定绘图变量。如果要在 Y 轴上显示绘图变量、X 轴上显示位置变量，则激活 Option 选项下 Position on X Axis 选项，在 Y Axis Function 下拉列表中选择绘图变量，反之亦然。

③ 指定绘图方向，即指定变量沿着什么方向发生变化。可以指定沿着某方向矢量(Direction Vector)，也可以指定沿着曲线长度(Curve Length)。对于前者，需在绘制方向(Plot Direction)选项中指定方向矢量，比如在 X、Y、Z 中输入(1,0,0)表示沿着 X 方向进行绘图。如果选择曲线长度(Curve Length)选项，曲线必须是分段线性的且不能包含一个以上的封闭曲线。

④ 选择绘制曲线的表面。在表面(Surfaces)列表中选择表面，例如进口或出口。也可以在绘制之前使用 Surface/Line 操作建立一条直线，例如某一条直线，选择该直线进行 XY 曲线绘制。

⑤ 绘制曲线。单击 Plot 按钮，即可绘制曲线，单击 Axes…和 Curves…按钮可对轴和曲线的显示方式进行设置；勾选 Options 选项组中的 Write to File 选项，则 XY 曲线将保存在指定目录中。

5.2.4 显示设置

后处理的过程中，为了更直观和美观，常常需要对显示的图片进行加工和美化，例如加设灯光、调整视图方位、调整场景、编辑和移动、设置鼠标等，这些操作通常可以使后处理图片更美观。这主要通过菜单栏的“Viewing”功能按钮实现。

① 调整图形窗口显示属性。在菜单栏进行 Viewing/Display/Options 操作，将弹出 Display Options 对话框，如图 5-15 所示。Rendering 标签下可设置图形中的线宽、点的符号及动画选项等。Graphics Window 标签下可设置激活窗口数、图形窗口的显示方案照明属性。Layout 标签下可控制标题、坐标轴、ANSYS 标识和色图比尺方位等的显示。

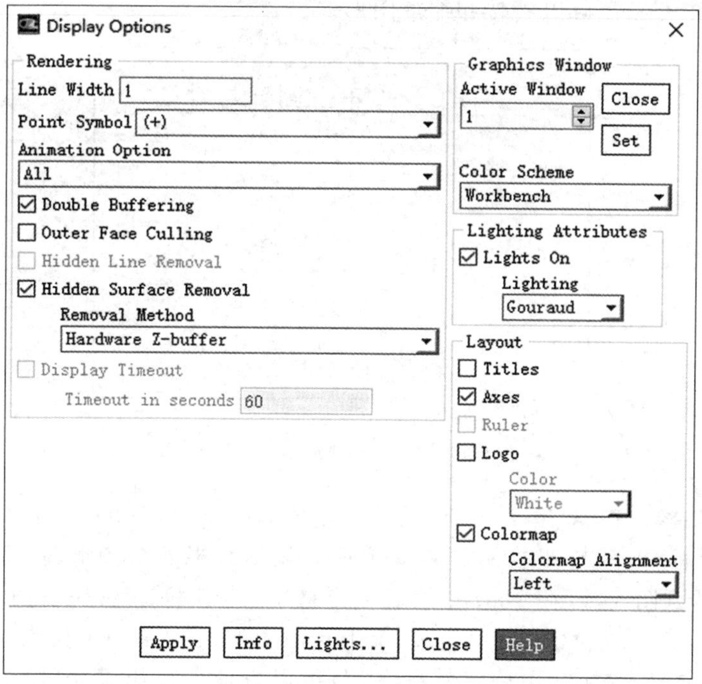

图 5-15 Display Options 对话框

② 调整视图方位。在菜单栏进行 Viewing/Display/Views 操作，将弹出 Views 对话框，如图 5-16 所示。在 Views 显示框中列出了已定义的视图。双击视图名称在活动图形窗

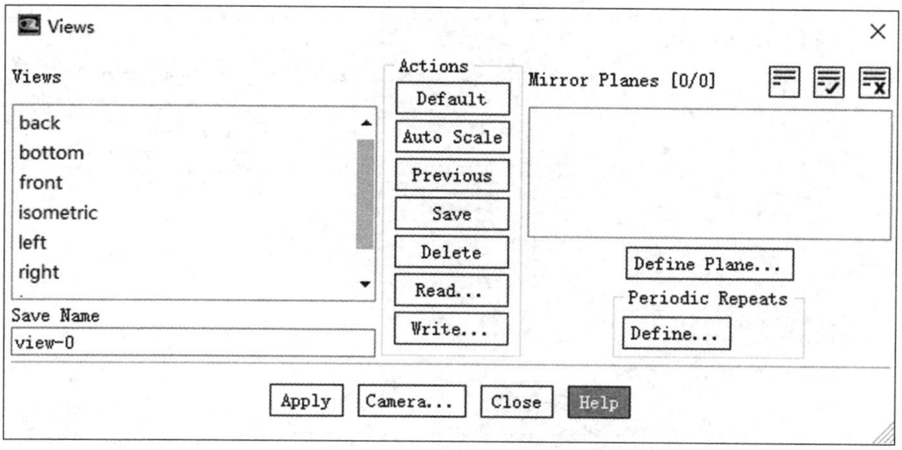

图 5-16 Views 对话框

口中还原该视图。在图形窗口调整好视图，在 Save Name 处输入新视图名称，单击 Actions 处 Save 按钮，即可保存新视图。Mirror Planes 处显示了域中所有对称平面的列表，选定对称平面，单击 Apply 按钮即可绘制镜像图像。当计算域中有周期性边界条件时，可设置 Periodic Repeats 定义以旋转还是平移方式进行周期性复制以进行周期域图像显示。

③ 调整控制透视和相机参数。在菜单栏进行 Viewing/Display/Camera 操作，将弹出 Camera Parameters 对话框，如图 5-17 所示。该对话框中可定义相机位置、目标或方向及投影类型（透视或正交），还可以旋转和缩放图形。

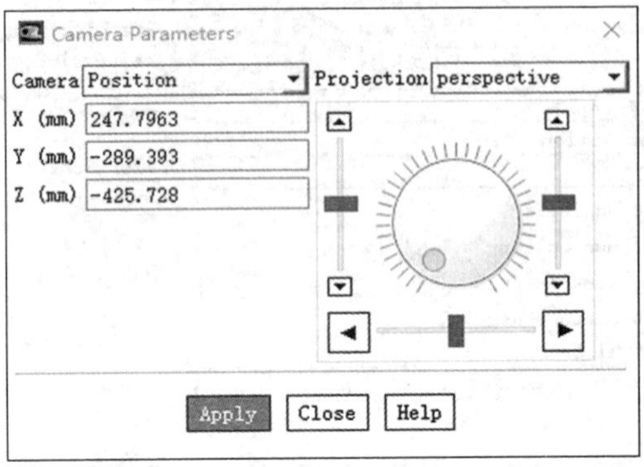

图 5-17 Camera Parameter 对话框

④ 场景调整。在菜单栏进行 Viewing/Graphics/Compose 操作，将弹出 Scene Description对话框，如图 5-18 所示。当显示窗口显示有很多个图形时，例如同时显示了轴截面和横截面的云图，可以在 Names 列表下方选中，单击 Display…按钮，进行某一个视图的隐藏、透明度等显示方案调整，单击 Transform…按钮可对某一个视图单独进行平移或者旋转。这个功能在显示视图重叠时特别有用，可以方便地拉出某张视图便于理解。Scene Composition（场景组合）列表下可以设置场景的组合显示，勾选 Overlays（重叠）表示视图可以组合显示（这个功能非常有用，一般 FLUENT 显示视图默认不可组合，例如同时显示矢量图和云图是不被允许的，勾选该项时，可以在同一场景中显示不同类型的图形）；勾选 Draw Frame（绘制图框）表示同时显示方位框架，可使图形显示的方位更明确。

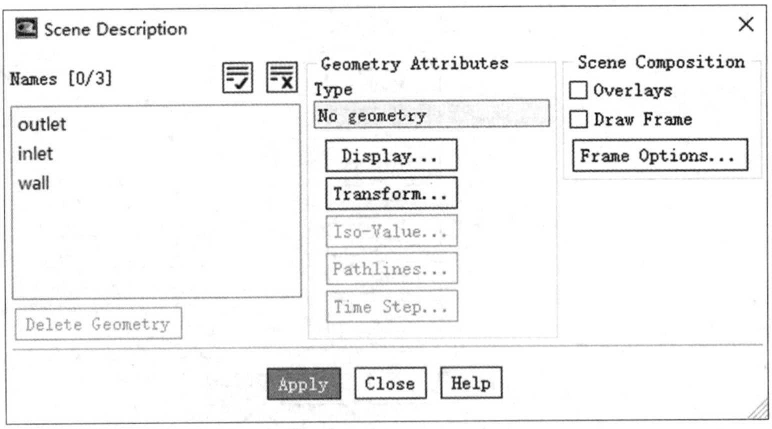

图 5-18 Scene Description 对话框

5.3 定量结果

数值模拟求解结果不仅需要用图片等可视化手段表征，也常常需要获得量化的结果，例如质量流量、热流量、力、力矩等结果。

在 FLUENT 菜单栏单击 Postprocessing/Reports，或者在导航栏 Results 下进行 Reports操作即可得到计算边界上或内部面上各种变量值（见图 5-19）。

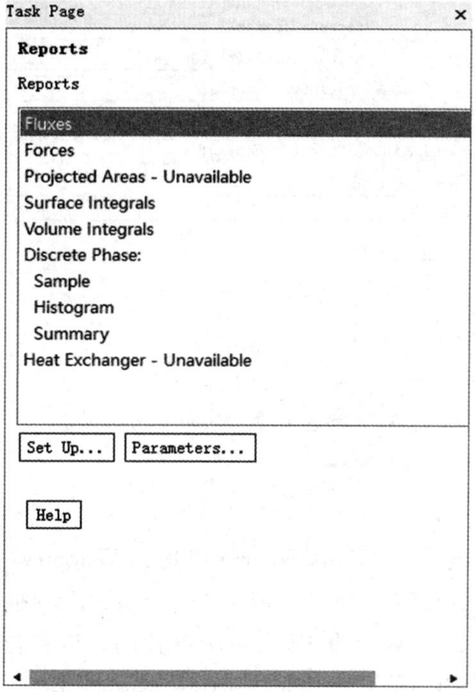

图 5-19　报告选项

可以获取的量化结果包括：边界上的质量流量和热量流量（Reports/Fluxes 操作）；边界上的作用力和力矩（Reports/Forces 操作），在计算旋转机械时，常使用该功能获取扭矩；投影面积（Reports/Projected Areas 操作）；流场变量的面积均值、面积分值、面积加权平均值、面最大值、面最小值、面域求和值等（Reports/Surface Integrals 操作）；流场变量的体积均值、体积积分值、质量均值、质量积分值、体最大值、体最小值、求和值等（Reports/Volume Integrals 操作）。

5.4 参考值设置

参考值用于导出物理量和无量纲数的计算，并且仅用于后处理过程。

在菜单栏进行 Postprocessing/Reports/Reference values 操作，可打开 Reference Values（参考值）面板（见图 5-20），设置参考值。

① 输入参考值。可以被设定的参考值有 Area（面积）、Density（密度）、Enthalpy（焓）、

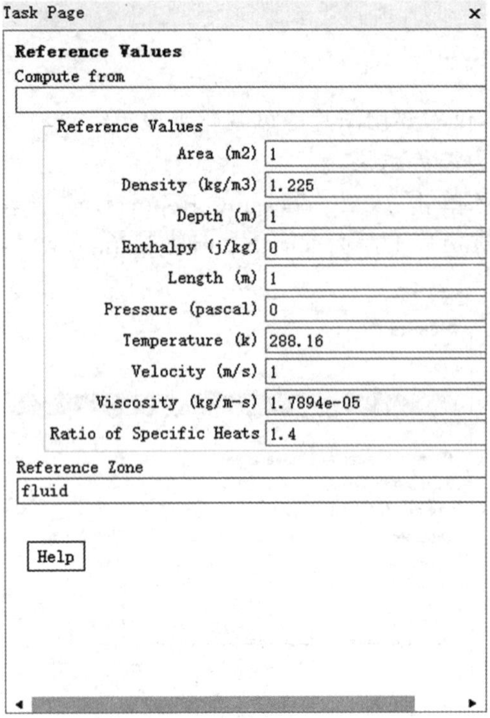

图 5-20　参考值面板

Length(长度)、Pressure(压力)、Temperature(温度)、Velocity(速度)和 Ratio of Specific Heats(比热比)等。对于二维问题,还可以定义 Depth(深度),用于计算通量和作用力,其单位是单独设定的,与 Set Units(单位设置)面板中设置的长度单位无关。

② 将某个边界上的值作为计算参考值,可在 Compute from 下拉列表中选择该边界的名称。需要注意的是,这种获得参考值的方法仅能用于部分参考值的设置,比如参考长度和面积就不能从边界条件中导出,需要人工设定这些值。

③ 如果计算模型中使用了运动参考坐标系(Frame Motion)或者在计算中使用了滑移网格(Mesh Motion),在 Reference Zone(参考区域)下拉列表中选择定义了参考坐标系的区域,则可以绘制相对于该区域的速度和其他相对量。

第 6 章　实　　例

6.1　管内流动单相流场数值模拟

6.1.1　实例简介

管道流动在化工系统中十分常见，其速度、流量、压力降、阻力损失等均是工业生产十分关注的物理参数，通过数值模拟可以获得这些参数。该类问题的求解主要注意湍流模型的应用，当计算要求较高时，还应注意边界层网格的划分。

本节通过较为简单的二维算例——二维管道流动的数值模拟，介绍如何用 ICEM CFD 与 FLUENT 解决较为简单但常见的二维轴对称流动问题。

管道示意图如图 6-1 所示，变径管道几何尺寸：大径处直径 $D=200$ mm，小径处直径 $d=100$ mm；大径处长度 $L_1=200$ mm，小径处长度 $L_2=200$ mm。左侧大径为入口，右侧小径为出口。入口处的水流速度为 0.5 m/s。因管道是轴对称的，可以简化为二维模型计算，如图 6-2 所示。

本例涉及的内容有如下 3 个方面：

① 利用 ICEM CFD 创建几何模型；

② 利用 ICEM CFD 进行网格划分；

③ 利用 FLUENT 进行二维流动的稳态模拟与后处理。

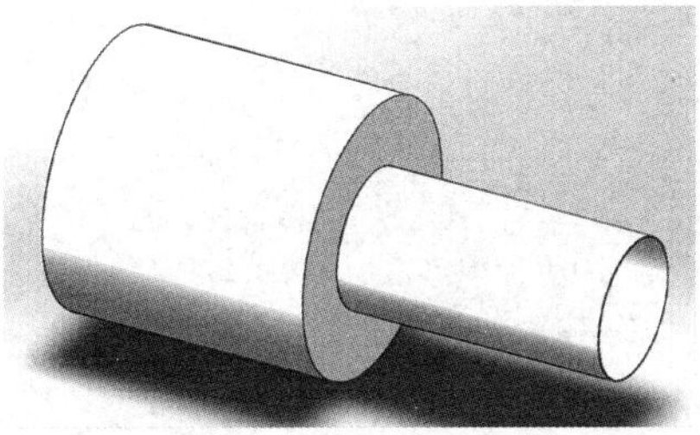

图 6-1　二维变径管道示意图

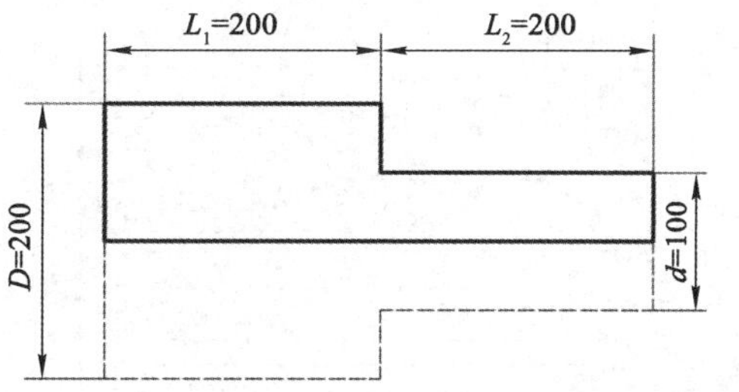

图 6-2　计算模型的几何尺寸

6.1.2　几何建模

（1）新建工程

启动 ICEM CFD，进行 File 操作，创建并浏览进入工作目录，输入工程名，如 2DPipe，单击保存按钮，则此时将会生成新的. prj 文件，如图 6-3 和图 6-4 所示。

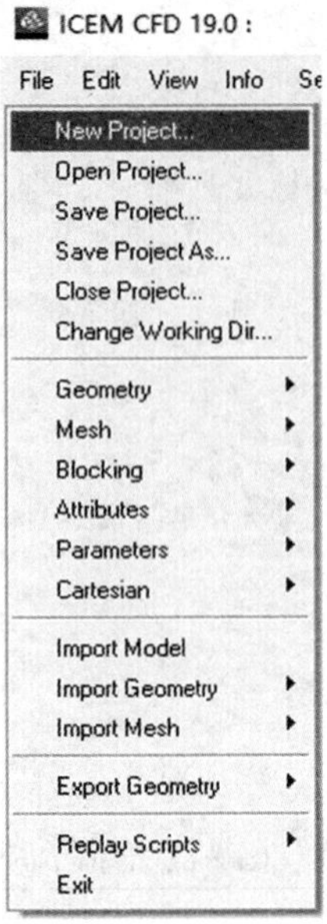

图 6-3　新建工程

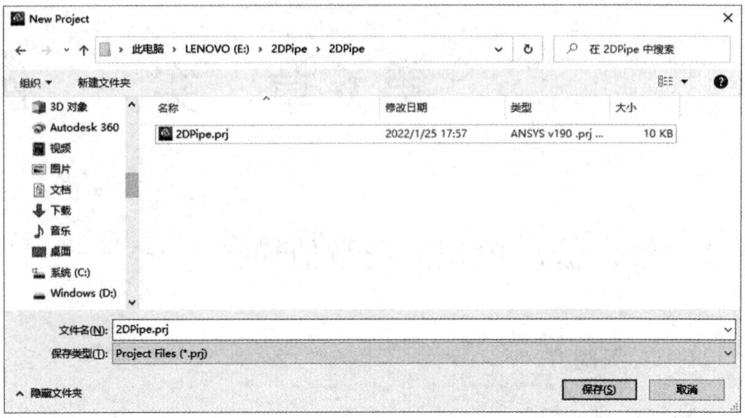

图 6-4　设置新的工程名

（2）创建边界线的节点

单击 Geometry 标签栏中的按钮，在 Create Point 面板中单击 xyz 按钮，然后在如图 6-5所示对话框中依次输入相应点坐标（0，0，0）、（0，100，0）、（200，50，0）、（200，100，0）、（400，0，0）、（400，50，0）。每输完一个点，单击 Apply 按钮即可在右边视图窗中看见生成的点，如图 6-6 所示。

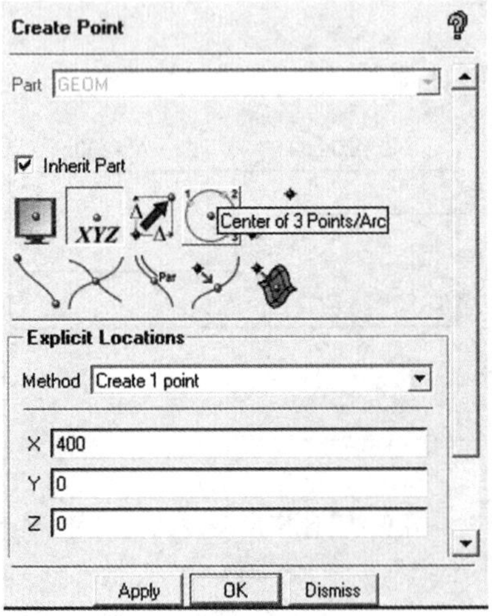

图 6-5　创建点

图 6-6　显示创建点

注意：FLUENT 计算时默认对称轴为 X 轴。在 ICEM CFD 建立模型时，注意以 X 轴为对称轴进行建模。

在创建点时，如果在视窗看不见某点，可单击按钮或者单击工作栏 View，在下拉框选择 Fit 来查看整体情况，或者滚动鼠标滑轮缩放图像。

（3）创建边

单击 Geometry 标签栏中的按钮，弹出 Create/Modify Curve 面板，如图 6-7 所示。单击按钮，然后在视图窗中选择创建边对应的两个端点，单击 Apply 按钮就创建出一条边。重复以上操作就可创建出如图 6-8 所示图形。

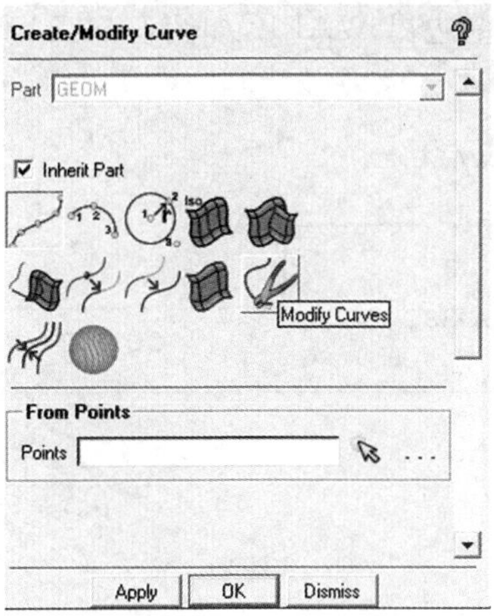

图 6-7　创建边

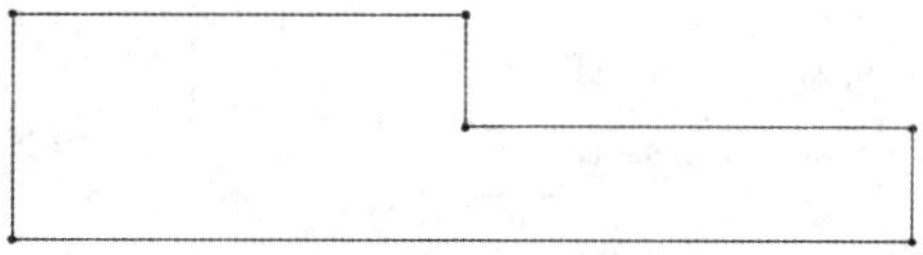

图 6-8　计算区域线框图

（4）创建面

单击 Geometry 标签栏中的按钮，弹出 Create/Modify Surface 面板，如图 6-9 所示。单击按钮，Simple Surface Method 默认为 From 2-4 Curves，在视图窗中选中所有边，单击鼠标中键。

在模型树 Geometry 根目录下右击 Surface 选项，在弹出的快捷菜单中选择 Solid 命令，即可在右边视图窗中看见生成的面，如图 6-10 所示。

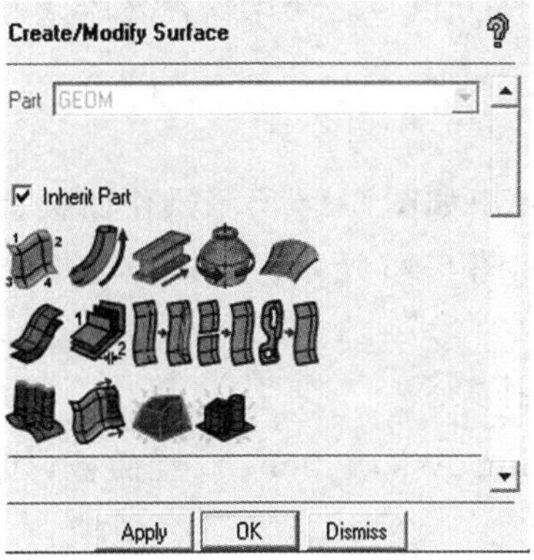

图 6-9　创建面

图 6-10　显示创建面

(5) 创建 Parts

在模型树中的 Parts 选项上单击右键，在弹出的快捷菜单中选择 Create Part 命令，弹出设置面板，如图 6-11(a)所示。通过这个设置面板可以为创建的几何模型创建新的 Part(模型的边界)。

① 在 Create Part 设置面板中输入新 Part 的名称，如输入 INLET。

② 单击 Entities 选项右侧的箭头，在右边视图窗中选择模型表面，如在右侧视图窗选中大径处的线单元。

③ 单击 Apply 按钮完成新 Part 的创建。

④ 通过重复以上步骤来完成其他平面 Part 的创建。该例需创建变径管道的入口边界 INLET，出口边界 OUTLET，轴对称边界 AXIS，管道壁边界 WALL，如图 6-11(b)所示。

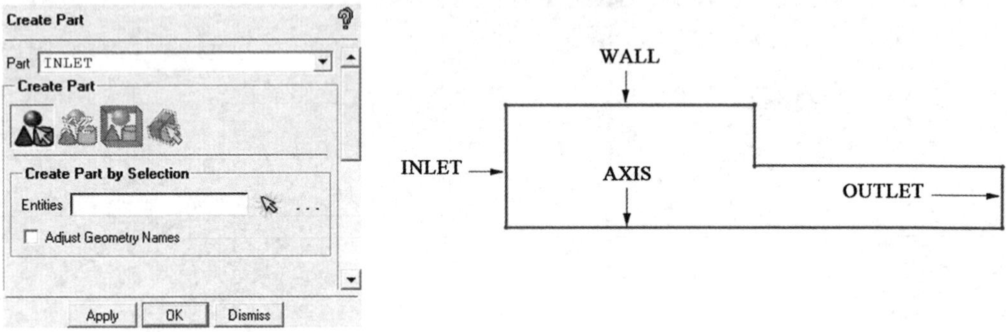

(a) Create Part设置面板　　(b) 创建Parts

图 6-11　创建 Parts

6.1.3　利用 ICEM CFD 进行网格划分

(1) 初始化块

单击标签栏中 Blocking/Create Block 按钮，弹出如图 6-12 所示操作面板。对实体初始化块的具体操作如下：选择初始化块 Initialize Blocks 按钮，在 Type 下拉框中选择 2D Surface Blocking，其他保持默认设置，单击 Apply 按钮，初始化几何实体，如图 6-13 所示。曲线会自动改变颜色(颜色互相独立而不是按 Part 分色)，这样比较容易区分每条曲线的端点。

(2) 分割块

进行 Blocking/Split Block/Split Block 操作，弹出如图 6-14 所示操作面板。单击几何上要分割的边，新形成的边将会垂直于选择的边，如图 6-15 所示。可以拖动切割边到合适的位置，单击 Apply 按钮，完成操作。

(3) 关联 Edge 到 Curve，建立块与几何之间的拓扑关系

① 进行 Blocking/Associate 操作，选择 Blocking Associations 设置面板，如图 6-16 中的 Associate Edge→Curve 。

② 激活 Edge(s)选项，在右边视图窗上选择在几何体外部的线条 Edges，单击附近位

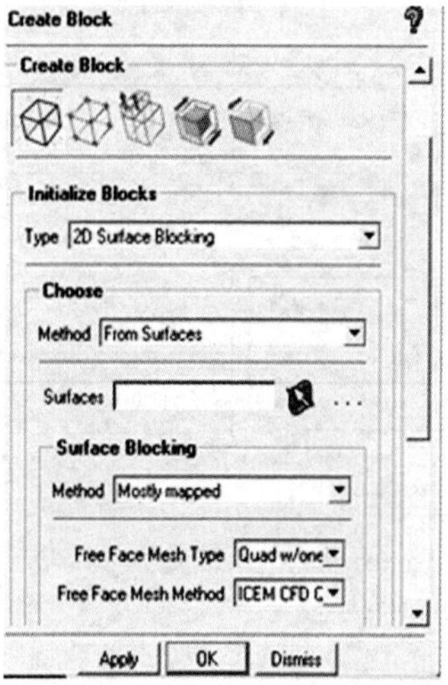

图 6-12　初始化块的设置面板

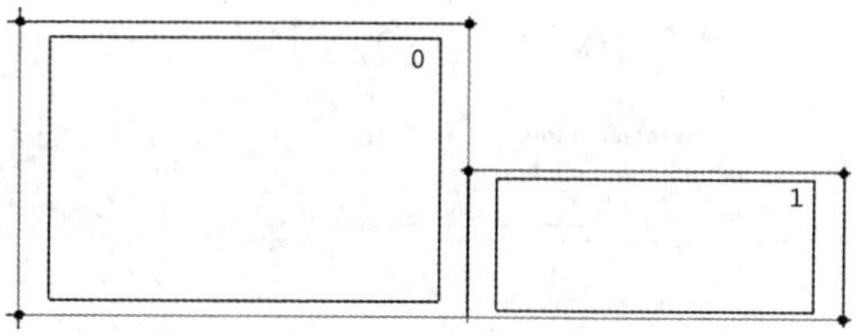

图 6-13　对管道初始化块

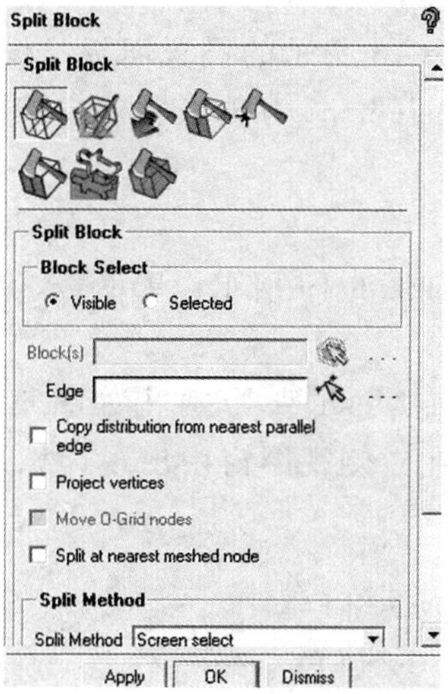

图 6-14　块分割的设置面板

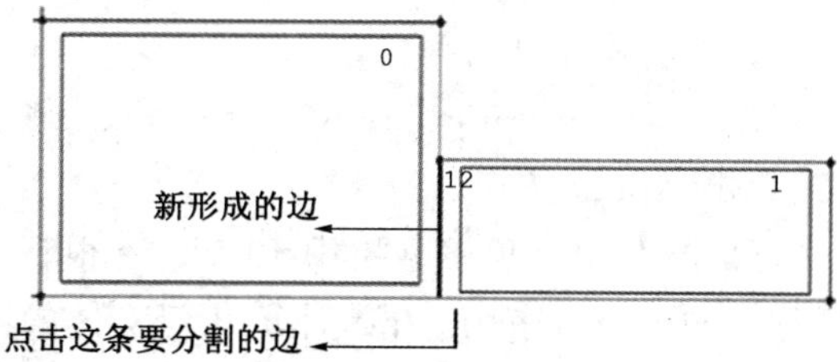

图 6-15　对块进行切割

置，系统自动选中线条。

③ 激活 Curve(s)选项，在右边视图窗上选择对应 Edge 位置上几何体的线条 Curves，单击附近位置，系统自动选中线条，因 Block 已经进行过分割，最下方会有两条 Edge，最下方的一条 Curve 可与 Block 的两条 Edge 进行关联。

④ 其他设置保持默认。

⑤ 单击鼠标中键或 Apply 按钮完成一次关联。

⑥ 当关联操作完成之后，被关联的曲线将会自动组成一组，且同组曲线颜色相同，其边界线的颜色都将变成绿色(关闭 Curve 显示方可看到 Edge 颜色)。

⑦ 按照上面操作步骤②～⑤完成所有 Edge 到 Curve 的关联操作之后，效果如图 6-17 所示。

(4) 设置网格尺寸

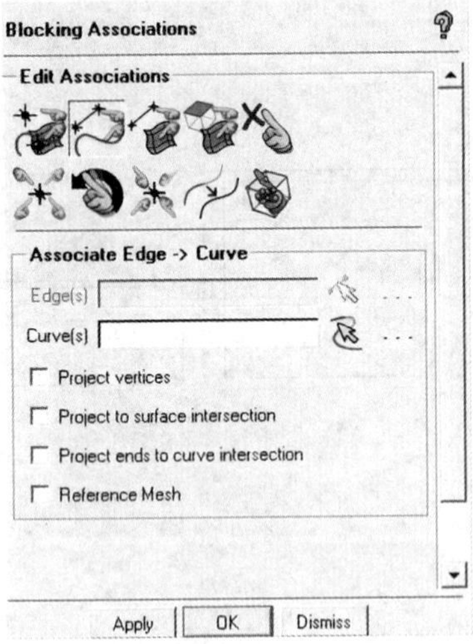

图 6-16　关联块的边和曲线的设置面板

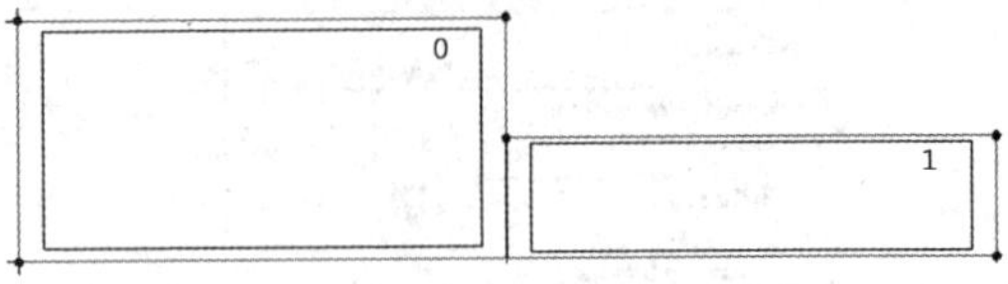

图 6-17　边和曲线关联之后的显示效果

进行 Mesh/Global Mesh Setup 操作，弹出如图 6-18 所示的设置面板。设置全局元素种子大小 Global Element Seed Size 的最大尺寸 Max element 为 3，其他保持默认设置，单击 Apply 按钮完成设置。

（5）生成并显示网格

① 进行 Blocking/Pre-Mesh Params 操作，弹出如图 6-19 所示设置面板，保持默认设置，单击 Apply 按钮。

② 展开左上角模型树中 Blocking 根目录，选择 Pre-Mesh 选项，弹出如图 6-20 所示对话框。单击 Yes 按钮，开始计算几何实体的网格，随后在右侧视图窗中出现计算过的网格，如图 6-21 所示。

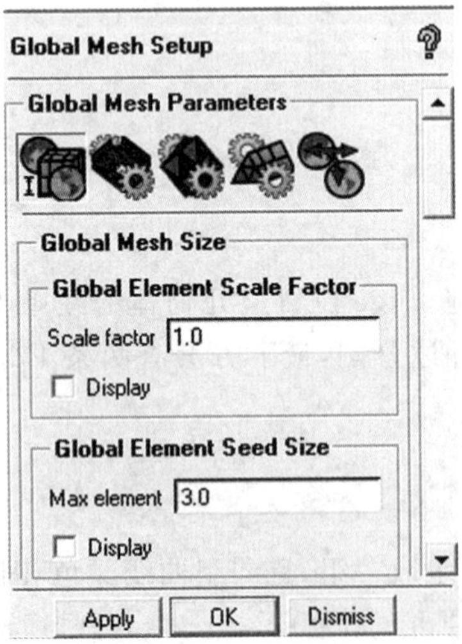

图 6-18　Global Mesh Setup 设置面板

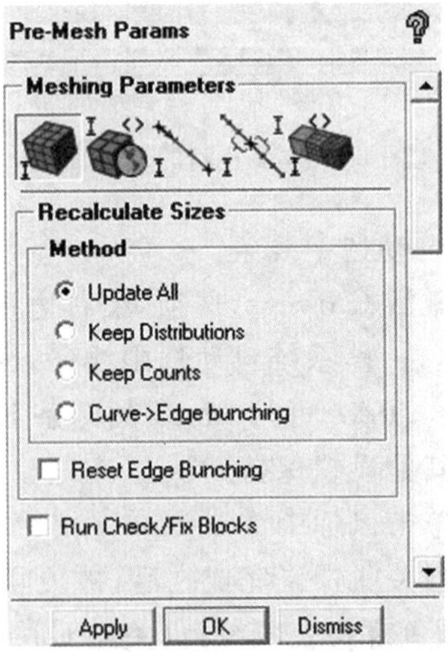

图 6-19　Pre-Mesh Params 设置面板

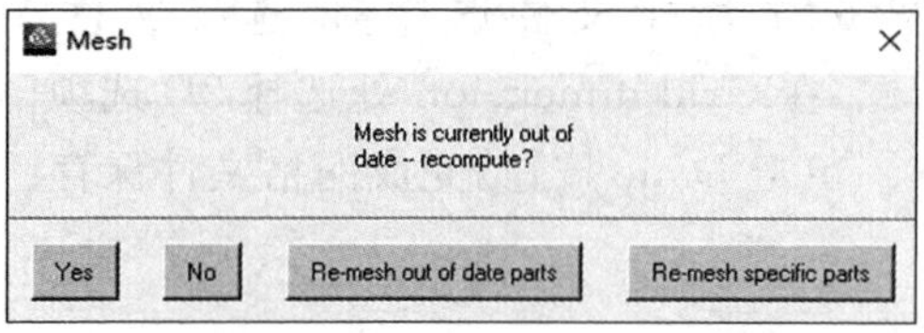

图 6-20　Mesh 对话框

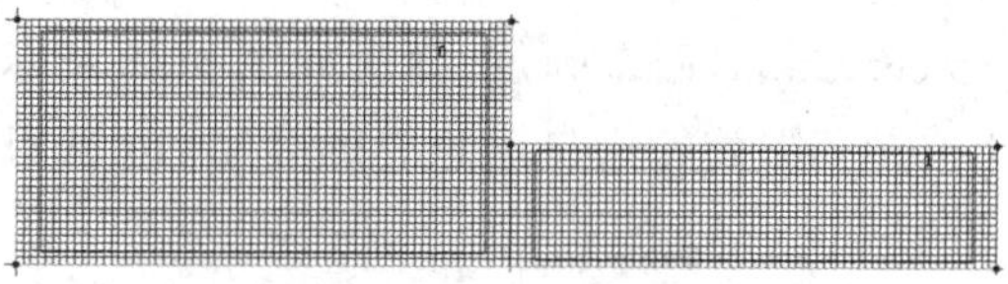

图 6-21　网格显示效果

（6）网格质量检查

① 选择 Blocking/Pre-Mesh Quality Histograms 选项，弹出如图 6-22 所示设置面板。

② 在 Criterion 下拉列表中选择 Determinant 2×2×2 选项。

③ 分别设置 Min-X value 和 Max-X value 为 0 和 1。

④ 设置 Max-Y height 为 20，表示某范围内的网格最大显示数量。

⑤ 设置 Num. of bars 为 20，表示前面设置的 0～1 会被分成 20 等份。

⑥ 保持其他默认值不变，单击 Apply 按钮，则可在右下角看见如图 6-23 所示的网格质量直方图。如果根据网格质量分布可见初始网格的 Determinant 有小于 0.1 的，表示初始网格质量不高，需要进一步加以改进。由显示的直方图可知，本例所生成的网格质量较高，无需改进。

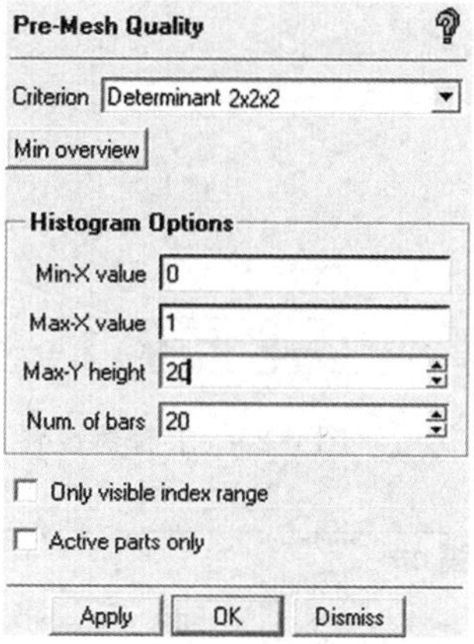

图 6-22　网格质量检查设置面板

（7）转化为非结构化网格

将上面已经过计算的网格转变为非结构化网格，右键单击模型树下的 Pre-Mesh 选项，在弹出的快捷菜单中选择 Convert to Unstruct Mesh 命令，实现转变，如图 6-24 所示。完成对二维管道的四边形结构化网格划分。

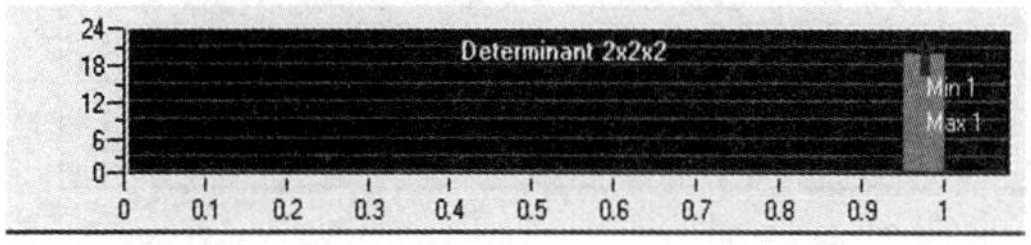

图 6-23　网格质量直方图

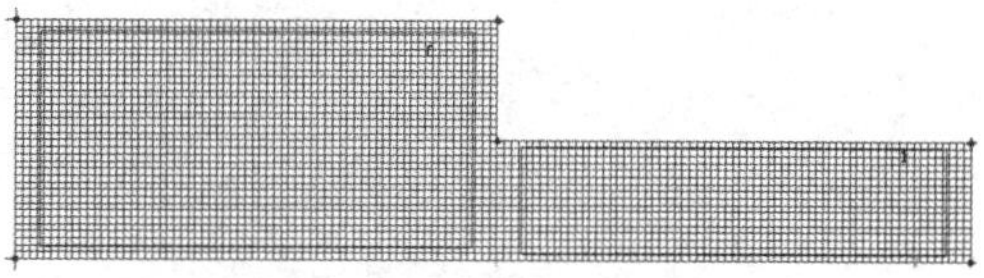

图 6-24　转变为非结构化网格

注：ICEM CFD 支持 200 多种求解器，每一种求解器对网格的要求均不相同，因 FLUENT 是非结构网格求解器，需进行格式转化。这里只是用非结构化网格的格式来存储结构化网格，本质上仍是结构化网格。

（8）输出网格文件

单击标签栏 Output/Select Solver 按钮，弹出如图 6-25 所示 Solver Setup 设置面板。选择 ANSYS Fluent 选项，单击 Apply 按钮。单击标签栏 Output/Write Input 按钮，弹

出如图 6-26 对话框，单击 Yes 按钮，弹出如图 6-27 所示文件选择框，选择文件夹中 project1. uns，回车确定，弹出如图 6-28 所示对话框，在 Grid dimension 处选择 2D 选项。在 Output file 处输入自己想要的名字，例如 2DPipe。单击 Done 按钮，完成网格文件保存。

图 6-25　求解器设置面板

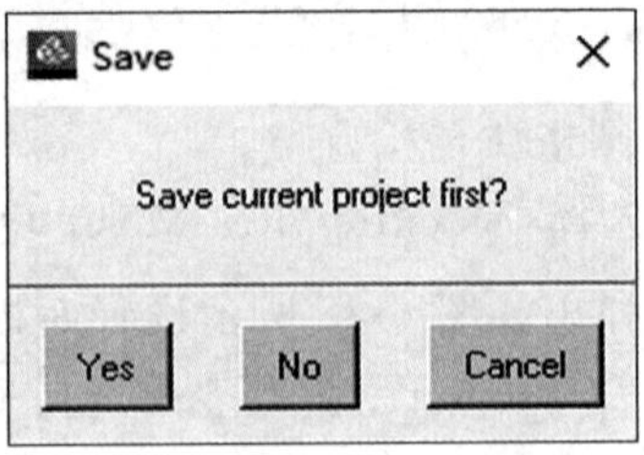

图 6-26　Save 对话框

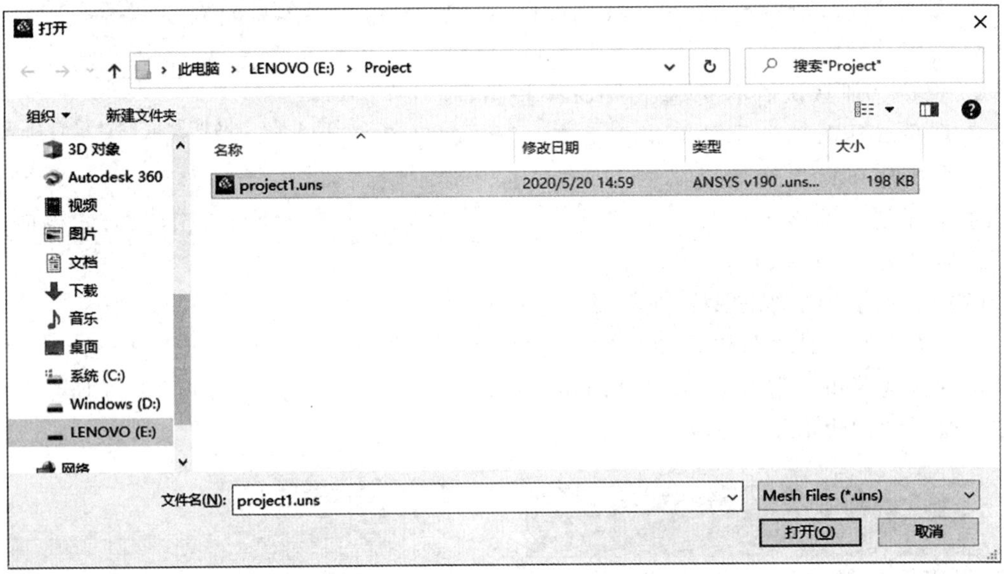

图 6-27　文件选择框

6.1.4　求解与后处理

复制 2DPipe. msh 网格文件到 FLUENT 工作文件夹中或者设置 Working Directory 为上一步中输出网格的文件夹(也可根据自己保存的文件夹选择)，Dimension 选择 2D，Processing Options 选择 Serial，也可以选择 Parallel，另行设置并行 CPU 核数，设置工作目录，启动 FLUENT，开启 Fluent 2D 求解器，如图 6-29 所示。

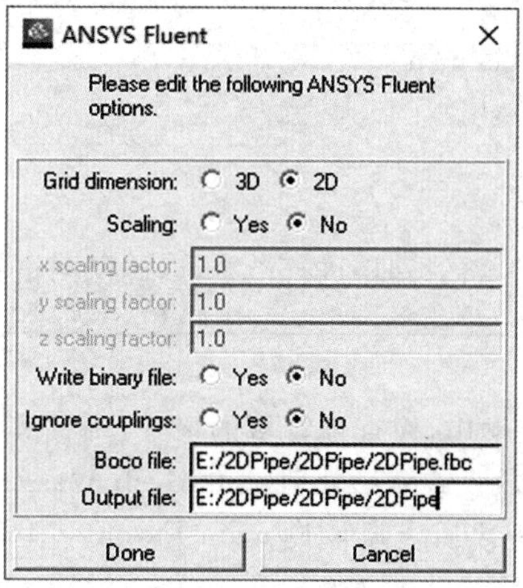

图 6-28　保存文件对话框

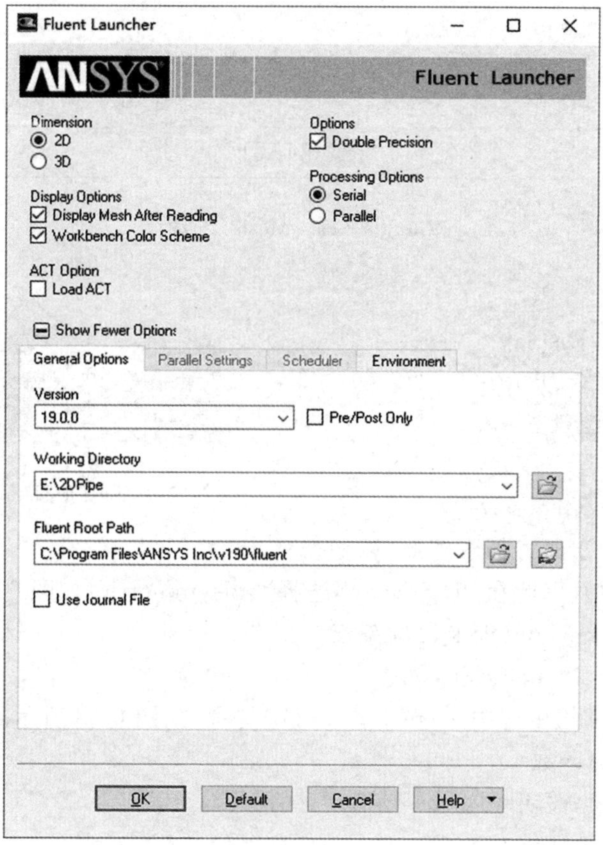

图 6-29　Fluent 19.0 启动界面

6.1.4.1　步骤 1:网格读入

(1) 读入网格文件 2DPipe.msh

依次操作:File/Read/Mesh。

(2) 检查网格

依次操作:Mesh/Check。

在这个过程中,FLUENT 将对网格进行检查,以确保网格的最小体积为正值。

(3) 检查网格的尺寸

依次操作:Mesh/Scale。

在如图 6-30 所示的对话框中,检查计算域的尺寸,确保其与实际物理尺寸相符;否则,应对网格以合适的单位进行放大或缩小处理。在 Mesh Was Created In 选项中选择实际单位,并单击 Scale 按钮,缩放完之后应确保 Domain Extents 中显示尺寸与实际相符。

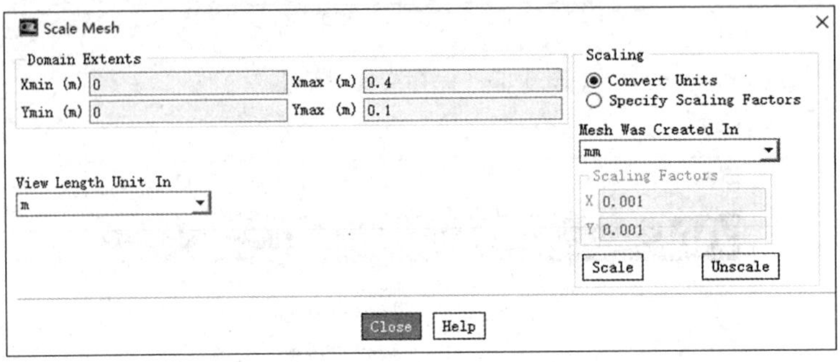

图 6-30　Scale Mesh 对话框

(4) 显示网格

依次操作:Mesh/Display。

网格质量如图 6-31 所示。

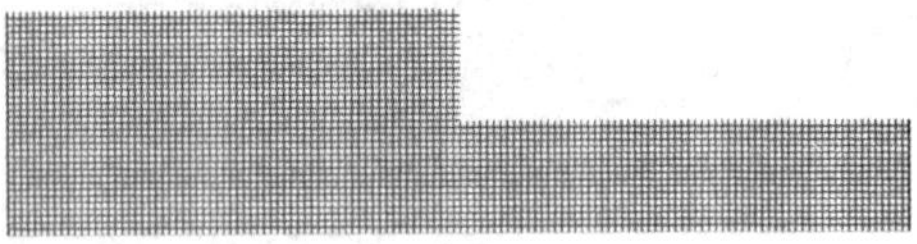

图 6-31　计算域网格

6.1.4.2　步骤 2:模型设置

(1) 求解器设置

依次操作:Setup/General。

该计算将使用基于压力的求解器,以稳态法求解,本例是轴对称模型,因此在 2D Space 项选择 Axisymmetric,如图 6-32 所示。

(2) 激活标准 k-epsilon(即 k-ε)湍流模型

依次操作:Setup/Models/Viscous。

① 在 Model 选项组中选中 k-epsilon(2 eqn)选项,如图 6-33 所示。

② 选择标准壁面函数。

③ 单击 OK 按钮,关闭 Viscous Model 对话框。

6.1.4.3　步骤 3:材料设置

依次操作:Setup/Materials。

(1) 选中 Fluid,单击 Create/Edit,在图 6-34 所示对话框中单击 Fluent Database…按钮,弹出 Fluent Database Materials 对话框,如图 6-35 所示。

① 在 Fluent Fluid Materials 列表中选择 water-liquid(h2o<1>)。

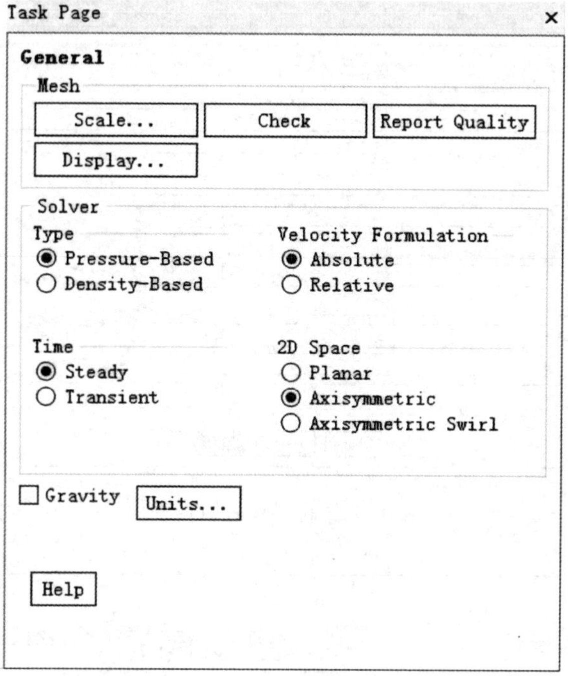

图 6-32　General 任务页

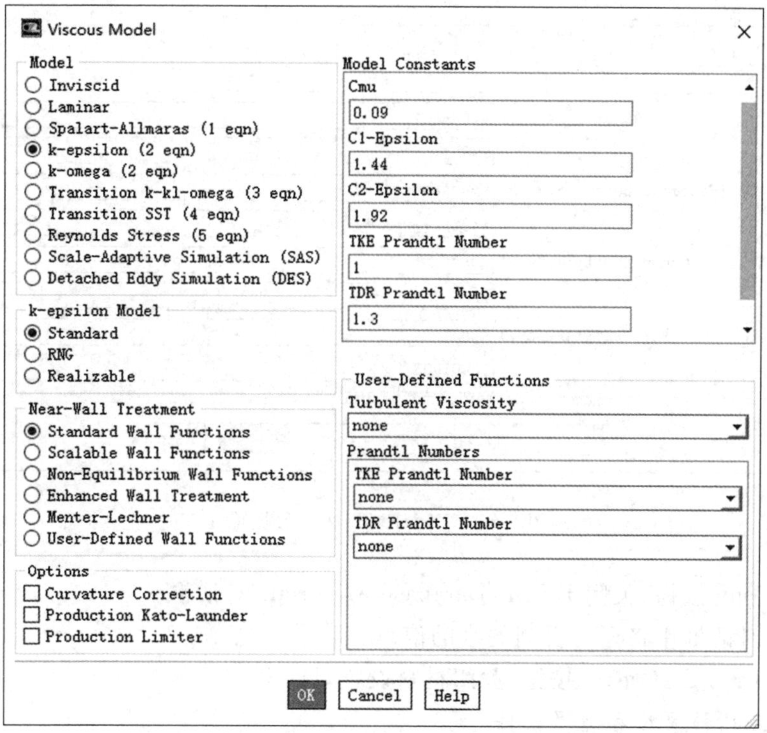

图 6-33　Viscous Model 对话框

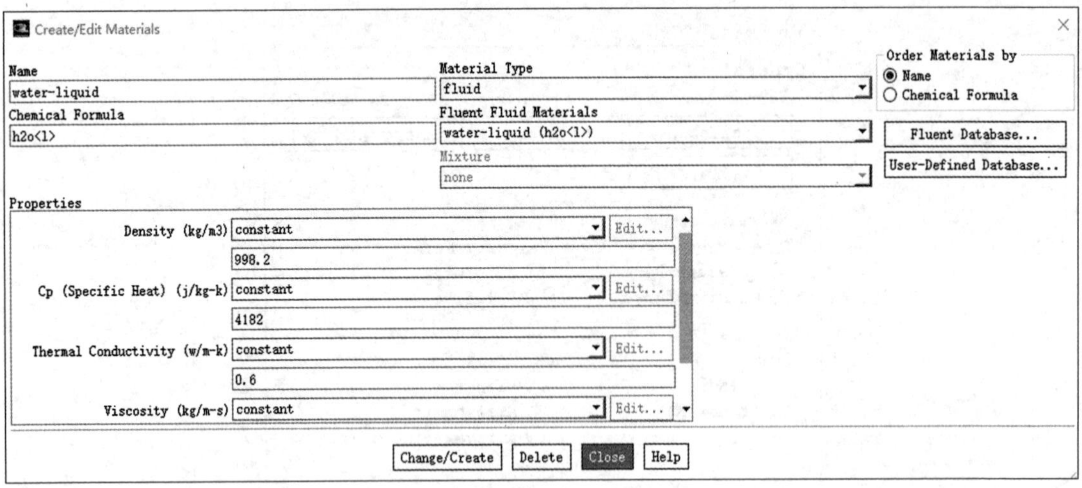

图 6-34　材料设置对话框

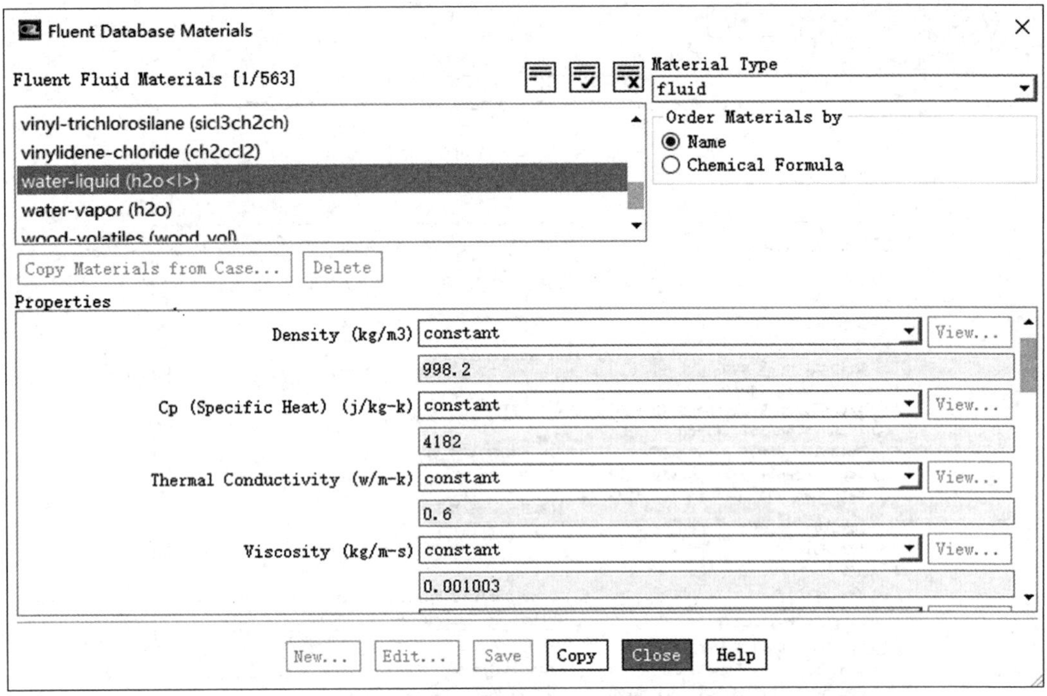

图 6-35　FLUENT 材料数据库

② 单击 Copy 按钮，关闭 Fluent Database Materials 对话框。

材料设置对话框中将显示复制的水的信息。

(2) 单击 Change/Create 按钮，关闭材料设置对话框。

6.1.4.4　步骤 4：计算域和边界条件

(1) 设置计算区域条件

依次操作：Setup/Cell Zone Conditions。

① 从 Zone 列表中选择 fluid，见图 6-36，并设置 Type 为 fluid。
② 单击 Edit…按钮，弹出 Fluid 对话框，如图 6-37 所示。
从 Material Name 下拉列表中选择 water-liquid。
③ 单击 OK 按钮，关闭 Fluid 对话框。

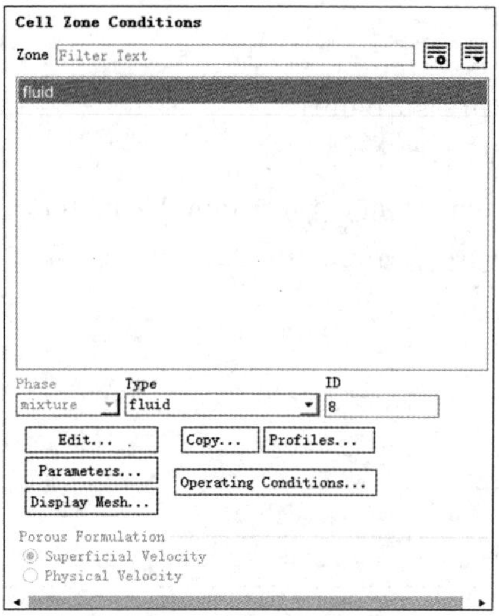

图 6-36　Cell Zone Conditions 设置面板

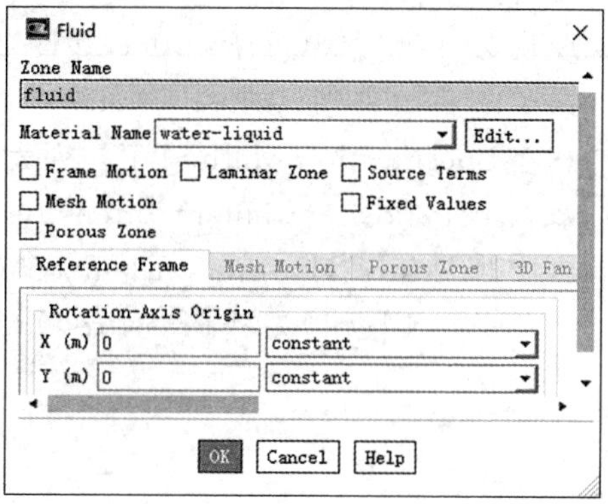

图 6-37　Fluid 对话框

(2) 设置进口的边界条件

依次操作：Setup/Boundary Conditions。

① 从 Zone 列表中选择 inlet，并设置 Type 为 velocity-inlet。
② 单击 Edit 按钮，弹出 Velocity Inlet 对话框，如图 6-38 所示。

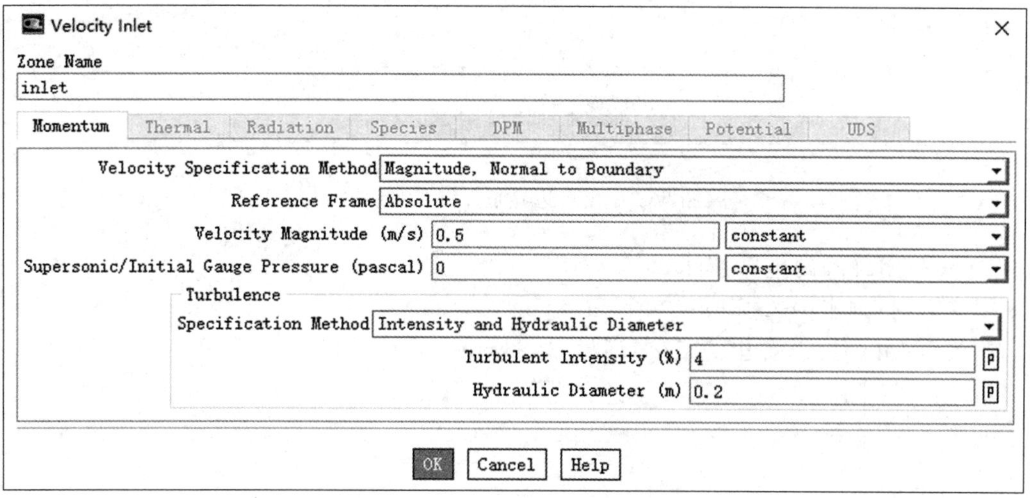

图 6-38　进口边界条件设置对话框

a. 在 Velocity Magnitude (m/s)文本框中输入 0.5。

代入液态水的物性，速度为 0.5 m/s，可以求得其 *Re* 为 99 300。

b. 从 Turbulence 选项组中的 Specification Method 下拉列表中选择 Intensity and Hydraulic Diameter。

c. 在 Turbulent Intensity (%)文本框中输入 4。

d. 在 Hydraulic Diameter (m)文本框中输入 0.2。

③ 单击 OK 按钮,关闭 Velocity Inlet 对话框。

(3) 设置出口边界条件。

① 从 Zone 列表中选择 outlet,并设置 Type 为 pressure-outlet。

② 单击 Edit 按钮,弹出 Pressure Outlet 对话框,如图 6-39 所示。

a. 在 Specification Method 下拉列表中选择 Intensity and Hydraulic Diameter。

b. 在 Backflow Turbulent Intensity (%)文本框中输入 4。

c. 在 Backflow Hydraulic Diameter (m)文本框中输入 0.1。

③ 单击 OK 按钮,关闭 Pressure Outlet 对话框。

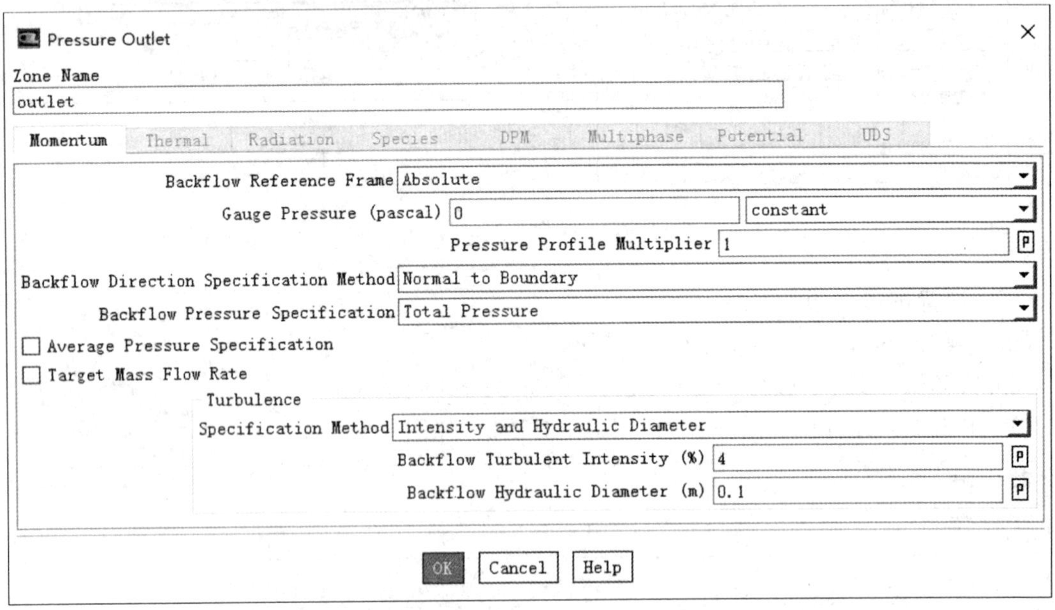

图 6-39 出口边界条件设置对话框

(4) 设置对称轴的边界条件

① 从 Zone 列表中选择 axis,并设置 Type 为 axis。

② 单击 Edit 按钮,弹出 Axis 对话框,如图 6-40 所示。

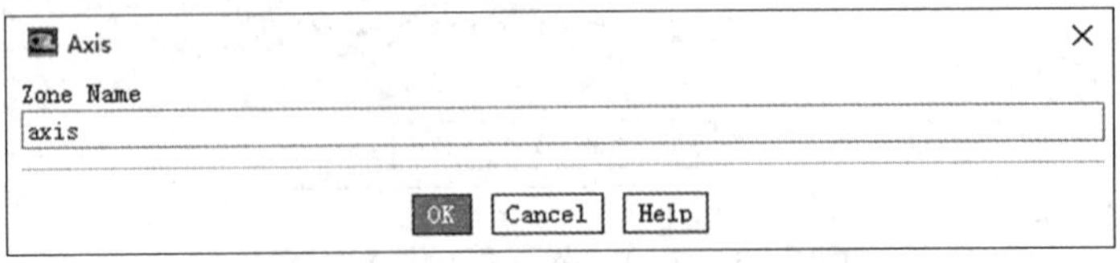

图 6-40 Axis 对话框

③ 保持默认设置,单击 OK 按钮,关闭 Axis 对话框。

(5) 设置壁面边界条件

① 从 Zone 列表中选择 wall,并设置 Type 为 wall。

② 单击 Edit 按钮,弹出 Wall 对话框,如图 6-41 所示。

③ 保持默认设置,单击 OK 按钮,关闭 Wall 对话框。

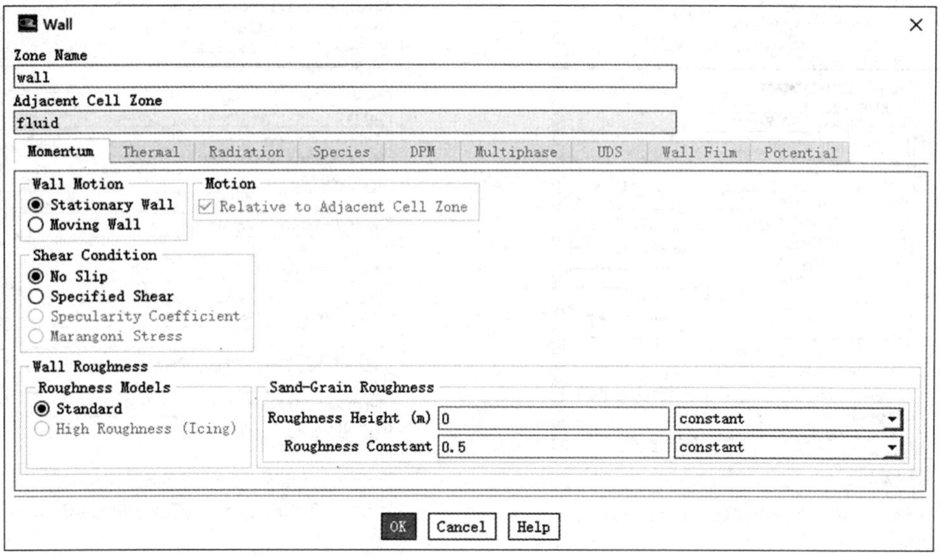

图 6-41 Wall 对话框

(6) 设置操作环境

依次操作:Setup/Boundary Conditions/Operating Conditions。

弹出 Operating Conditions 对话框,如图 6-42 所示。保持默认设置,单击 OK 按钮,关闭 Operating Conditions 对话框。

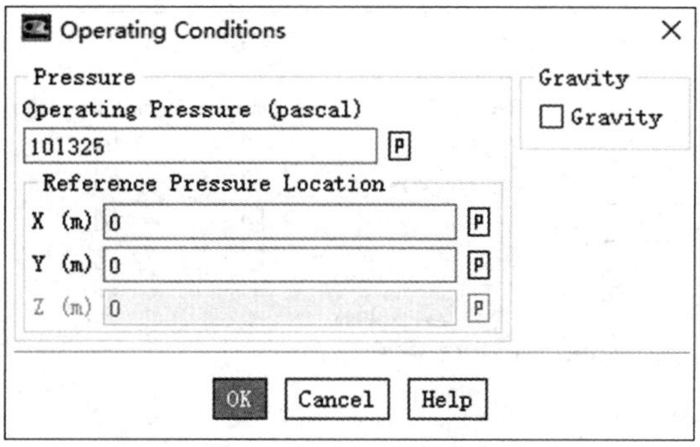

图 6-42 Operating Conditions 对话框

6.1.4.5 步骤 5:求解

(1) 保持默认求解参数(如图 6-43 所示)

依次操作:Solution/Solution Methods。

(2) 初始化流场

依次操作:Solution/Initialization。

① 在 Initialization Methods 选择 Standard Initialization。

② 从 Compute from 下拉列表中选择 inlet。

③ 单击 Initialize 按钮,如图 6-44 所示。

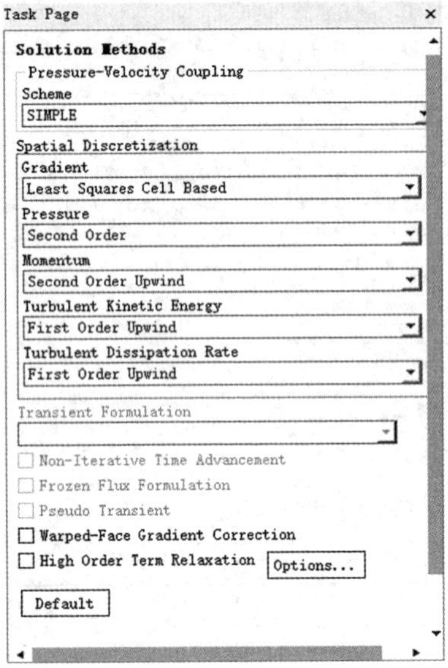

图 6-43　Solution Methods 设置面板

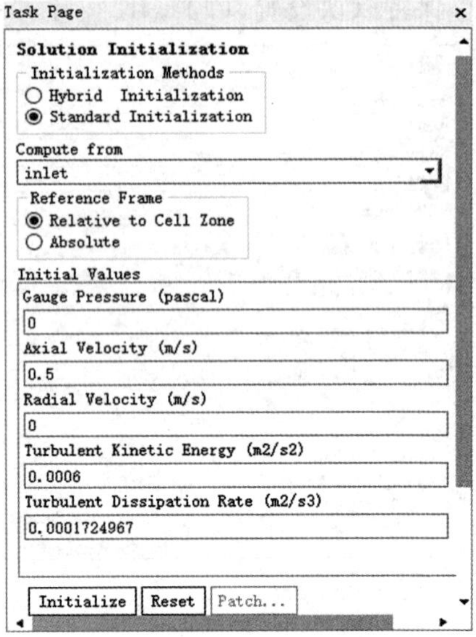

图 6-44　求解初始化面板

(3) 激活残差图

依次操作:Solution/Monitors/Residual。

① 选择 Options 后面的 Plot,从而在迭代计算时动态显示计算残差,如图 6-45 所示。

② Convergence 对应的数值均为 0.001。

③ 单击 OK 按钮,关闭残差监视器设置对话框。

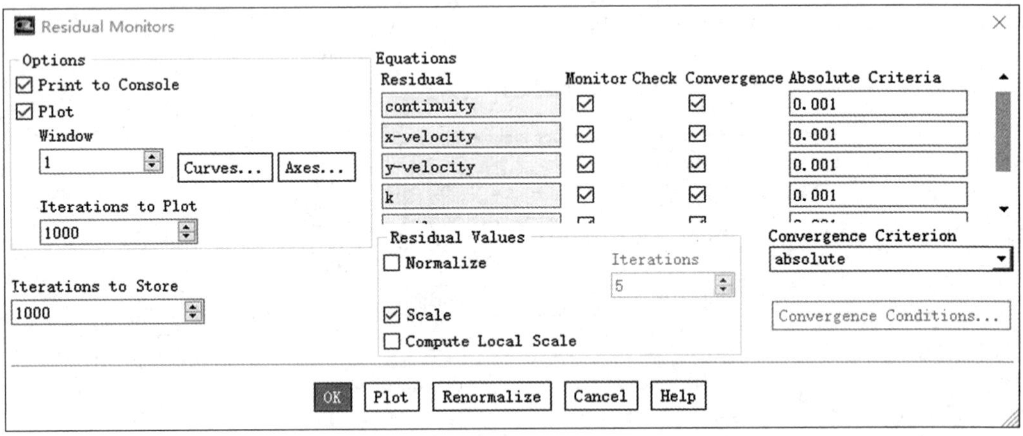

图 6-45　残差监视器设置对话框

(4) 保存工况文件

依次操作:File/Write/Case。

(5) 迭代求解

依次操作:Solution/Run calculation/Calculate。

① 设置 Number of Iterations 为 500,如图 6-46 所示。

② 单击 Calculate 按钮开始求解。

注:待迭代提示“! solution is converged”,表示计算收敛,方可结束计算。如果 500 步内没有提示计算收敛,此时应再次输入迭代次数继续计算。计算过程中可随时中止计算查看结果。

6.1.4.6 步骤 6:后处理

(1) 显示速度云图

依次操作:Results/Graphics/Contours。

① 从 Contours of 下拉列表中选择Velocity…和 Velocity Magnitude,如图 6-47 所示。

② 勾选 Filled 复选框。

③ 单击 Display 按钮,关闭 Contours 对话框,速度云图显示效果如图 6-48 所示。

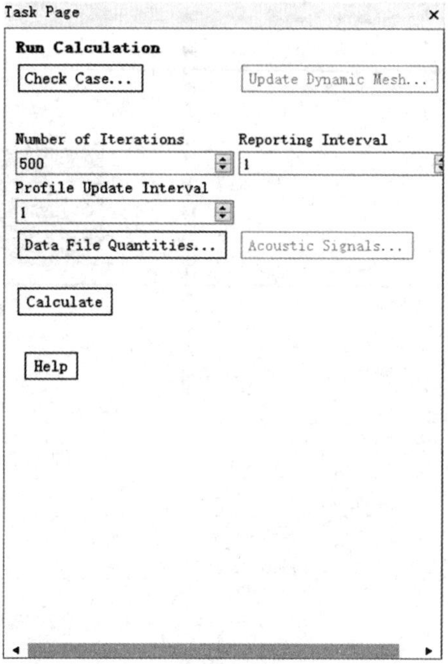

图 6-46 求解运行设置面板

(2) 显示速度矢量图

依次操作:Results/Graphics/Vectors。

① 从 Vectors of 下拉列表中选择 Velocity,从 Color by 下拉列表中选择Velocity和Velocity Magnitude,如图 6-49 所示。

② 单击 Display 按钮,从右侧图形窗口观察到矢量图中矢量较小,可在 Vectors 对话框

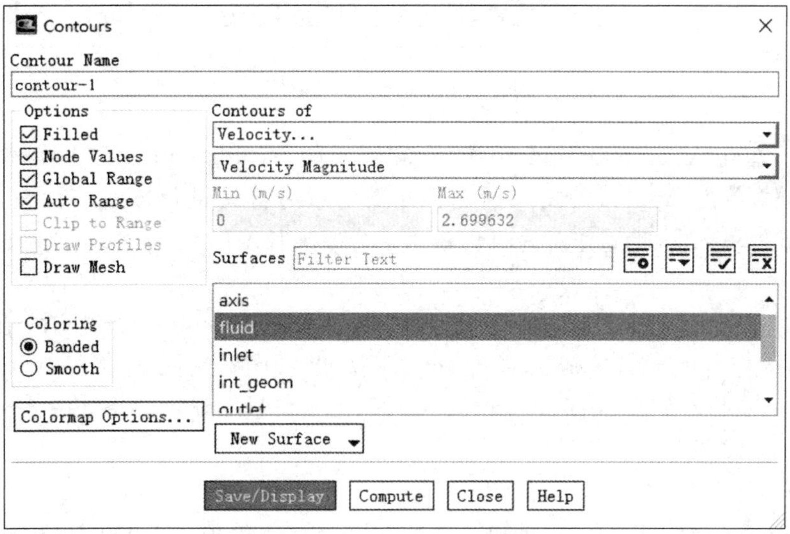

图 6-47 Contours 对话框

图 6-48　速度云图显示效果

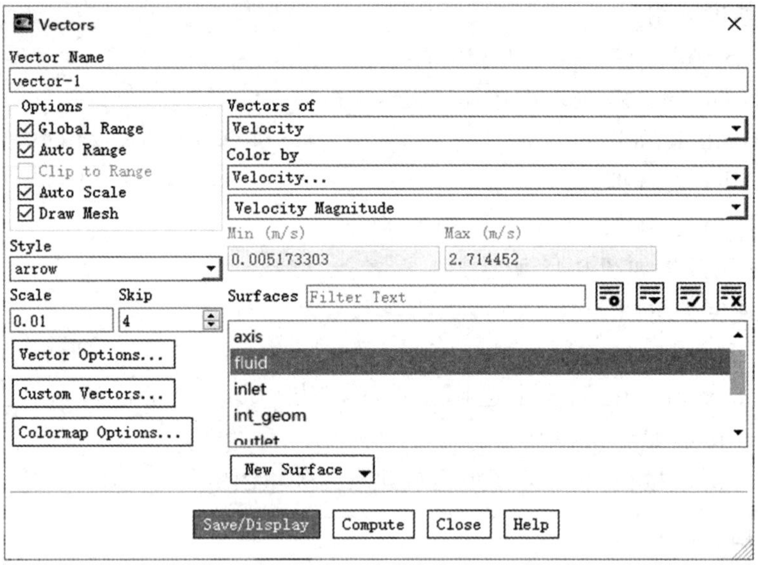

图 6-49　Vectors 对话框

中进行调整。单击 Vector Options…按钮，在弹出的 Vector Options 对话框中勾选 Fixed Length 复选框，单击 Apply，关闭对话框。此操作意为将矢量长度统一。在 Scale 处填入 0.01，在 Skip 处填入 4，此操作意为将矢量缩小为原来长度的 0.01，每 4 个网格节点显示一个矢量。

③ 勾选 Options 标签下 Draw Mesh，在弹出的 Mesh Display 对话框中，在 Surfaces 处单击选择 inlet、outlet、wall、axis。单击 Display 按钮，关闭对话框。

④ 单击 Display 按钮，关闭 Vectors 对话框，速度矢量图显示效果如图 6-50 所示。

（3）显示流线图

依次操作：Results/Graphics/Pathlines。

① 在 Release from Surfaces 处单击选择 inlet，Steps 处填入 1 000，Path Skip 处为 0，如图 6-51 所示。

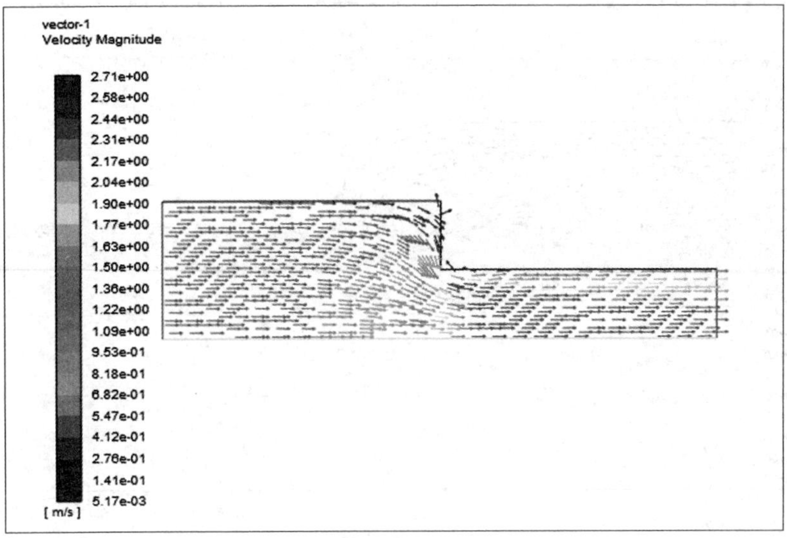

图 6-50 速度矢量图显示

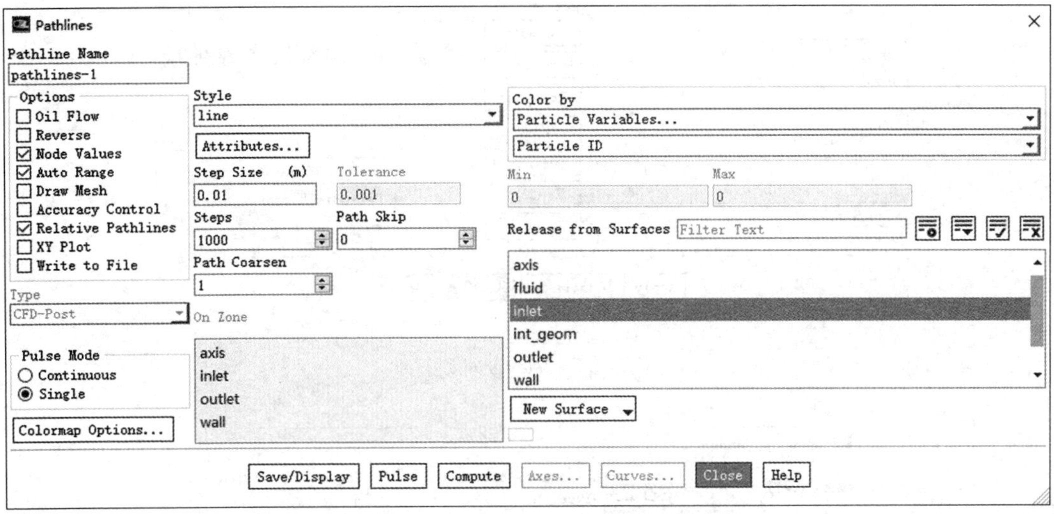

图 6-51 Pathlines 对话框

② 单击 Display 按钮,此时右侧图形窗口显示出流线图。流线图显示效果如图 6-52 所示,关闭 Pathlines 对话框。

③ 显示整个管道截面上的流线图。执行 Viewing/Graphics/Views 操作,在弹出的 Views 对话框中单击选择 Mirror Planes 处 axis,如图 6-53 所示。单击 Apply 按钮,关闭对话框,即可显示整个管道截面上的流线图。

④ 同时显示流线图和压力云图。执行 Viewing/Graphics/Compose 操作,在弹出的 Scene Description 对话框中勾选 Overlays,如图 6-54 所示,单击 Apply 按钮,关闭对话框。按第①步操作,从 Contours of 下拉列表中选择 Pressure 和 Static Pressure,创建压力云图,单击 Display 按钮,在右侧图形窗口即同时显示压力云图和流线图,最终显示效果如图 6-55 所示。

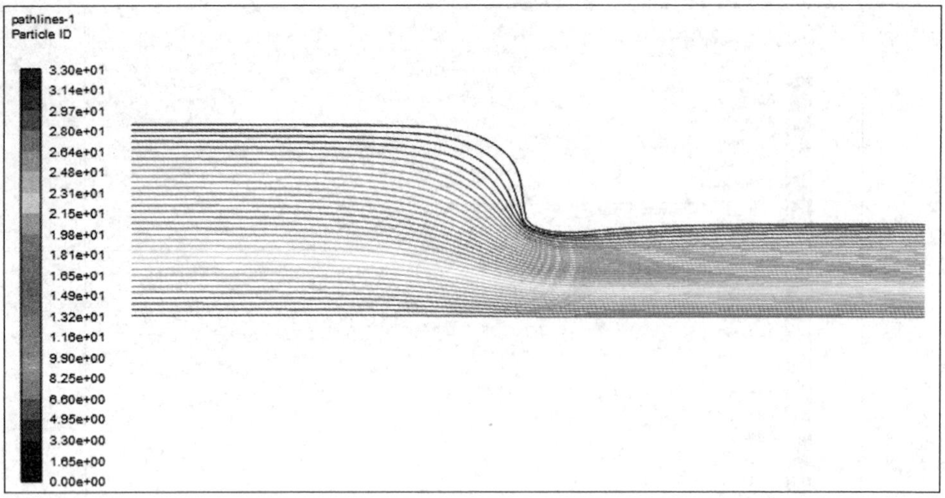

图 6-52　流线图显示

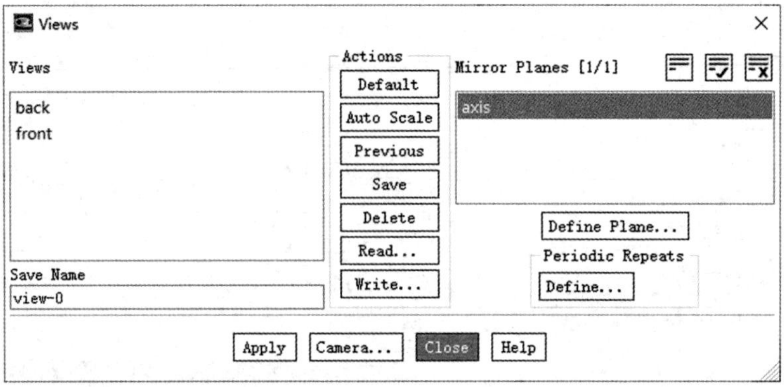

图 6-53　Views 对话框

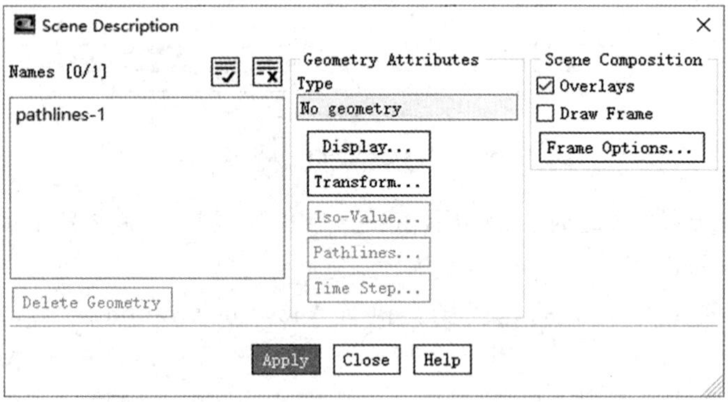

图 6-54　Scene Description 对话框

6.1.4.7　步骤 7:保存计算后的 Case 和 Data 文件

依次操作:File/Write/Case&Data。

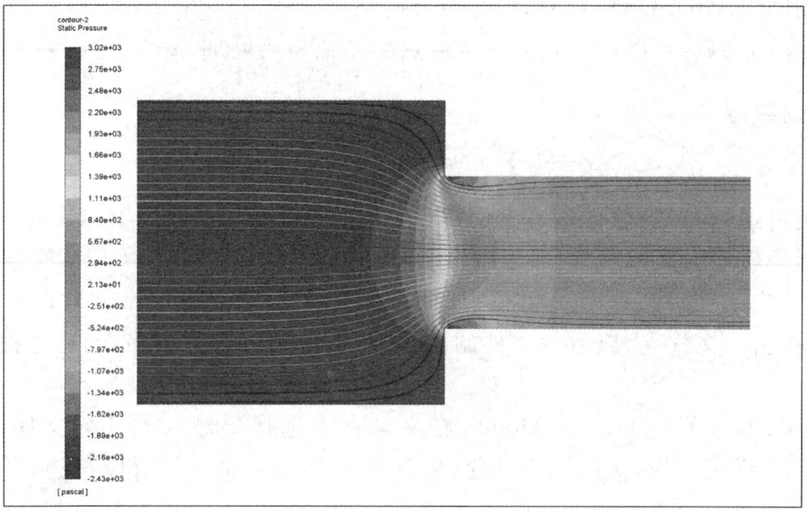

图 6-55　同时显示流线图和压力云图

6.2　冷热水混合器内流动与传热数值模拟

6.2.1　实例简介

换热器相关的化工设备设计与优化过程中常常需要求解流动与传热问题，该类问题的数值模拟主要涉及能量方程的使用。作为基础示例，本节使用普通的冷热水混合器进行内部速度场与温度场的求解。

混合器结构如图 6-56 所示（图中单位为 mm），水平放置，图中温度为 373 K 的热水自左下侧入口流入，温度为 293 K 的冷水从右侧入口流入，在混合器内进行混合后，自左侧上部的出口流出。

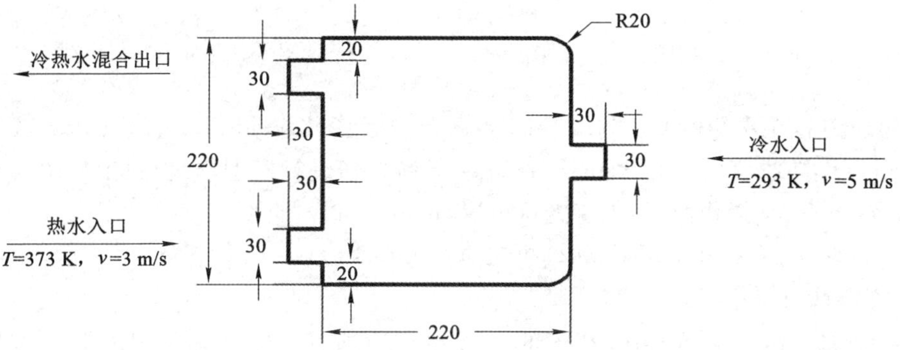

图 6-56　实例结构图

本节涉及的操作包括如下 3 个方面：

① 利用 ICEM CFD 创建或从外部导入几何模型；

② 利用 ICEM CFD 进行网格划分以及网格修复；

③ 利用 FLUENT 进行二维流动及传热的模拟与后处理。

6.2.2 几何模型

6.2.2.1 方法一：从 CAD 软件导入

本实例可通过 CAD 软件进行基本建模，在 Auto CAD 中使用 REGION 功能将包含封闭区域的对象转换为面域对象，导出图形为.igs 格式。打开 ICEM CFD，首先更改工作目录（注意需为英文路径），打开 File 目录下的 Change Working Directory 对话框，如图 6-57 所示，指定工作目录文件夹，以方便文件的保存和读取，然后新建工程，创建工程名，如 mixer，单击保存。

单击 File 目录下的 Import Model，在文件夹中选择要导入的几何文件。左下角弹出 Import Model 设置面板，保持默认设置，如图 6-58 所示。单击 Apply 按钮，导入几何模型。

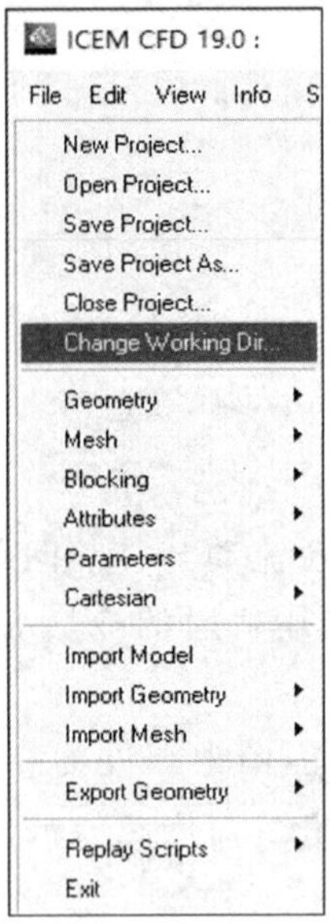

图 6-57 建立根目录

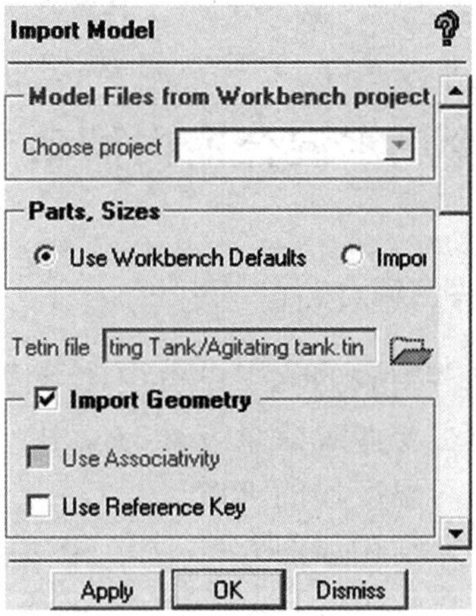

图 6-58 导入几何模型

打开模型后，在左侧模型树勾选 Surfaces，单击标签栏 Solid Simple Display 按钮，再选择 Geometry 功能菜单下的 Repair Geometry 按钮进行模型修复，弹出如图 6-59(a)所示 Repair Geometry 操作面板，保持默认设置，单击 Apply 即可。

6.2.2.2 方法二：直接在 ICEM CFD 中建立几何模型

（1）创建几何端点

新建工程后，单击 Geometry 栏下的按钮，在 Create Point 面板中单击按钮，在对话框中输入点的坐标(0,60,0)、(−30,60,0)、(−30,90,0)、(0,90,0)、(0,110,0)、(200,110,0)、(200,90,0)、(220,90,0)、(220,15,0)、(250,15,0)、(250,−15,0)、(220,−15,0)、(220,−90,0)、(200,−110,0)、(200,−90,0)、(0,−110,0)、(0,−90,0)、(−30,−90,0)、(−30,−60,0)和(0,−60,0)，创建几何模型端点，如图 6-60 所示。

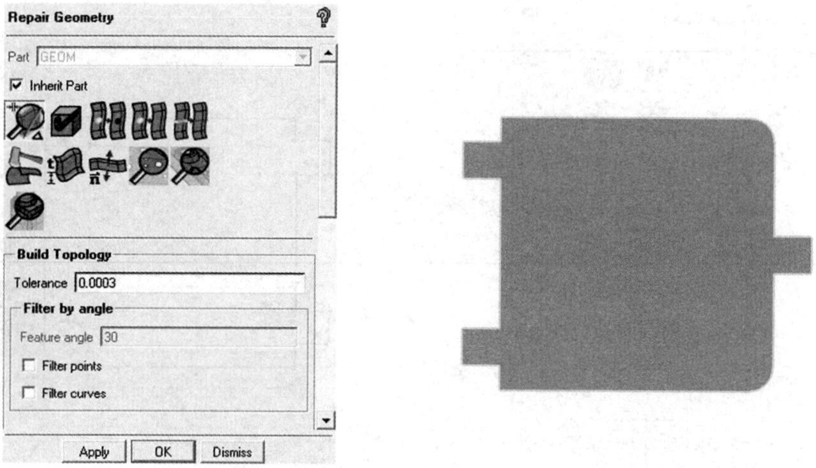

（a）Repair Geometry操作面板　　（b）修复后的几何

图 6-59　几何修复

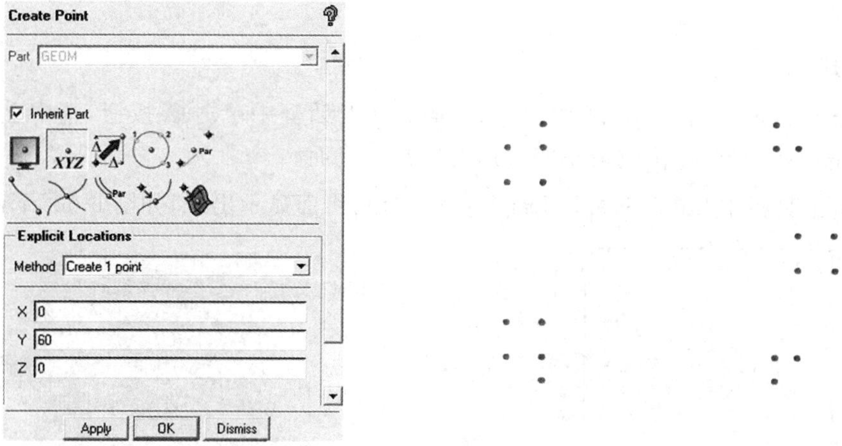

（a）Create Point设置面板　　（b）创建好的点

图 6-60　输入端点坐标创建点

注：在创建点时，如果在视窗看不见某点，可单击按钮或者单击工作栏 View，在下拉框中选择 Fit 来查看整体情况，或者滚动鼠标滑轮缩放图像。

(2) 创建几何边

① 将图 6-60 所示创建的点依次连成线段，单击 Geometry 栏下方创建线段的按钮，然后在对话框中单击按钮，选中相邻两点，并单击鼠标中键，以创建线段。重复操作将所有的点按最近的点连成线段。

② 对于几何模型中 $R20$ 的圆角，可单击按钮，在图中先选择圆心，再选择切点建立圆角，如图 6-61 所示。

③ 单击按钮，鼠标右键选择需要打断的圆弧及端点。

④ 再选择 Geometry 栏下的按钮删除多余线段及多余的点。创建如图 6-62 所示的

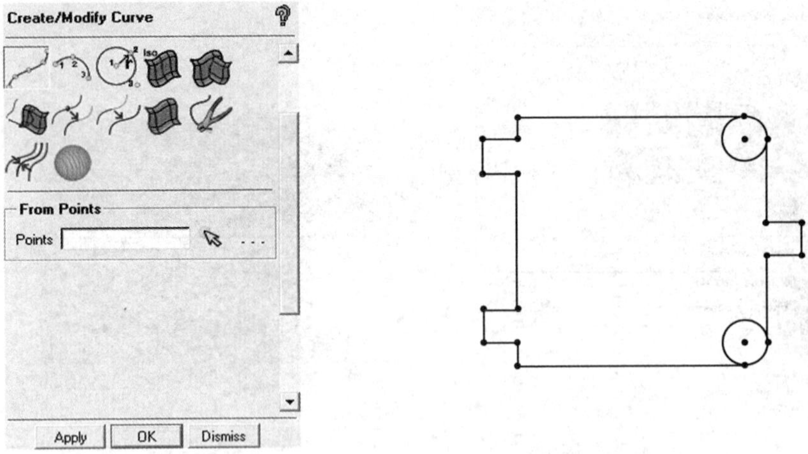

（a）Create/Modify Curve设置面板　　（b）创建好的边

图 6-61　创建边

几何图形。

（3）创建面

① 单击 Geometry 栏下的按钮，创建面。在对话框中单击按钮，选中上一步创建的线段，单击鼠标中键，按构成最小四边形的原则构成面。

② 单击工具栏中 Solid Simple Display 按钮，将面显示出来，如图 6-63 所示。

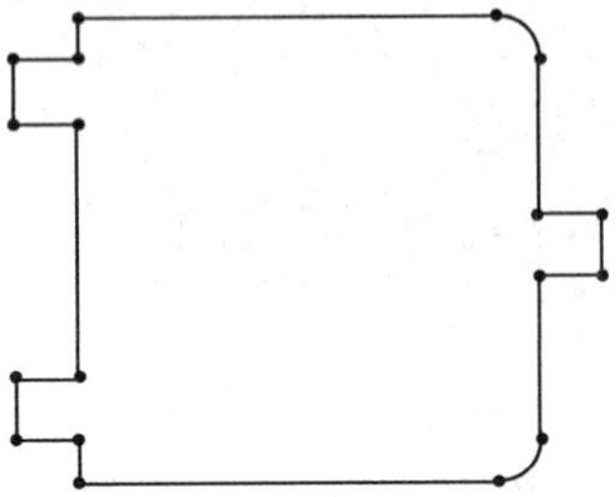

图 6-62　混合器二维图形

图 6-63　创建几何面

（4）创建边界

根据上述创建的几何模型定义边界，在本实例中，边界包括冷水入口 inlet-C、热水入口 inlet-H，混合出口 Outlet，壁面 Wall。

① 鼠标右键单击树形菜单中 Parts，选择 Create part。

② 在数据对话框中 Part 输入所创建的边界名称，单击 Create Part by Selection 按钮，单击 Entities右边的小箭头，在所创建好的几何模型中选取需定义的边界，单击中键确认。重复操作，创建

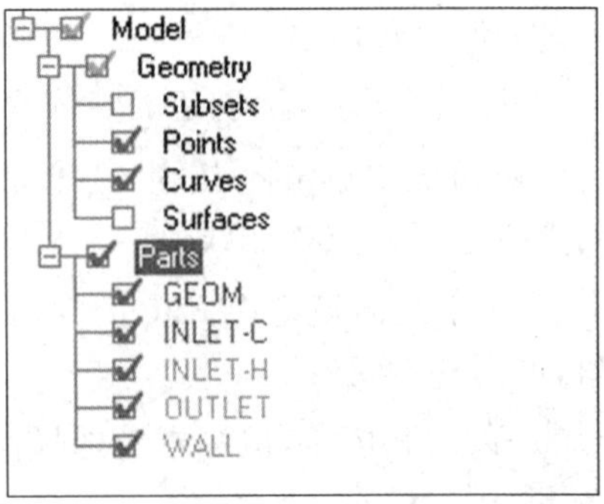

图 6-64　创建边界

所有 Parts。如图 6-64 所示。

6.2.3 网格划分

(1) 初始化块

① 选择 Blocking 栏下的按钮,在对话框中选择初始化块 Initialize Blocks 按钮。

② 在 Part 处输入 fluid,Type 下拉框中选择 2D Planar。

③ 其他保持默认设置,单击 Apply 按钮,初始化几何实体,如图 6-65 所示。

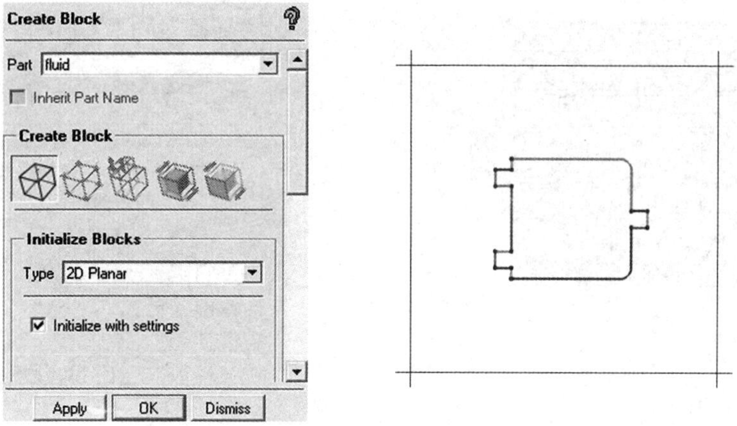

(a) (b)

图 6-65 初始化块

(2) 分割块

① 单击 Blocking 栏下的 Split Block 按钮,在对话框中选择块切分按钮,在右侧视窗单击 Block 上要分割的边线,该线变成红色并加亮显示,新形成的边将会垂直于选择的边,通过单击鼠标中键即可完成一次块的切割。

② 重复①中步骤,可大体雕刻出几乎完全包裹模型的块。分割后的块如图 6-66 所示。

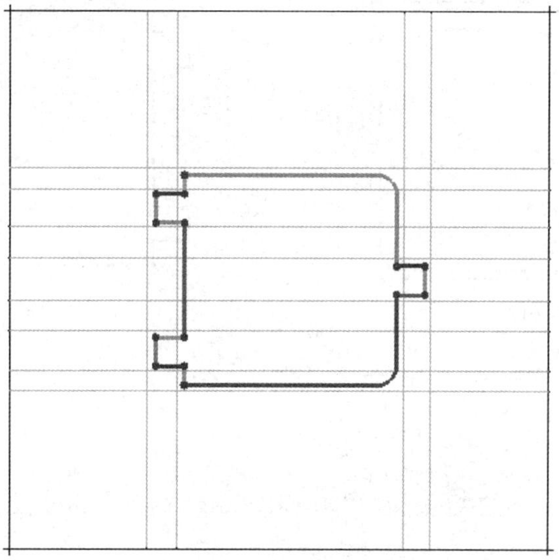

图 6-66 分割后的块

（3）删除多余块

单击 Blocking 栏下 Delete Block 按钮，删除多余的块。删除后的块如图 6-67 所示。

（4）点的关联

① 单击 Blocking 栏下的按钮，选择 Blocking Association 设置面板中的点关联按钮，如图 6-68 所示。

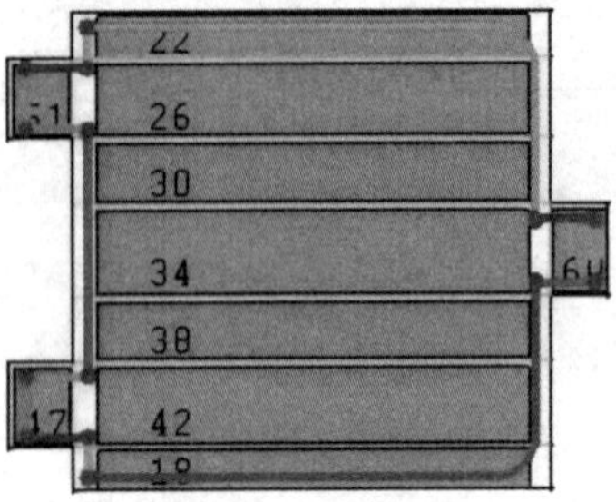

图 6-67　删除后的块

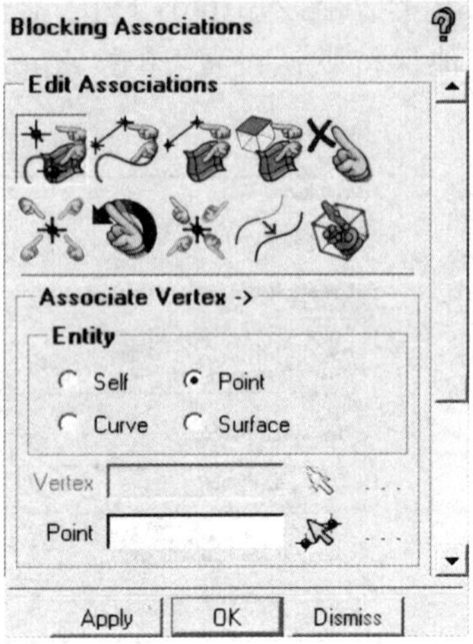

图 6-68　Blocking Associations 设置面板

② 激活对话框中 Vertex 选项，在右侧视图窗上选择块的点。

③ 激活对话框中 Point 选项，在右侧视图窗上选择几何体的点。

④ 其他设置保持默认设置。

⑤ 如图 6-69(a)所示，依次关联块顶点与几何体的点，单击鼠标中键或 Apply 按钮完成一次关联，顶点会移动至几何点位置。

⑥ 重复操作步骤完成所有 Vertex 到 Point 的关联，如图 6-69(b)所示。

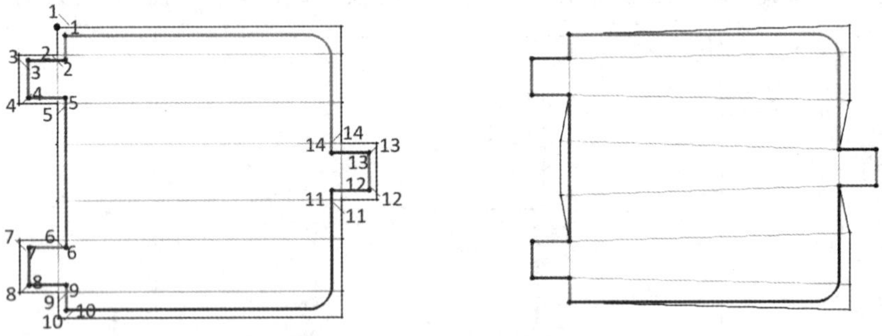

(a)　　(b)

图 6-69　点的关联

（5）边的关联

① 单击 Blocking 栏下的按钮，单击 Blocking Association 设置面板中的边关联按

钮，勾选 Project vertices，系统会捕捉顶点到最近的几何位置上。如图 6-70 所示。

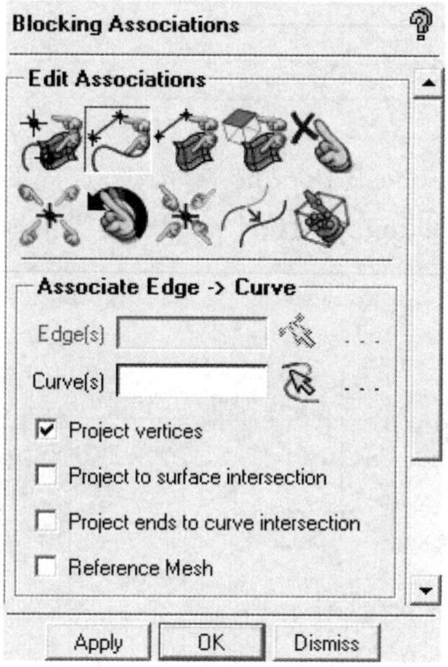

图 6-70　Blocking Associations 设置面板

② 激活对话框中 Edge(s)选项，在右侧视图窗上选中块的线条，选中的边线变成红色，单击鼠标中键确定。

③ 激活对话框中 Curve(s)选项，在右侧视图窗上选中几何体的线条，单击鼠标中键确定或 Apply 按钮，完成一次关联。此处以图 6-71(a)中 14—14 边与线条的关联为例：选中图中右上角的边线，如图所示的边线变红，单击鼠标中键确定；接着单击右上角带圆角的曲线，单击鼠标中键确定或 Apply 按钮，完成一次关联。

④ 当关联操作完成之后，被关联的曲线将会自动组成一组，且同组曲线颜色相同，其边界线 Edges 的颜色都将变成绿色，可在模型树取消勾选 Curves 查看。

⑤ 重复操作步骤完成所有 Edge 到 Curve 的关联，如图 6-71(b)所示。

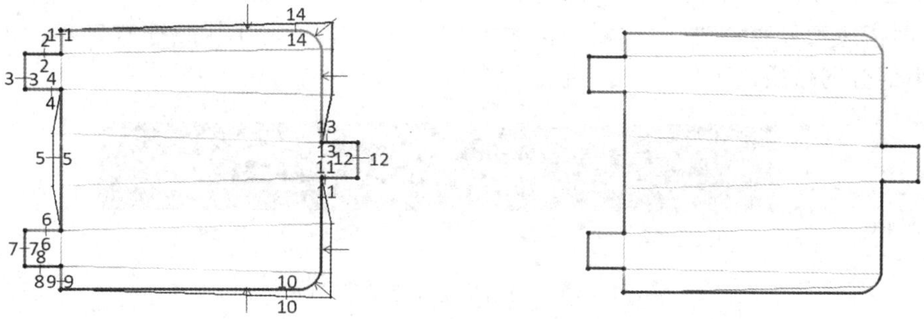

(a)　　　　　　(b)

图 6-71　线的关联

(6) 设置网格尺寸

① 单击 Mesh 栏下的全局网格设置按钮，弹出如图 6-72 所示的设置面板。

② 在 Global Element Seed Size 对话栏中设置全局网格最大尺寸 Max element 为 2。

③ 其他保持默认设置。

④ 单击 Apply 按钮完成设置。

（7）生成网格

① 单击 Blocking 栏下 Pre-mesh Params 按钮，点选 Update All，单击 Apply 按钮。

② 在界面左侧模型树 Blocking 下勾选 Pre-Mesh，弹出询问是否计算网格的对话框，单击 Yes 按钮。网格效果如图 6-73 所示。

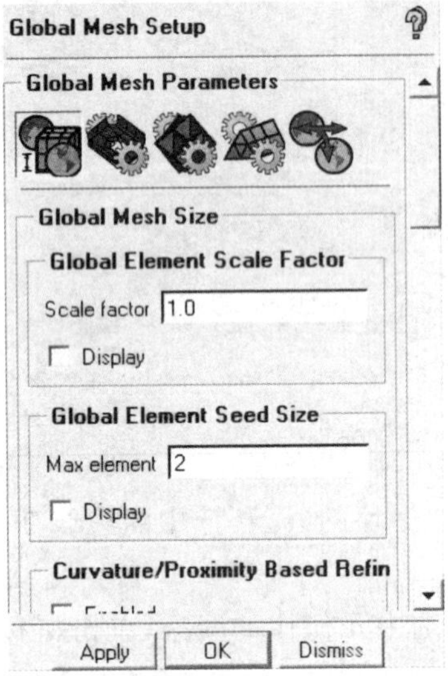

图 6-72　Global Mesh Setup 设置面板

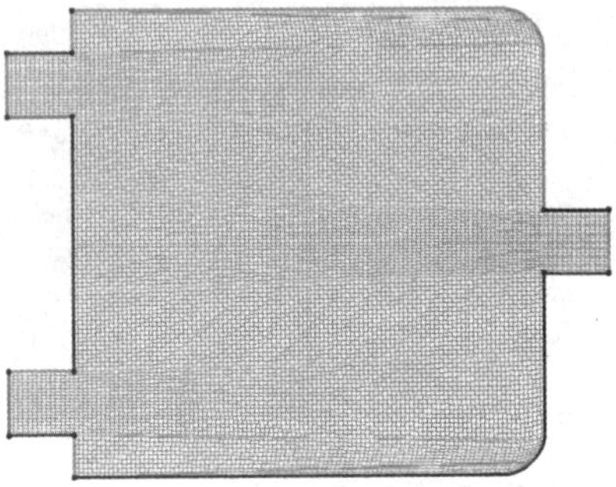

图 6-73　网格图

（8）网格质量检查

① 单击 Blocking 栏下的 Pre-Mesh Quality Histograms 按钮。

② 在 Criterion 下拉列表中选择 Quality 选项。

③ 其他保持默认。单击 Apply 按钮检查网格质量，则可在右下角看见网格质量直方图。根据网格质量分布，在显示对话框中大于 0.3 为合格，一般来说越往右越好。如图 6-74 所示，有小部分网格质量不好。下面进行顶点移动以改善网格质量。

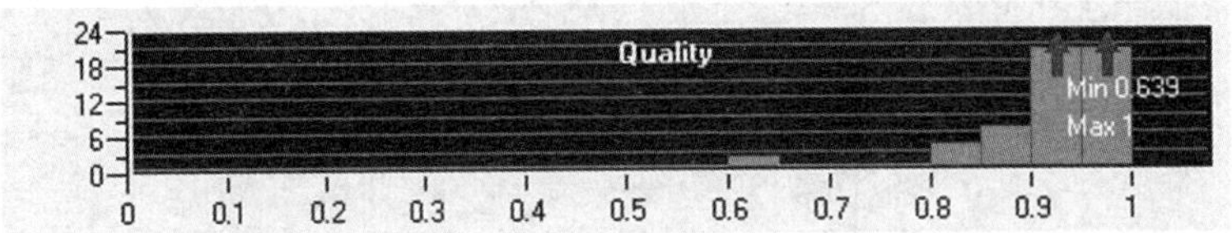

图 6-74　网格质量检测直方图

（9）顶点移动

① 单击图 6-74 所示 0.6 处的柱状图，可观察到质量不好的网格集中在圆角处。如图 6-75 所示，在左侧模型树取消勾选 Pre-Mesh。

② 单击 Blocking 栏下的 Move Vertices 按钮。单击 Move Vertices 设置面板中的 Move Vertex 按钮，如图 6-76(a)所示。按住鼠标左键拖动图 6-75 所示顶点，移动位置至

直线处，如图 6-77(a)所示。

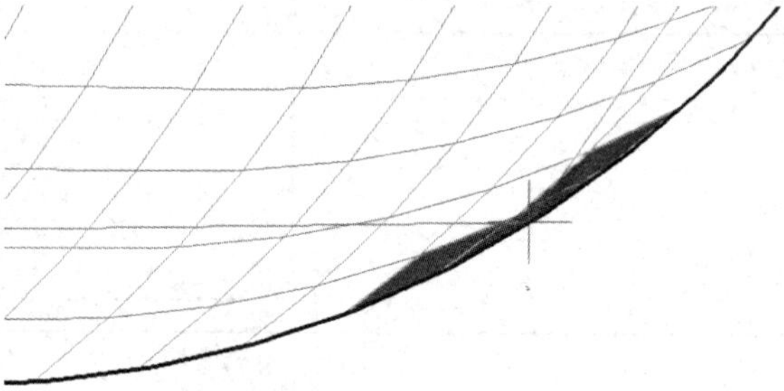

图 6-75　质量不好的网格

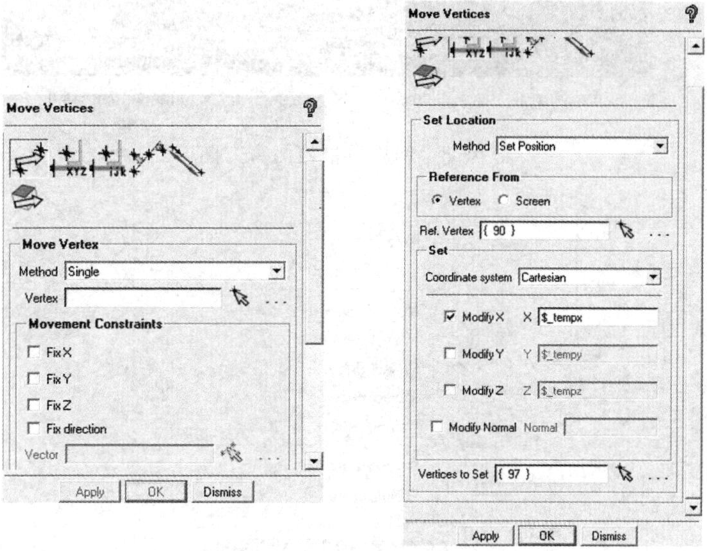

(a)　　　　　　　　(b)

图 6-76　Move Vertices 设置面板

③ 单击 Move Vertices 设置面板中的 Set Location 按钮，单击 Ref. Vertex 右侧按钮，在右侧视窗单击 A 顶点，勾选 Modify X 复选框，单击 Vertices to Set 右侧按钮，单击 B 顶点，单击 Apply 完成点对齐，如图 6-76(b)所示。此步骤将 A 顶点设置为参考点，让 B 顶点在 X 方向上和 A 顶点对齐，如图 6-77(b)所示。

④ 单击 Blocking 栏下的 Pre-Mesh Quality Histograms 按钮。弹出询问是否计算网格的对话框，单击 Yes 按钮。网格质量检测直方图如图 6-78 所示，由图可见网格质量得到明显提高，质量在 0.85 以上。

(10) 输出网格文件

网格生成完毕后，需要将网格输出至求解器。

① 在右侧模型树右键单击 Pre-Mesh，选择 Convert to Unstruct Mesh(非结构化网格无须此操作)，如图 6-79 所示。

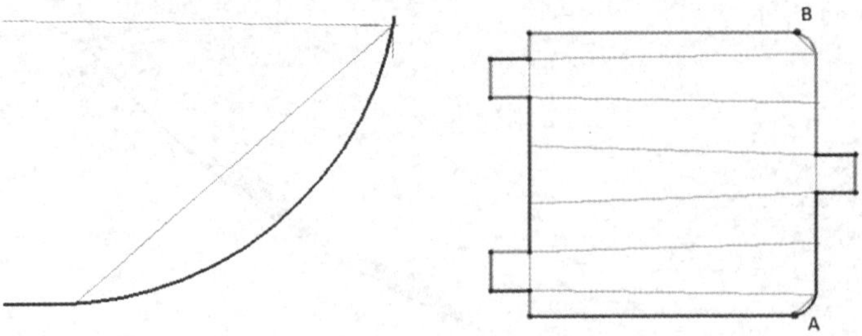

（a） （b）

图 6-77 顶点移动及对齐

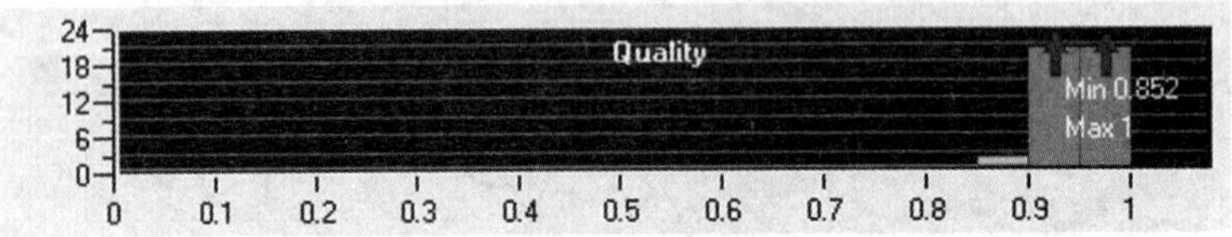

图 6-78 网格质量检测直方图

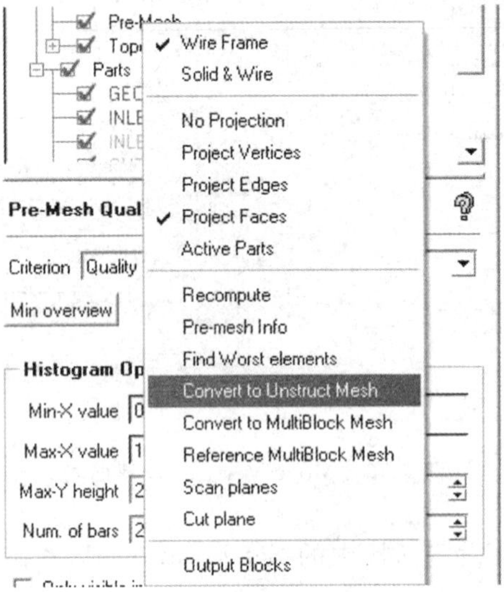

图 6-79 转化为非结构化网格设置

② 单击标鉴栏 Output Mesh 栏下 Select Solver 按钮，弹出左下角 Solver Setup 设置面板，如图 6-80 所示。在 Output Solver 下拉框中选择 ANSYS Fluent，单击 Apply 按钮完成操作。

③ 单击 Write Input 按钮，弹出如图 6-81 所示保存对话框，单击 Yes 按钮，弹出如图 6-82 所示对话窗。在 Grid dimension 选择 2D，并将默认的文件名改成 mixer，单击 Done 按钮，保存至目标文件目录。

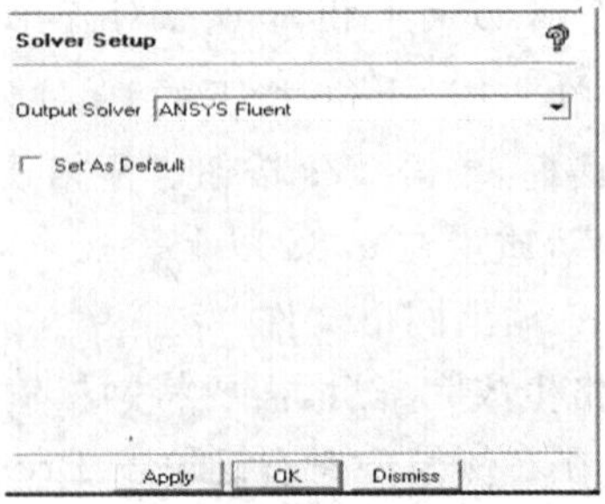

图 6-80 网格输出设置

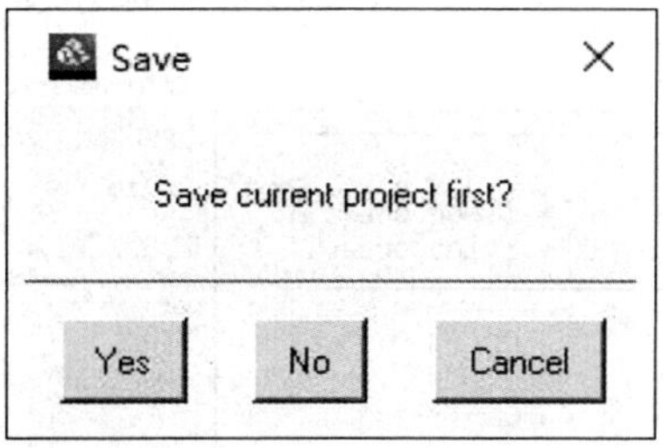

图 6-81　Save 对话框

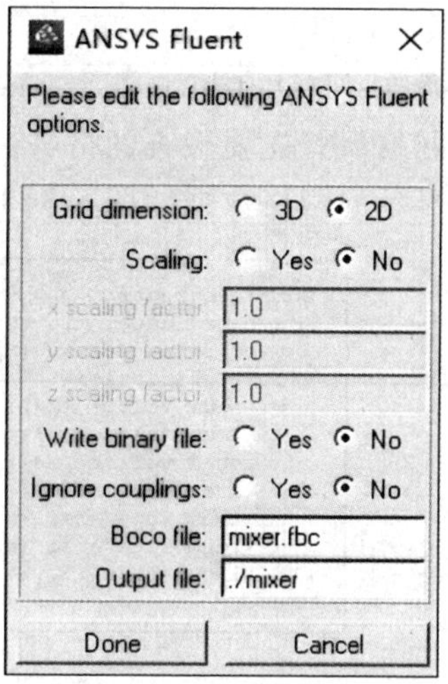

图 6-82　网格保存对话框

6.2.4　利用 FLUENT 求解器求解

复制 mixer. msh 网格文件到 FLUENT 工作文件夹中或者设置工作目录 Working Directory 为上一步中输出网格的文件夹，也可根据自己保存的文件夹选择，Dimension 选择 2D，Processing Options 选择 Serial，启动 FLUENT，开启 Fluent 2D 求解器。

6.2.4.1　步骤 1：网格

(1) 读入 mixer. msh 文件

依次操作：File/Read/Mesh。

如图 6-83 所示。

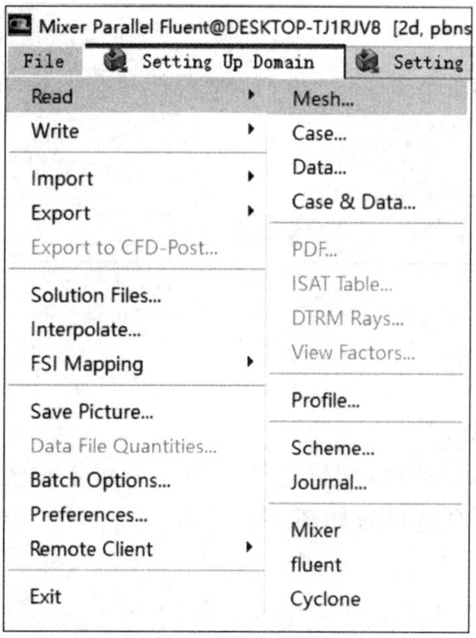

图 6-83　读入网格文件

（2）检查网格

依次操作：Mesh/Check。

读入网格后首先要检查网格，检查网格的最小体积需大于 0，否则网格不能用于计算。数据窗口显示的网格数据如图 6-84 所示。

```
Domain Extents:
  x-coordinate: min (m) = -3.000000e-02, max (m) = 2.500000e-01
  y-coordinate: min (m) = -1.100000e-01, max (m) = 1.100000e-01
Volume statistics:
  minimum volume (m3): 6.083366e-07
  maximum volume (m3): 5.652009e-06
    total volume (m3): 5.092554e-02
Face area statistics:
  minimum face area (m2): 1.363636e-03
  maximum face area (m2): 2.840580e-03
Checking mesh.........................
Done.
```

图 6-84　网格检查

（3）设置计算区域尺寸

依次操作：Mesh/Scale。

在如图 6-85 所示的对话框中检查计算域的尺寸，确保其与实际物理尺寸相符；否则，应对网格以合适的单位进行放大或缩小处理。在 Mesh Was Created In 选项中选择单位，然后单击 Scale 按钮，缩放完毕后检查 Domain Extents 中显示尺寸与实际相符。单击 Close 按钮，关闭 Scale Mesh 对话框。

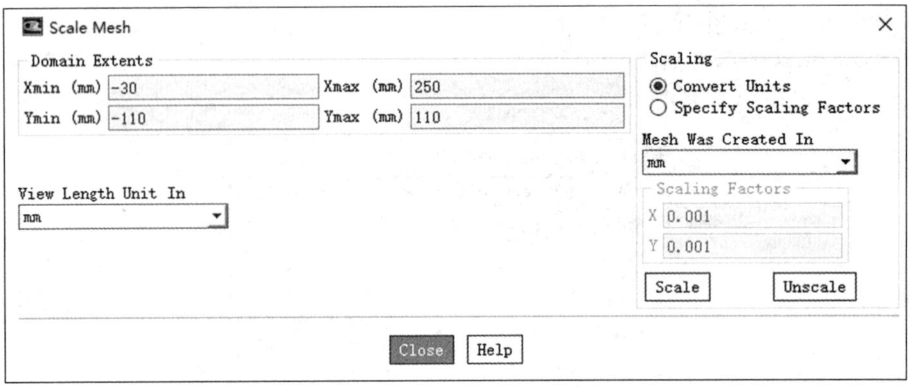

图 6-85　Scale Mesh 对话框

（4）显示网格

依次操作：Mesh/Display。

弹出如图 6-86(a)所示对话框，网格文件中的各个部分的显示可通过 Surface 列表框中某个部分是否选中来控制，全选择时如图 6-86(b)显示。

6.2.4.2　步骤 2：求解器设置

依次操作：Setup/General。

本例为稳态模拟，保持默认设置，如图6-87所示。

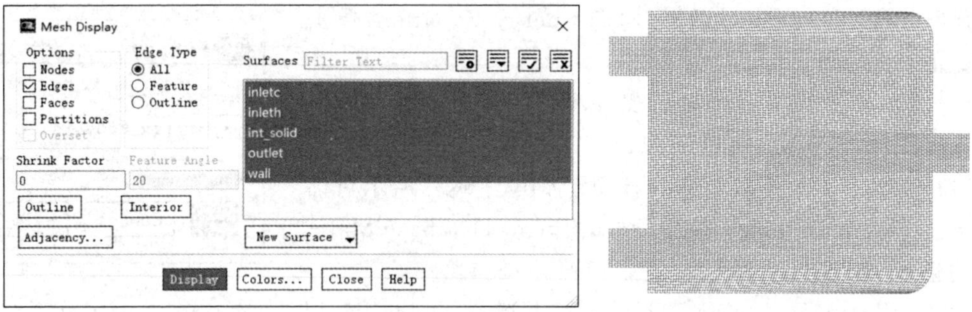

(a) (b)

图 6-86 网格显示对话框

6.2.4.3 步骤 3:模型

(1) 设置湍流模型

依次操作:Setup/Models/Viscous。

① Model 选项组中选中 k-epsilon(2 eqn)选项,如图 6-88 所示。

② 其余保持默认设置,单击 OK 按钮,关闭 Viscous Model 对话框。

(2) 设置能量方程

依次操作:Setup/Models/Energy。

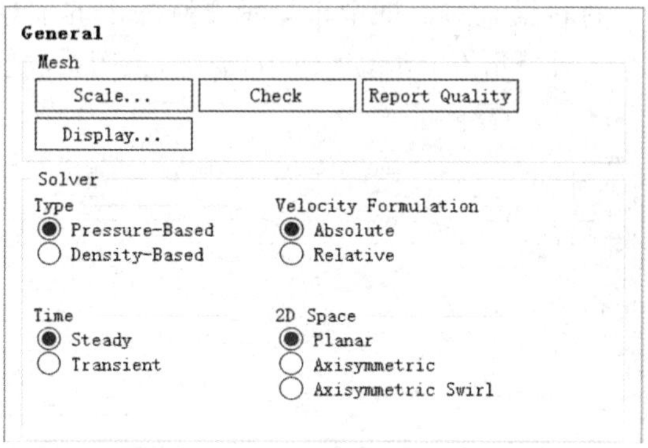

图 6-87 基本求解器 Solver 对话框

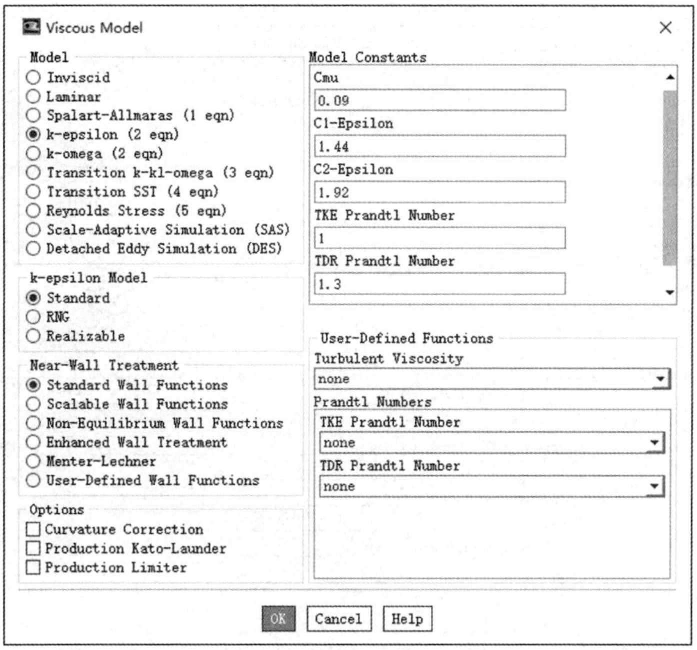

图 6-88 湍流模型设置对话框

弹出如图 6-89 所示对话框，勾选 Energy Equation，单击 OK 按钮。

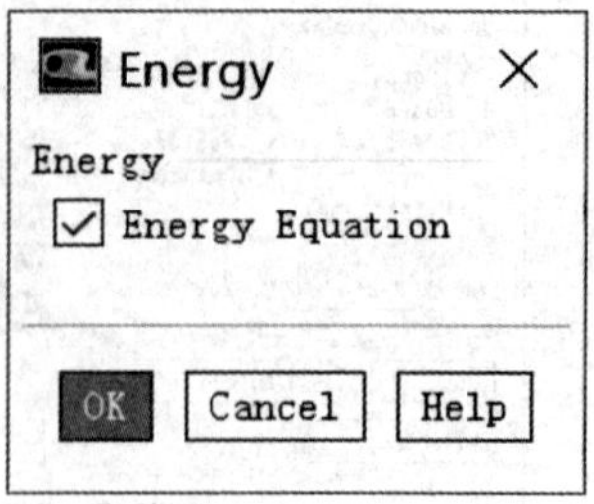

图 6-89　能量方程对话框

6.2.4.4　步骤 4：定义材料的物理性质

依次操作：Setup/Materials。

（1）选中 Fluid，单击 Create/Edit，弹出图 6-90 所示对话框。单击 Fluent Database 按钮，弹出 Fluent Database Materials 对话框，如图 6-91 所示。

① 在 Fluent Fluid Materials 列表中选择 water liquid（h2o<1>）。

② 单击 Copy 按钮，关闭 Fluent Database Materials 对话框。

材料设置对话框中将显示复制的水的信息，如需修改可手动修改具体数值。

（2）单击 Change/Create 按钮，关闭材料设置对话框。

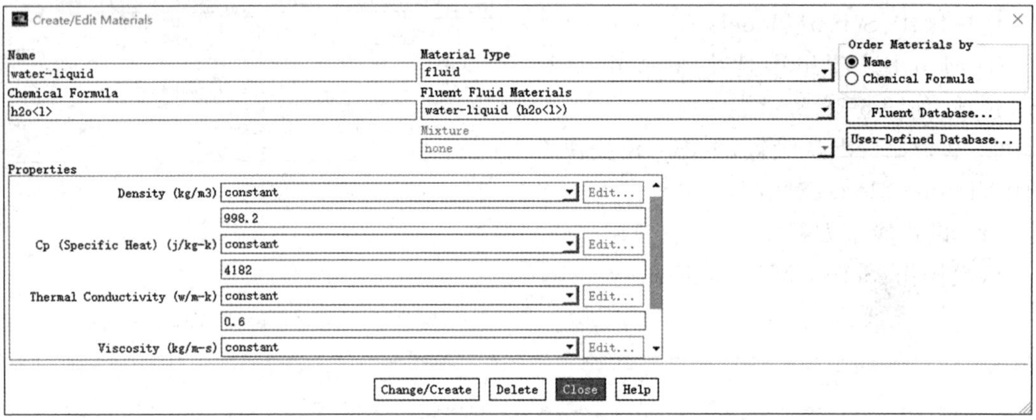

图 6-90　材料设置对话框

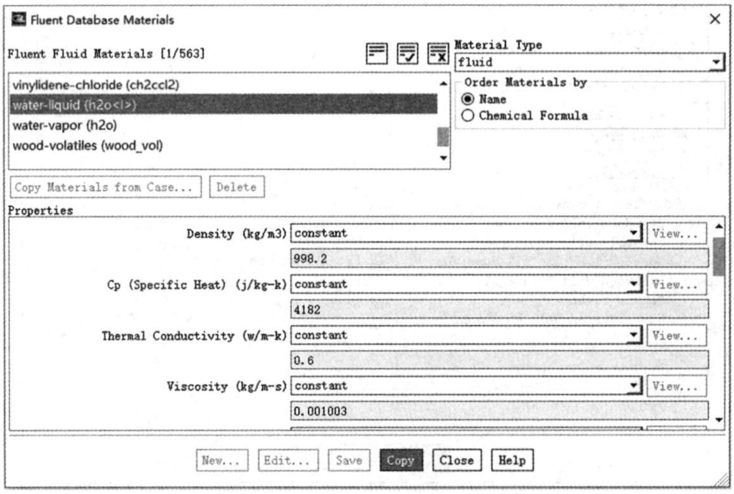

图 6-91　材料物理参数对话框

6.2.4.5 步骤5:设置流体区域条件

依次操作:Setup/Cell Zone Conditions。

① 选中 Zone 列表中区域名称,本例中只有一个流体区域,在 Type 下拉框中选择 fluid。

② 弹出如图 6-92 所示对话框,在 Zone Name 文本框处输入 fluid,在 Material Name 下拉框中选择 water-liquid。

③ 单击 OK 按钮,关闭对话框。

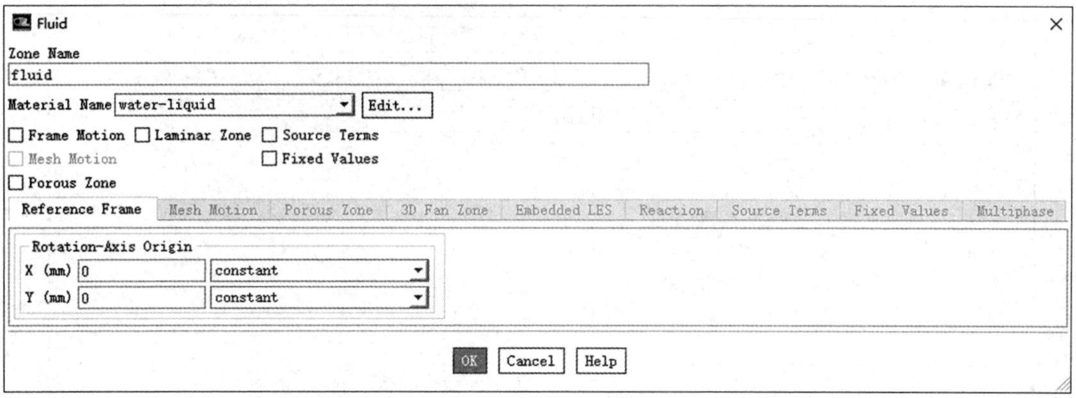

图 6-92 设置流体区域

6.2.4.6 步骤6:设置边界条件

依次操作:Setup/Boundary Conditions。

(1) 设置冷水进口的边界条件

① 从 Zone 列表中选择 inlet-c,inlet-c 为冷水入口,并设置 Type 为 velocity-inlet。

② 单击 Edit 按钮,弹出 Velocity Inlet 对话框,如图 6-93 所示。

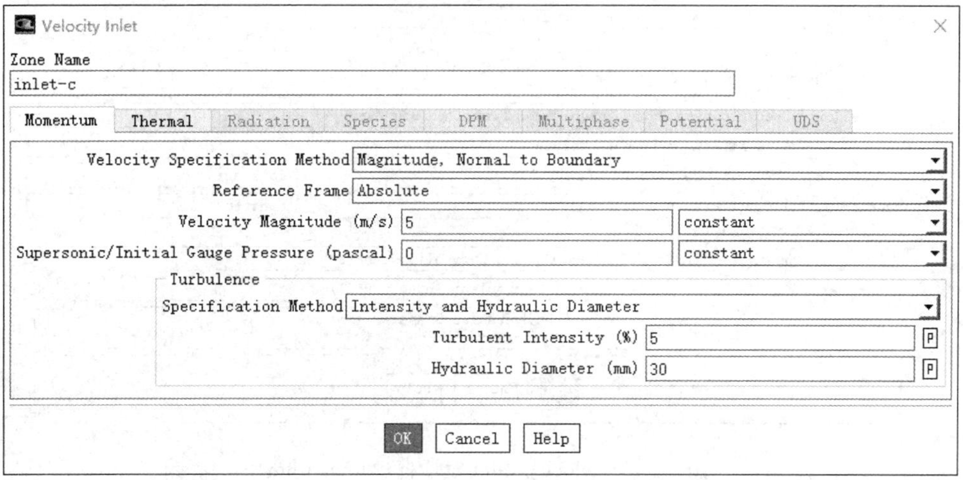

图 6-93 Velocity Inlet 对话框(Momentum)

③ 对话框中 Momentum 标签下 Velocity Magnitude(m/s)文本框对应的是入口的水流速度,此处设定为 5。

④ 从 Turbulence 选项组中的 Specification Method 下拉列表中选择 Intensity and Hydraulic Diameter，相应项 Turbulent Intensity(%)及 Hydraulic Diameter(mm)分别设置为 5 及 30。

⑤ 单击 Thermal 标签，在 Temperature(K)处输入 293，如图 6-94 所示。

⑥ 单击 OK 按钮，关闭 Velocity Inlet 对话框。

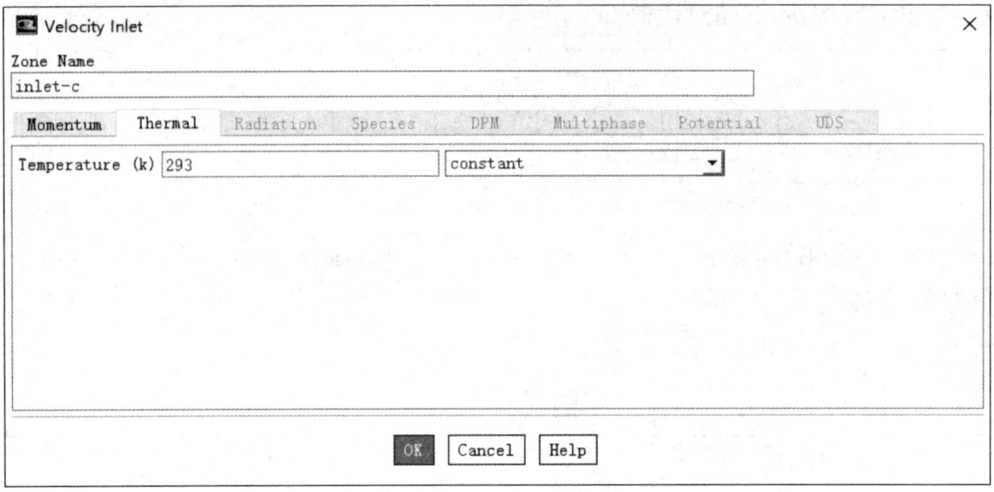

图 6-94　Velocity Inlet 对话框(Thermal)

(2) 设置热水进口的边界条件

① 从 Zone 列表中选择 inlet-h，设置 Type 为 velocity-inlet。

② 单击 Edit 按钮，弹出 Velocity Inlet 对话框，如图 6-95 所示。

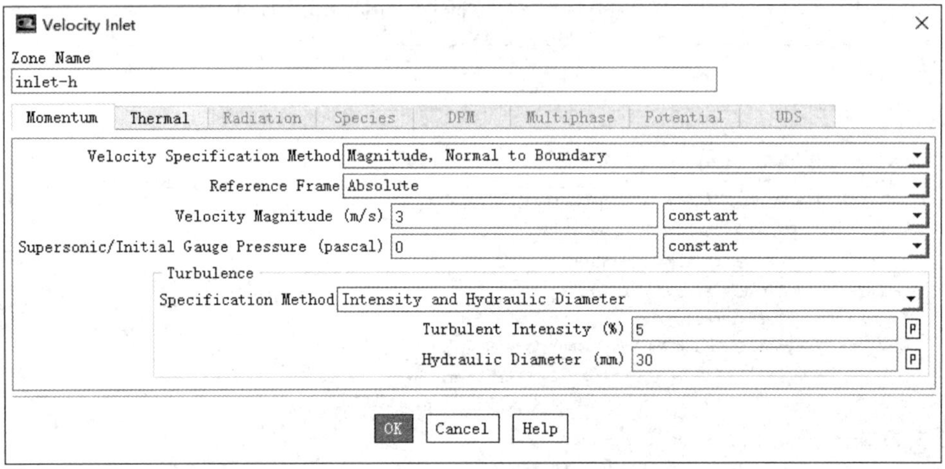

图 6-95　Velocity Inlet 对话框(Momentum)

③ 对话框中 Momentum 标签下 Velocity Magnitude(m/s)文本框对应的是入口的水流速度，此处设定为 3。

④ 从 Turbulence 选项组中的 Specification Method 下拉列表中选择 Intensity and

Hydraulic Diameter，相应项 Turbulent Intensity(%)及 Hydraulic Diameter(mm)分别设置为 5 及 30。

⑤ 单击 Thermal 标签，在 Temperature(K)处输入 373，如图 6-96 所示。

⑥ 单击 OK 按钮，关闭 Velocity Inlet 对话框。

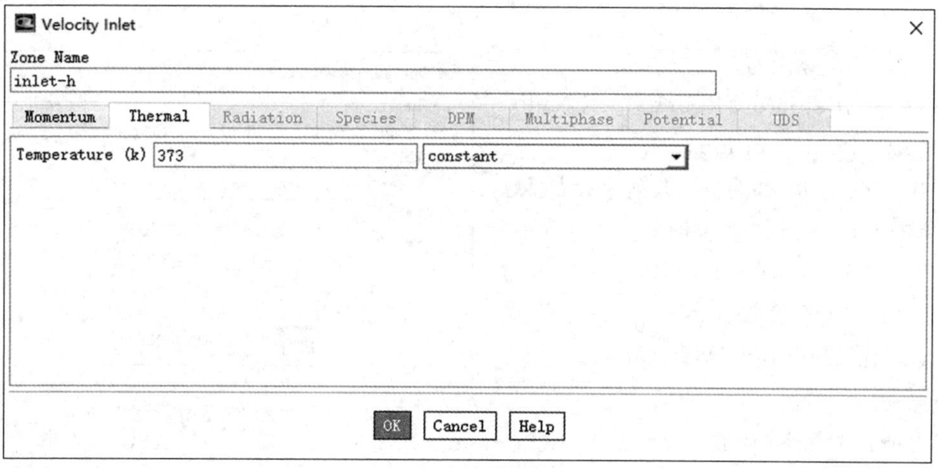

图 6-96　Velocity Inlet 对话框(Thermal)

(3) 设置出口的边界条件

① 从 Zone 列表中选择 outlet，并设置 Type 为 Pressure Outlet。

② 单击 Edit 按钮，弹出 Pressure Outlet 对话框，如图 6-97 所示。

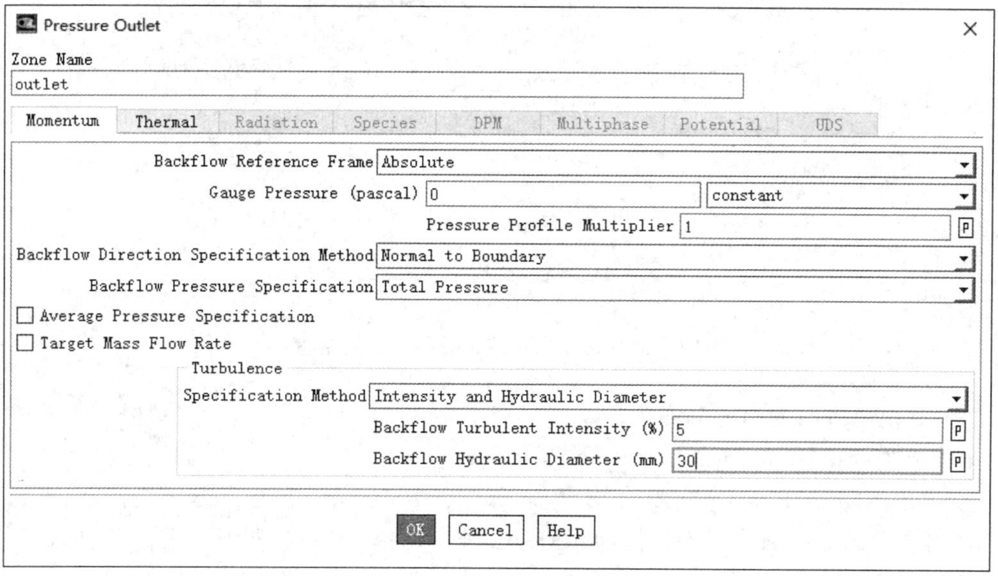

图 6-97　Pressure Outlet 设置对话框

③ 从 Turbulence 选项组中的 Specification Method 下拉列表中选择 Intensity and Hydraulic Diameter，相应项 Backflow Turbulent Intensity(%)及 Backflow Hydraulic

Diameter(mm)分别设置为 5 及 30。

④ 其余保持默认设置。

⑥ 单击 OK 按钮,关闭 Pressure Outlet 对话框。

(4) 设置 Wall 的边界条件

保持默认。

(5) 操作环境设置

依次操作:Setup/Boundary Conditions/Operation Conditions。

弹出如图 6-98 对话框,本例保持默认设置,单击 OK 按钮关闭对话框。

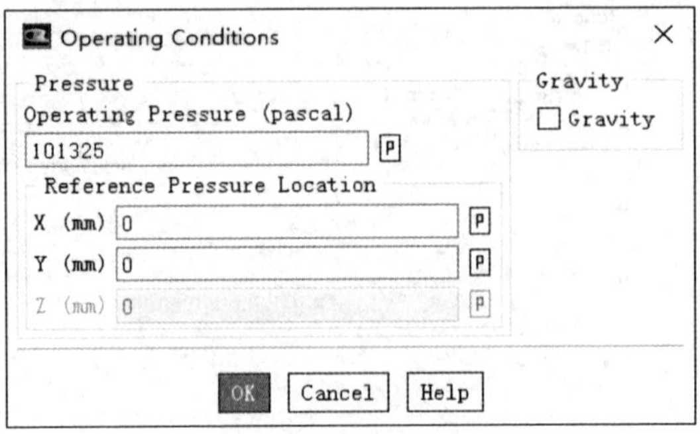

图 6-98 操作环境设置对话框

6.2.4.7 步骤 7:求解

(1) 设定求解参数

依次操作:Solution/Methods。

保持默认设置。

(2) 激活残差图显示

依次操作:Solution/Monitors/Residual。

① 勾选 Options 中的 Plot 复选框。

② 其余保持默认参数即可,如图 6-99 所示。单击 OK 按钮,关闭 Residual Monitors 对话框。

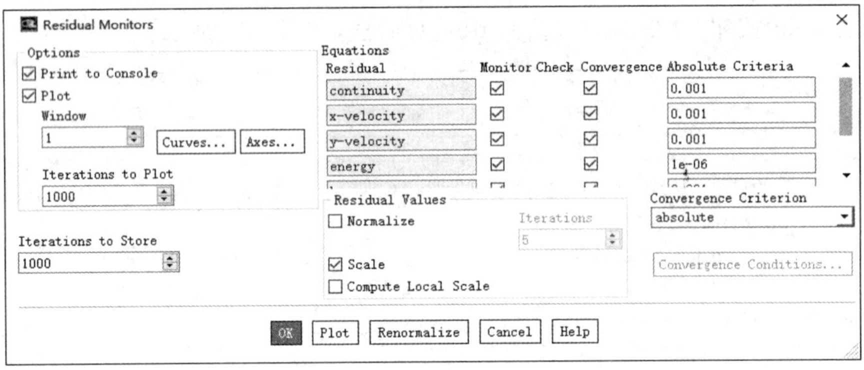

图 6-99 Residual Monitors 设置对话框

(3) 监视出口面的温度分布

依次操作:Solution/Monitors/Report Plots。

① 弹出 Report Plot Definition 对话框,如图 6-100 所示,单击 New…按钮。

② 弹出 Edit Report Plot 对话框,如图 6-101 所示。单击 New 下拉框,进行 Surface Report/Area-Weighted Average 操作,弹出 Surface Report Definition 对话框,如图 6-102 所示。

③ 在 Field Variable 处选择 Temperature 和 Static Temperature,在 Sufaces 项选择监测表面为 outlet。

④ 单击 OK 按钮,关闭 Surface Report Definition 对话框。

⑤ 在 New Report Plot 对话框勾选 Print to Console,单击 OK 按钮,关闭对话框。

⑥ 单击 Close 按钮，关闭 Report Plot Definition 对话框。

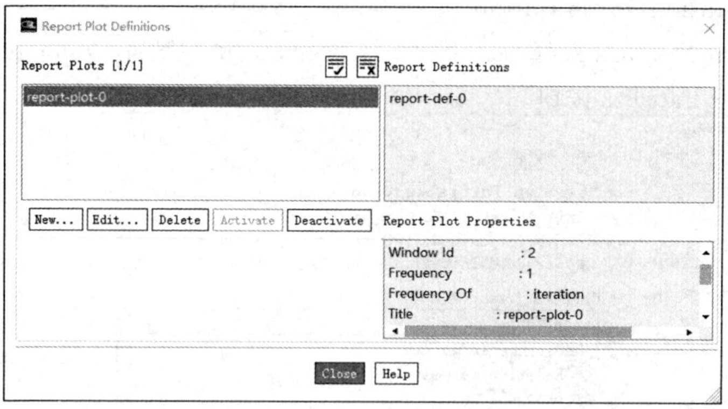

图 6-100　监视窗口设置

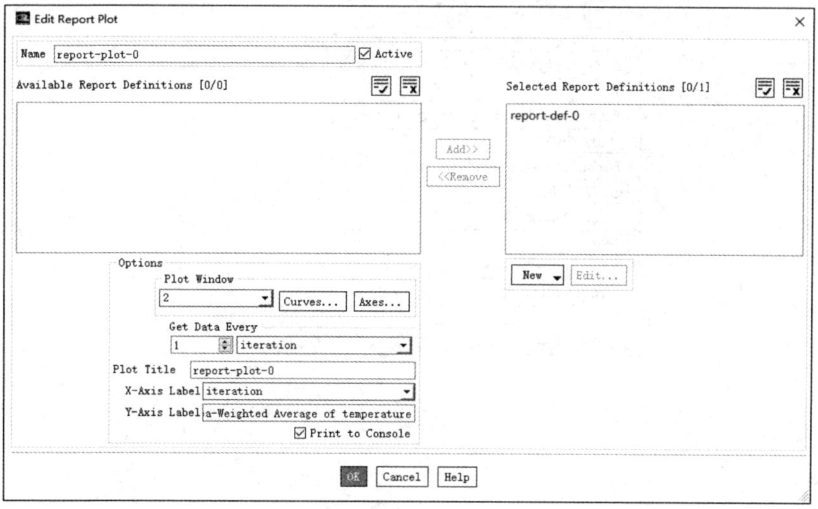

图 6-101　Edit Report Plot 对话框

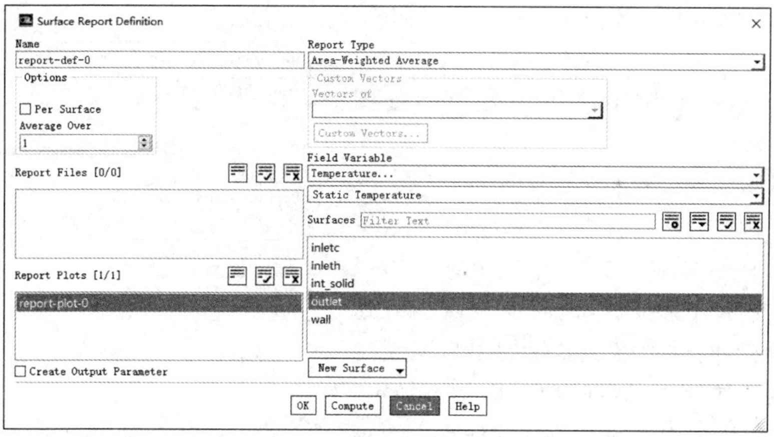

图 6-102　Surface Report Definition 对话框

（4）初始化

依次操作：Solution/Initialization。

在 Initialization Methods 选择 Standard Initialization，并且设置 Compute from 为 inlet-c，如图 6-103 所示，单击 Initialize 按钮。

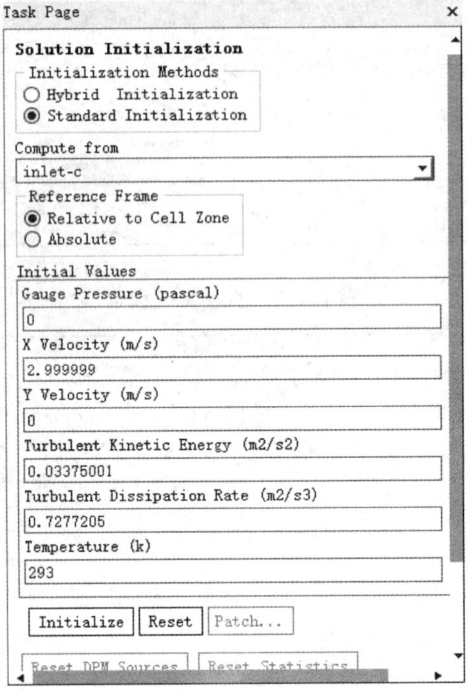

图 6-103　Solution Initialization 对话框

（5）保存工况文件

依次操作：File/Write/Case&Data。

（6）进行迭代求解

依次操作：Solution/Run calculation/Calculate。

① 设置 Number of Iterations 为 500，如图 6-104所示。

② 单击 Calculate 按钮开始求解。

注：待出现迭代提示“! solution is converged”，表示计算收敛，方可结束计算。如果 500 步内没有提示计算收敛，此时应再次输入迭代次数继续计算，同时观察所监视的出口面温度是否达到稳定。如计算提示收敛后仍然不稳定，应降低图6-99对话框中的残差值继续计算直至稳定且收敛。

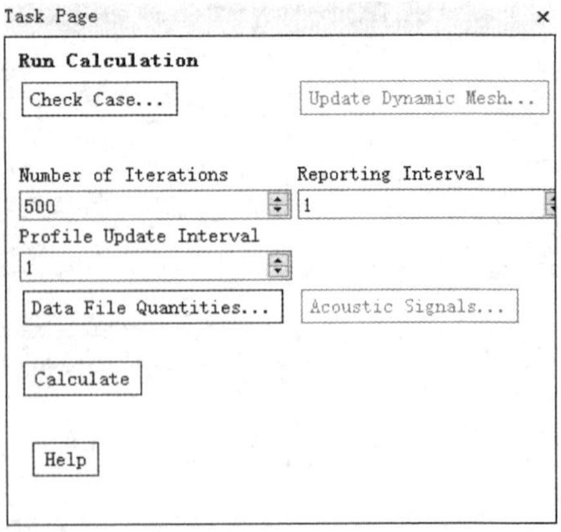

图 6-104　Calculation 对话框

6.2.4.8　步骤 8:后处理

(1) 显示温度云图

依次操作:Results/Graphics/Contours。

① 从 Contours 下拉框中选择 Temperature 及 Static Temperature,如图 6-105 所示。

② 勾选 Options 中的 Filled 复选框。

③ 单击 Save/Display 按钮,得到如图 6-106 所示温度云图。

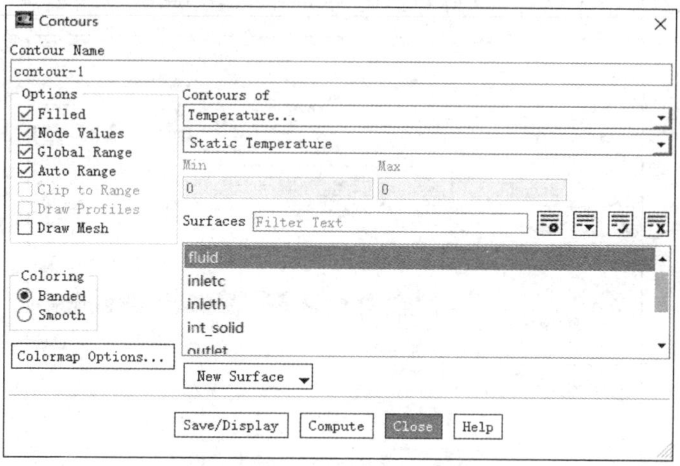

图 6-105　云图设置对话框

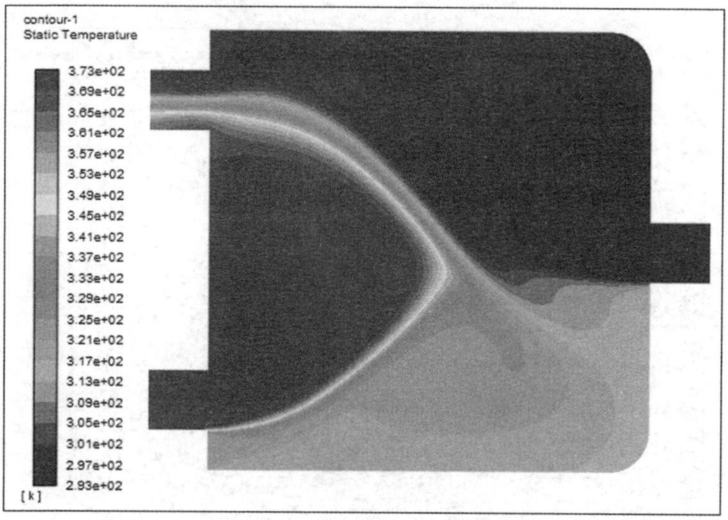

图 6-106　温度云图

(2) 显示速度矢量

依次操作:Results/Graphics/Vectors。

① 在 Vectors of 下拉框中选择 Velocity,在 Color by 中选择 Velocity 及 Velocity Magnitude。

② 单击 Vector Options 按钮，在弹出的 Vector Options 对话框中勾选 Fixed Length 复选框，单击 Apply 按钮，关闭对话框。此操作意为将矢量长度均一化，使其看起来更美观。此步也可不操作。

③ 在 Scale 处填入 0.008，在 Skip 处填入 3，如图 6-107 所示。

④ 勾选 Options 标签下 Draw Mesh，在弹出的 Mesh Display 对话框中，在 Surfaces 下单击选择 inlet-c、inlet-h、outlet、wall。

⑤ 单击 Save/Display 按钮，就得到速度矢量图，如图 6-108 所示。

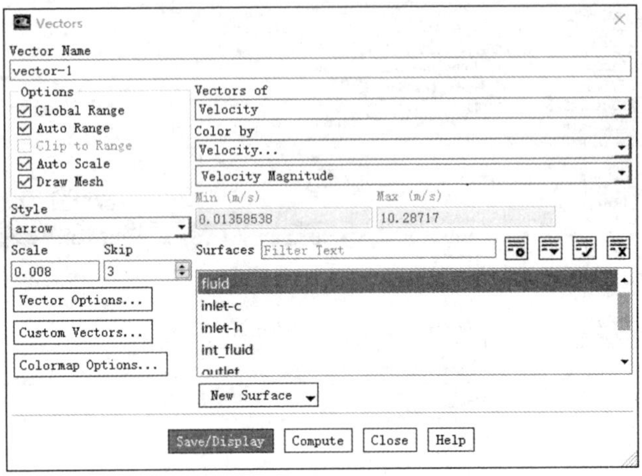

图 6-107　速度矢量显示对话框

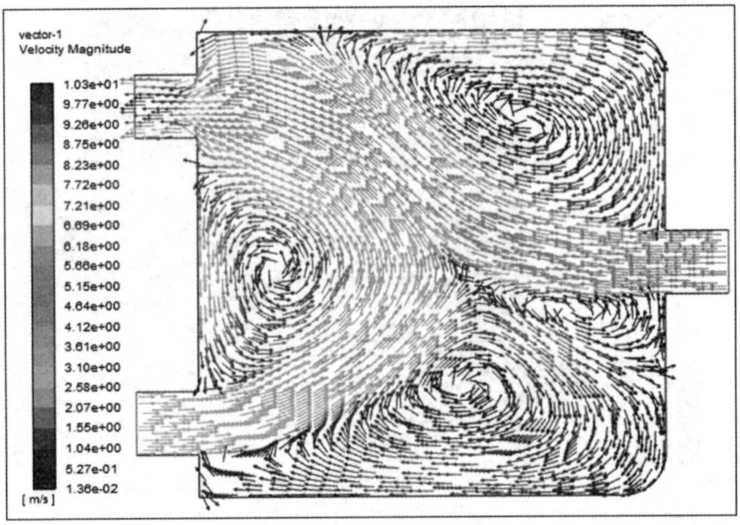

图 6-108　速度矢量图

6.2.4.9　步骤 9：保存计算后的 Case 和 Data 文件

依次操作：File/Write/Case&Data。

当迭代完成并且达到要求后，把相关的 Case 和 Data 文件保存下来，退出 FLUENT。

6.3　流化床气-固两相流数值模拟

6.3.1　实例简介

流化床在化工过程工业中广泛应用，FLUENT 中的 Eulerian 两相流模型可用于研究涉及相间动量传递的密相气-固颗粒流，此时固相被视作连续相，固相性质通过颗粒动理学(kinetic theory of granular flow，简称 KTGF)模型计算。本节以一普通鼓泡床为例讲解使用 FLUENT 求解较为常见的气-固两相流流动问题。

流化床计算域示意图如图 6-109 所示。流化床高 1 m，直径 0.14 m，初始床层高度 0.5 m，充满床层的固体颗粒体积分数为 0.55，入口处气流速度为 0.1 m/s。流化床二维简化模型如图 6-110 所示。

本节内容包括如下两个方面：

① 利用 ICEM CFD 进行网格划分；

② 利用 FLUENT 欧拉模型进行气-固两相流流动问题的求解与后处理。

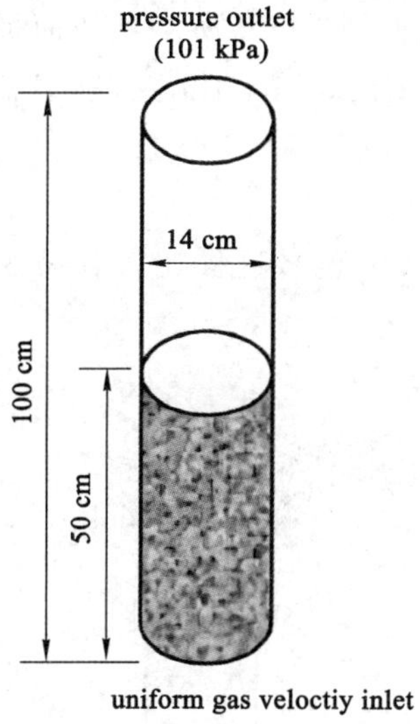

图 6-109　流化床计算域示意图

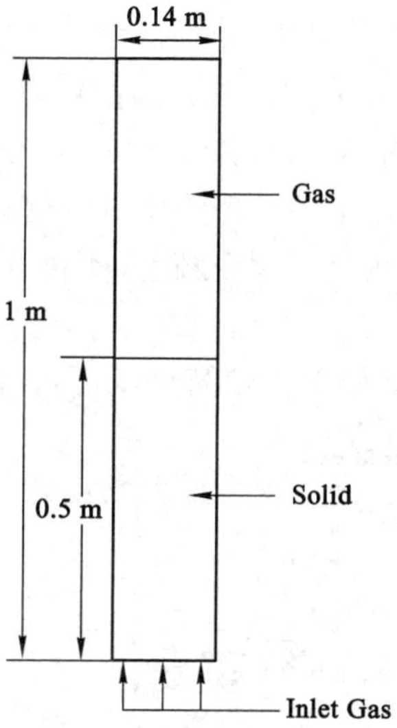

图 6-110　计算模型几何尺寸

6.3.2　网格划分

(1) 新建工程

① 进行 File 操作，创建并浏览进入工作目录，输入工程名，如 2DBed(也可以是其他名称)，单击保存按钮。

② 几何模型：进行 File/Geometry/Open Geometry 操作，在弹出的对话框中选择提前拷贝到工作路径的 2DBed. tin 文件，单击 Open 按钮，打开该几何文件，即可在右边视图窗中显示二维几何图形；或者进行 File/Import Model 操作，导入在其他绘图软件完成的二维几何图形；或者在 ICEM CFD 中通过输入点的坐标(0，0，0)、(14，0，0)、(14，100，0)、(0，

100,0),建立直线,再通过直线建立二维平面(具体操作可参考算例 6.2 几何建模部分)。

(2) 创建 Parts

右键单击模型树中的 Parts 选项,在弹出的快捷菜单中选择 Create Part 命令,弹出 Create Part 设置面板,如图 6-111 所示。通过这个设置面板可以为创建的几何模型创建新的 Part(模型的边界)。

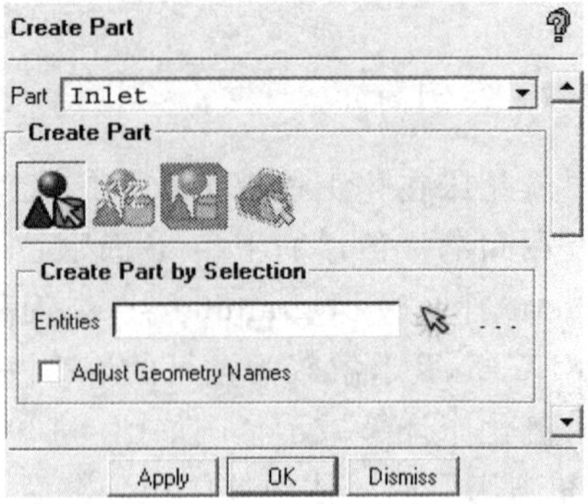

图 6-111　Create Part 设置面板

① 在 Create Part 设置面板中输入新 Part 的名称。如输入 Inlet。

② 单击 Entities 选项右侧的箭头,在右边视图窗中选择模型表面。如在右侧视图窗选中入口处的线单元。

③ 单击 Apply 按钮完成新 Part 的创建。

④ 通过重复以上步骤来完成其他平面 Part 的创建。该例需创建流化床气体入口的边界 Inlet、流化床出口的边界 Outlet 和流化床边界 Wall。

(3) 初始化块

单击标签栏中 Blocking/Create Block 按钮,弹出如图 6-112 所示操作面板。单击初始化块 Initialize Blocks 按钮,在 Type 下拉框中选择 2D Surface Blocking,其他保持默认设置。单击 Apply 按钮,初始化几何实体,结果如图 6-113 所示:

① 创建了一个环绕所有几何体的块。

② 曲线自动改变颜色(颜色互相独立而不是按 Part 分色),这样比较容易区分每条曲线的端点。

该几何模型比较简单,不需分割块。

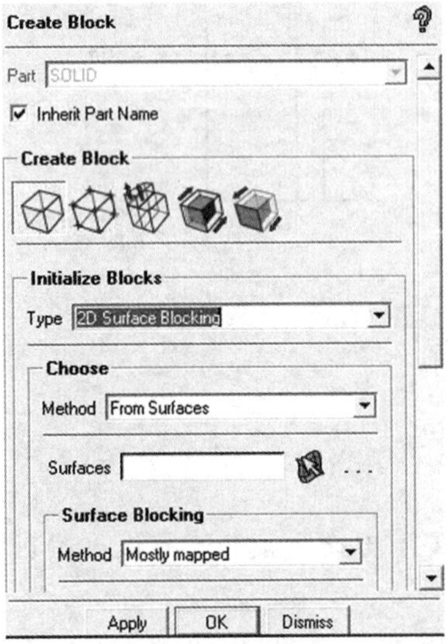

图 6-112　初始化块的设置面板

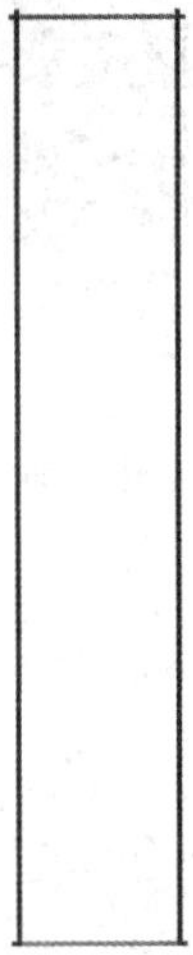

图 6-113　对流化床初始化块

(4) 关联 Edge 到 Curve

① 进行 Blocking/Associate 操作，选择 Blocking Association 设置面板（如图 6-114 所示）中的 Associate Edge to Curve 。

② 激活 Edge(s)选项，在右边视图窗上选择在几何体外部的线条 Edges，单击附近位置，系统自动选中线条。

③ 激活 Curve(s)选项，在右边视图窗上选择几何体的线条 Curves，单击附近位置，系统自动选中线条。

④ 其他设置保持默认。

⑤ 单击鼠标中键或 Apply 按钮完成一次关联。

⑥ 当关联操作完成之后，被关联的曲线将会自动组成一组，且同组曲线颜色相同，其边界线的颜色都将变成绿色。

⑦ 按照上面操作步骤②～⑤完成所有 Edge 到 Curve 的关联操作之后，效果如图6-115 所示。

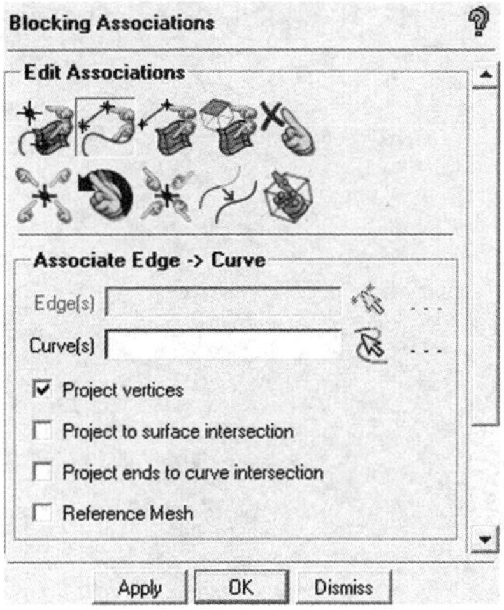

图 6-114　关联块的边和曲线的设置面板

图 6-115　曲线和边关联之后的显示效果

(5) 设置网格尺寸

进行 Mesh/Global Mesh Setup 操作，弹出如图 6-116 所示的设置面板。设置全局元素种子大小 Global Element Seed Size 的最大尺寸 Max element 为 0.5，其他设置保持默认。单击 Apply 按钮完成设置。

(6) 生成并显示网格

① 进行 Blocking/Pre-Mesh Params 操作，弹出如图 6-117 所示设置面板。保持默认设置。单击 Apply 按钮完成设置。

② 展开左上角模型树中 Blocking 根目录，选择 Pre-Mesh 选项，弹出如图 6-118 所示 Mesh 对话框。单击 Yes 按钮，开始计算几何实体的网格，则在右边视图窗中出现计算过的网格，如图 6-119 所示。

(7) 网格质量检查

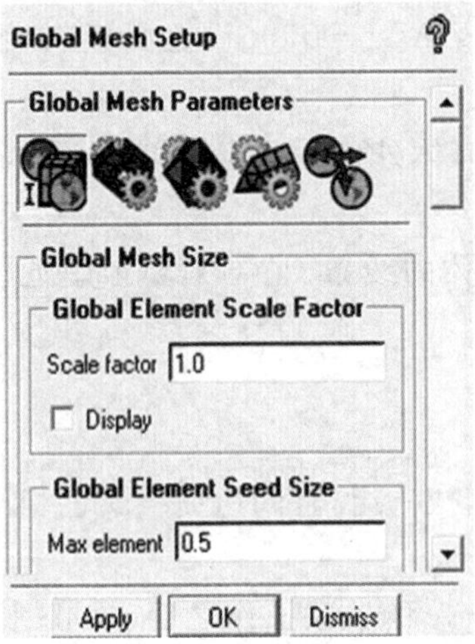

图 6-116　Global Mesh Setup 设置面板

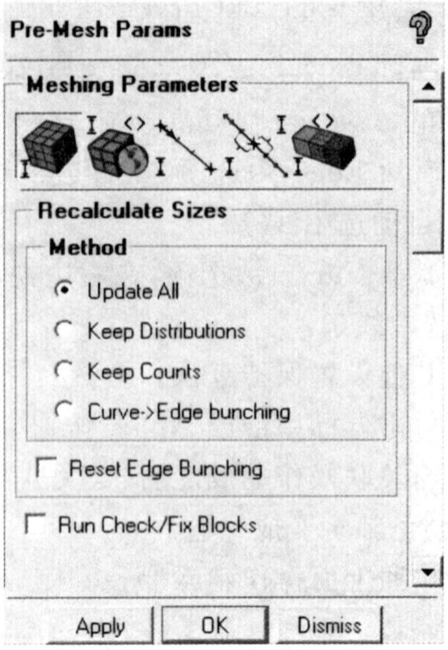

图 6-117　Pre-Mesh Params 设置面板

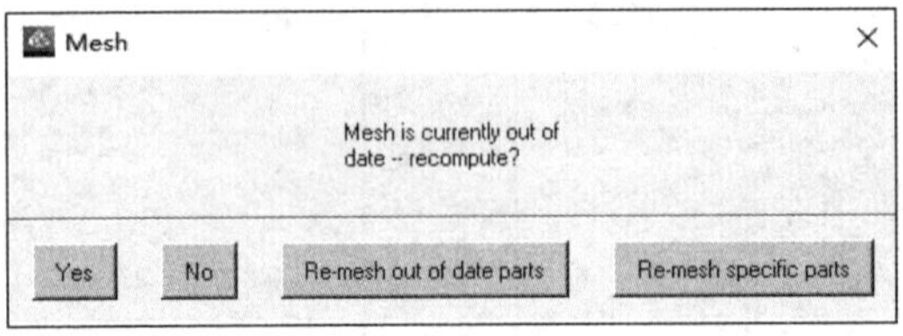

图 6-118　Mesh 对话框

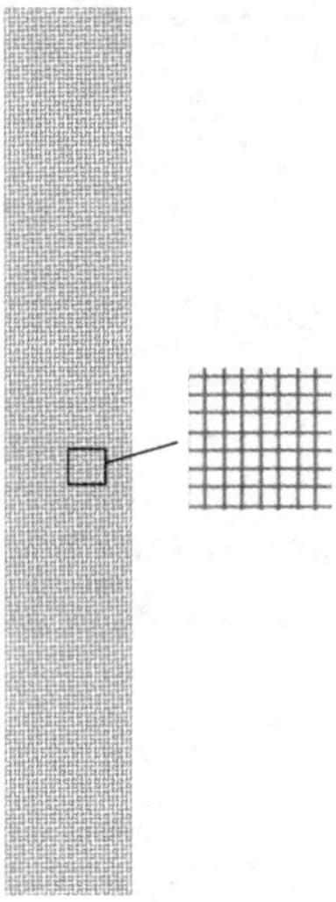

图 6-119　网格显示效果(局部放大)

① 选择 Blocking/Pre-Mesh Quality Histograms 按钮，弹出如图 6-120 所示设置面板。

② 在 Criterion 下拉列表中选择 Determinant 2×2×2 选项。

③ 分别设置 Min-X value 和 Max-X value 为 0 和 1。

④ 设置 Max-Y height 为 20，表示某范围内的网格最大数量。

⑤ 设置 Num. of bars 为 20，表示前面设置的 0～1 会被分成 20 等份。

⑥ 保持其他默认值不变，单击 Apply 按钮，则可在右下角看见如图 6-121 所示的网格质量直方图。若网格质量分布可见初始网格的 Determinant 有小于 0.1 的，这就表示初始

网格质量不高，需要进一步加以改进。由显示的直方图可知，本例所生成的网格质量高，无需改进。

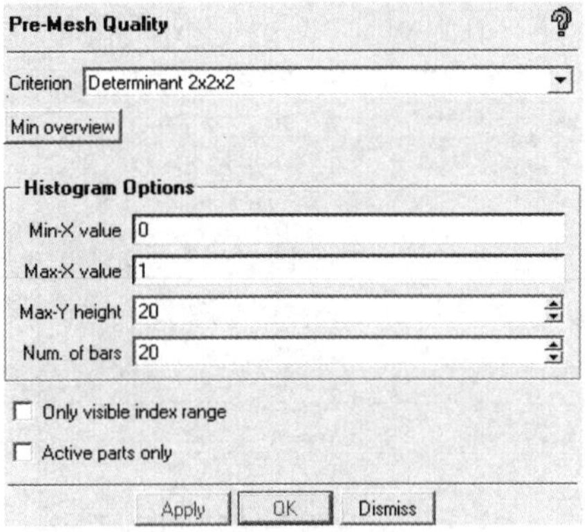

图 6-120 网格质量检查设置面板

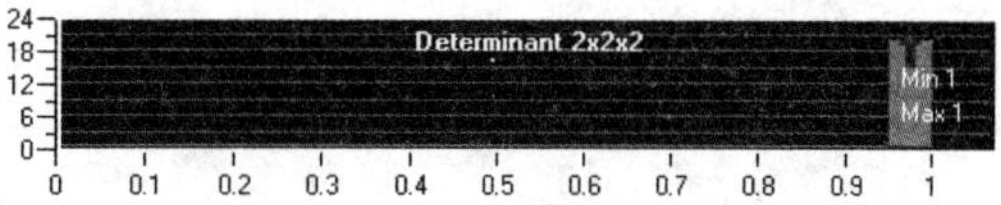

图 6-121 网格质量直方图

（8）转化为非结构化网格

将上面已经经过计算的网格转变为非结构化网格，右键单击模型树下的 Pre-Mesh 选项，在弹出的快捷菜单中选择 Convert to Unstruct Mesh 命令，实现转变。完成对二维流化床的四边形结构化网格划分。

（9）输出网格文件

单击标签栏 Output/Select Solver 按钮，弹出如图 6-122 所示 Solver Setup 设置面板。选择 ANSYS Fluent 选项，单击 Apply 按钮。进行 Output/Write Input 操作，弹出如图 6-123 对话框，单击 Yes 按钮。

图 6-122 求解器设置面板

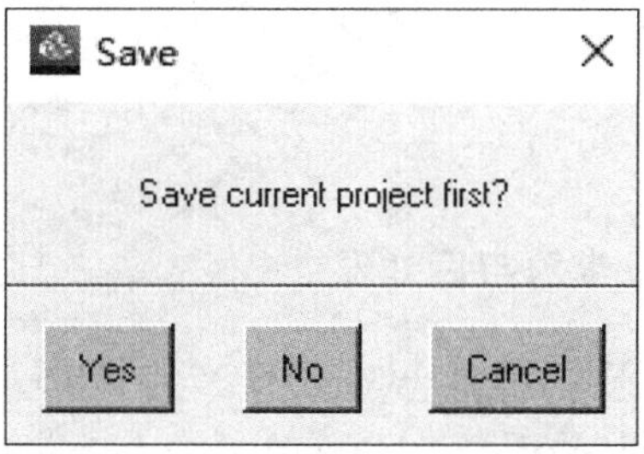

图 6-123 Save 对话框

在弹出的如图 6-124 所示文件选择框，选择文件夹中文件 2DBed，回车确定。弹出如图 6-125 所示对话框，Grid Dimension 选择 2D 选项，在 Output file 处输入自己想要的名字，例如“2DBed”。单击 Done 按钮，完成网格文件保存。

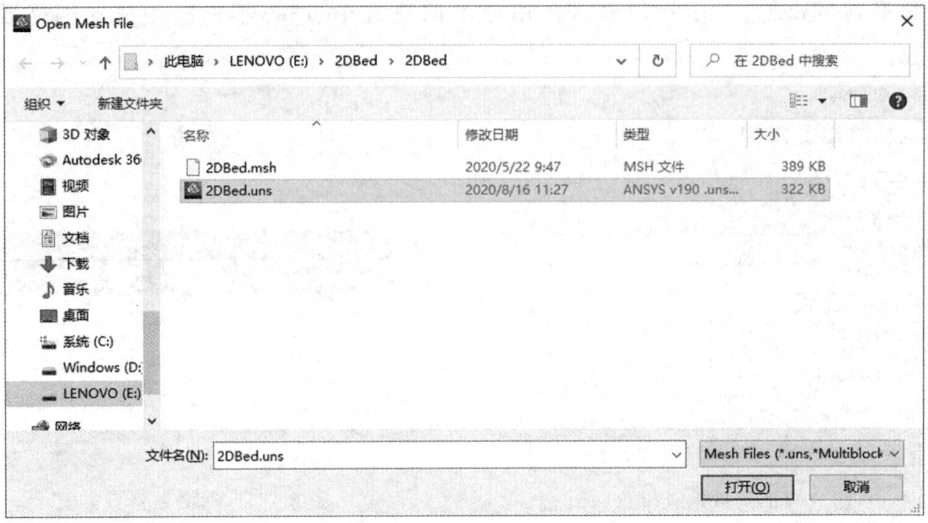

图 6-124　文件选择框

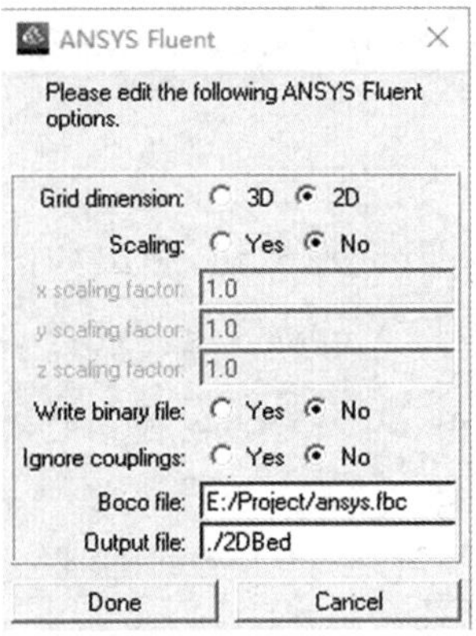

图 6-125　保存文件对话框

6.3.3　求解与后处理

复制 2DBed.msh 网格文件到 FLUENT 工作文件夹中，Dimension 选择 2D，设置工作目录，即 Working Directory 为上一步中输出网格的文件夹（个人根据自己保存网格文件的地址），启动 FLUENT，开启 Fluent 2D 求解器。

6.3.3.1　步骤 1：网格检查与显示

(1) 读入网格文件 2DBed.msh

依次操作：File/Read/Mesh。

(2) 检查网格

依次操作：Mesh/Check。

在这个过程中，FLUENT 将对网格进行检查，以确保网格的最小体积为正值。

(3) 检查网格的尺寸

依次操作：Mesh/Scale。

在如图 6-126 所示的对话框中检查计算域的尺寸，确保其与实际物理尺寸相符。否则，应对网格以合适的单位进行放大或缩小处理。在 Mesh Was Created In 选项中选择实际单位，并单击 Scale 按钮。

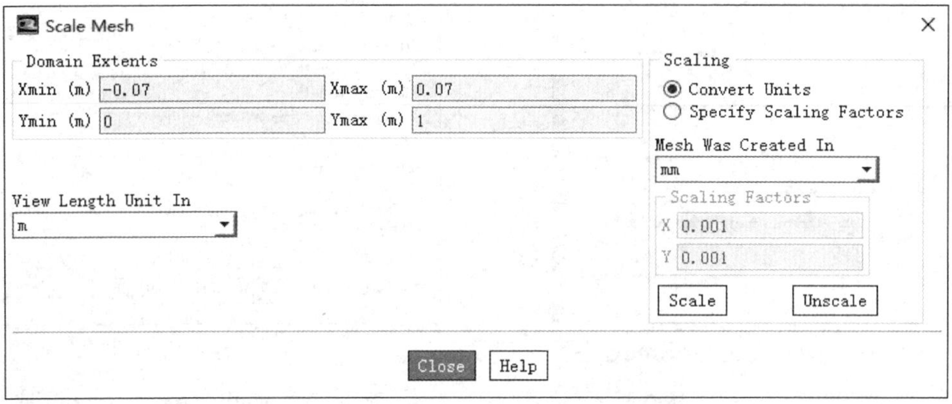

图 6-126　Scale Mesh 对话框

(4) 显示网格

依次操作：Mesh/Display。

如图 6-127 所示。

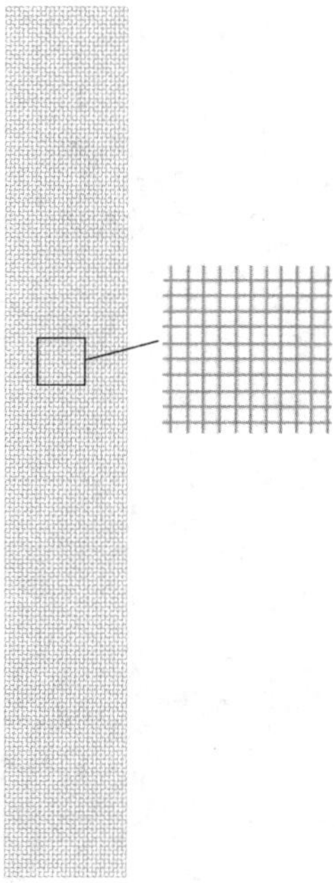

图 6-127　计算域网格（局部放大）

6.3.3.2　步骤 2：求解器设置

(1) 求解器选取

依次操作：Setup/General。

如图 6-128 所示。该计算将使用基于压力的求解器，以非稳态法求解。

(2) 设置重力加速度

① 勾选 Gravity 复选框。

② 在 Gravitational Acceleration 中的 Y(m/s^2)文本框中输入－9.81。

(3) 选择多相流模型

依次操作：Setup/Models/Multiphase/Edit。

① 如图 6-129 所示，在 Model 选项组中选中 Eulerian 选项。

② 保持 Number of Eulerian Phases 中的默认值不变。单击 OK 按钮确定。

6.3.3.3　步骤 3：材料物性设置

依次操作：Setup/Materials。

(1) 选中 Fluid，单击 Create/Edit，弹出如图 6-130 所示对话框。

① 在 Properties 中的 Density(kg/m^3)文本框中填入 1.225，Viscosity (kg/m-s)文本框中填入 1.8e－05。

② 单击 Change/Create 按钮，关闭材料设置对话框。

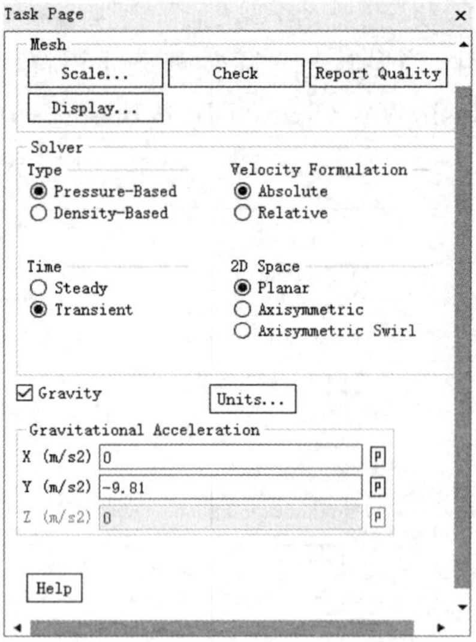

图 6-128　General 任务页

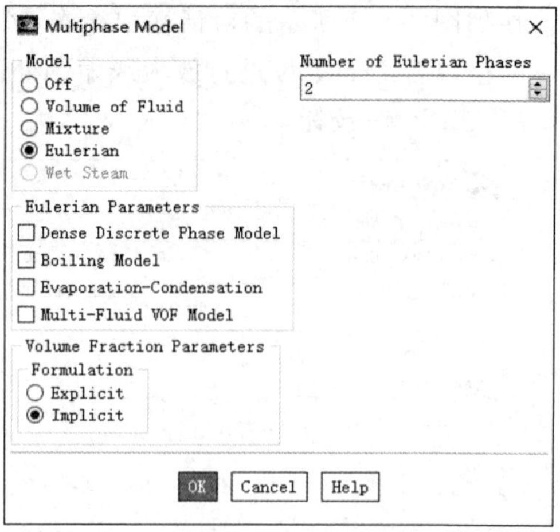

图 6-129　Multiphase Model 对话框

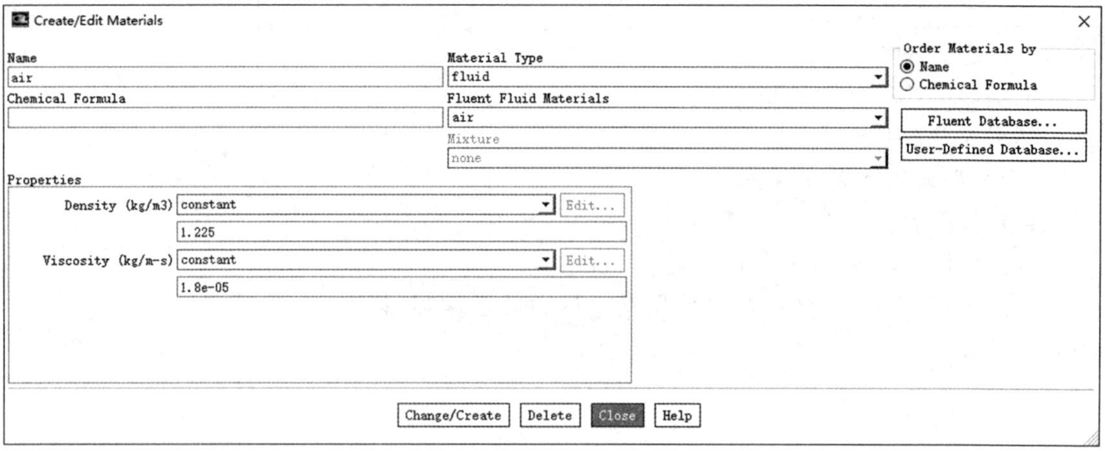

图 6-130　材料设置对话框

(2) 选中 Fluid，单击 Create/Edit，弹出如图 6-131 所示对话框。

① 在 Name 处输入 solids。在 Properties 中的 Density(kg/m^3)文本框中填入 2600，Viscosity (kg/m-s)文本框中填入 1.7894e−05。

② 单击 Change/Create 按钮，这时会跳出 Question 对话框，询问用户是否覆盖原有的材料。单击 No 按钮，关闭材料设置对话框。

注意：此处仍然选择 Fluid 作为固相的材料，因使用欧拉双流体模型计算气固流，固相被当作连续相来考虑，固相的性质在 Phase 中设置，此处的黏度值不起作用。

6.3.3.4　步骤 4：相设置

(1) 设置初始相气体

依次操作：Setting Up Physics/Phases。

① 单击 List&Show All，弹出如图 6-132 所示对话框。

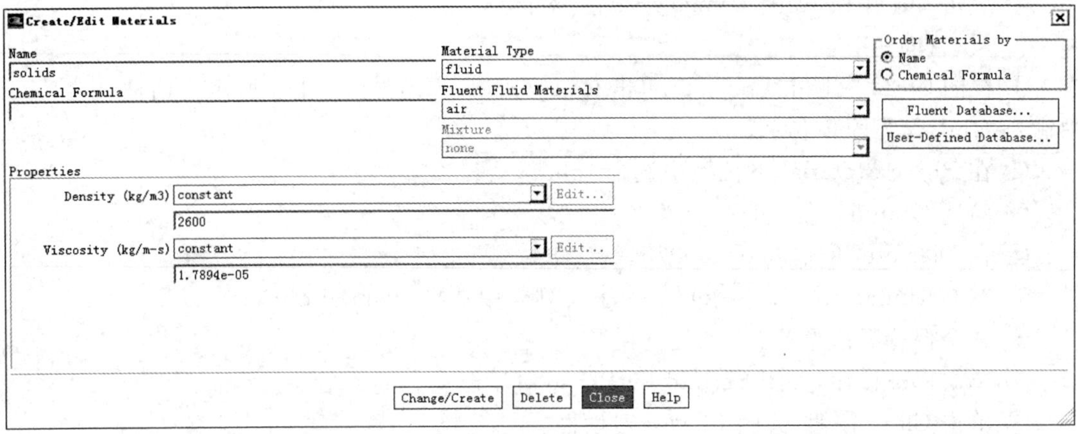

图 6-131　材料设置对话框

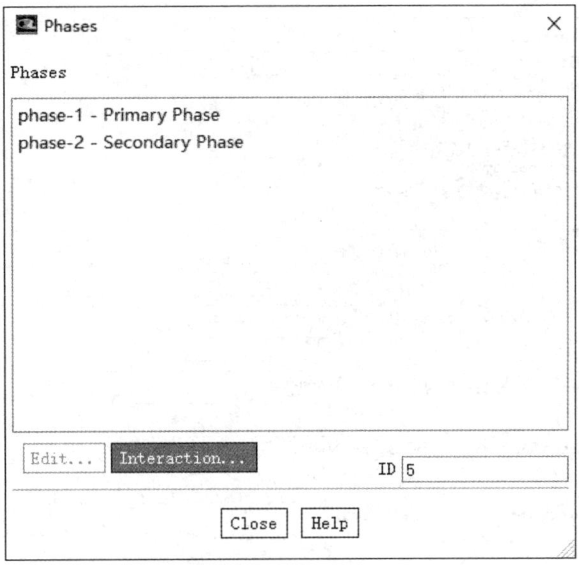

图 6-132　Phase 对话框

② 选中 Phase-1，单击 Edit…按钮，弹出如图 6-133 所示对话框。在 Name 中输入 gas，作为气相名字。

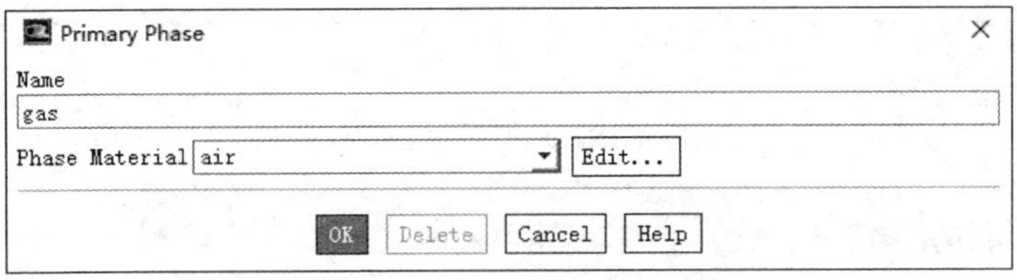

图 6-133　Primary Phase 对话框

③ 在 Phase Material 下拉框中选择 air。

④ 单击 OK 按钮,关闭 Primary Phase 对话框。

(2) 设置固相

① 在图 6-132 中选中 Phase-2,单击 Edit…按钮,弹出如图 6-134 所示对话框。在 Name 中输入 solid,作为固相名字。

② 在 Phase Material 下拉框中选择 solids。

③ 勾选 Granular 复选框。

④ 在 Diameter 中输入 0.000075,默认单位是 m。

⑤ 在 Granular Viscosity(kg/m-s)下拉列表中选择 syamlal-obrien。

⑥ 其余保持默认设置。

⑦ 单击 OK 按钮,关闭 Secondary Phase 对话框。

⑧ 单击 Close 按钮,关闭 Phases 对话框。

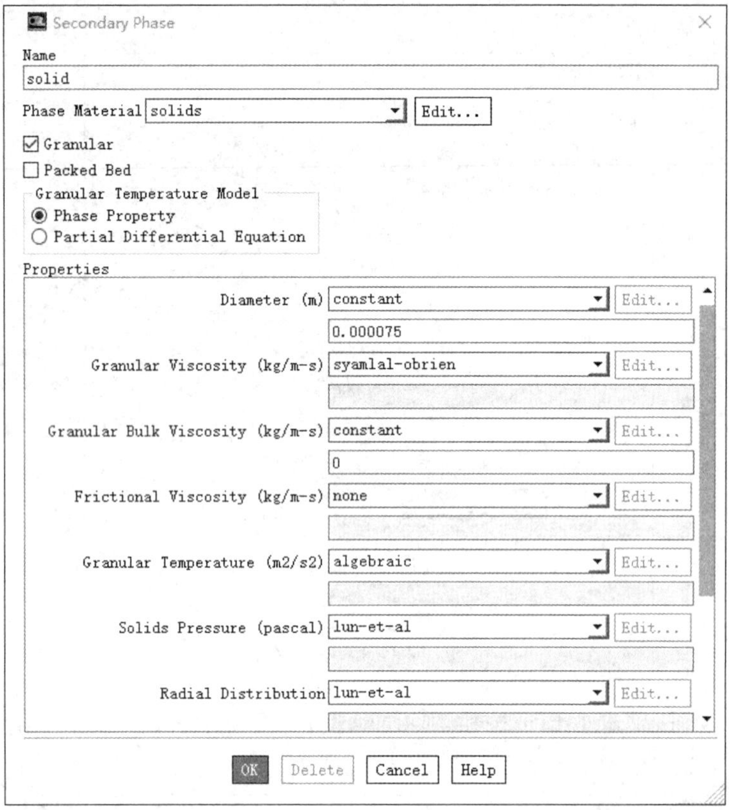

图 6-134 Secondary Phase 对话框

(3) 设置相间作用力

依次操作:Setting Up Physics/Phases/Interactions。

① 弹出如图 6-135 所示 Phase Interaction 对话框。

② 单击 Drag 选卡项,在 Drag Coefficient 下拉框中选择 wen-yu 模型。

③ 单击 OK 按钮,关闭 Phase Interaction 对话框。

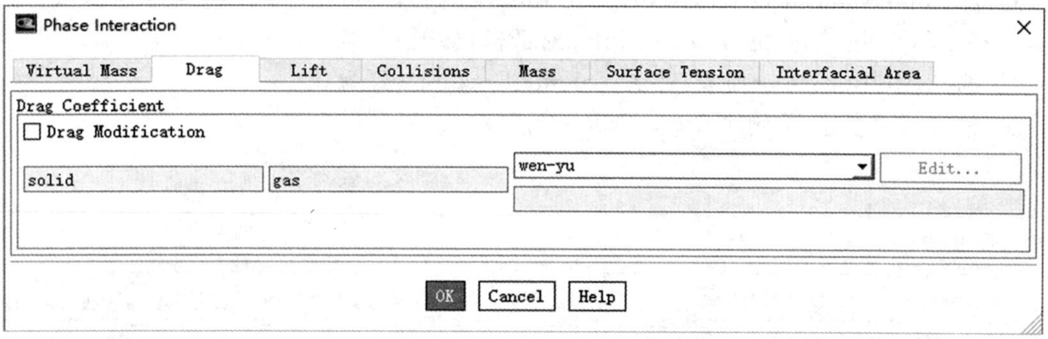

图 6-135 Phase Interaction 对话框

6.3.3.5 步骤 5:计算域和边界条件

(1) 设置计算域条件

依次操作:Setup/Cell Zone Conditions。

从 Zone 列表中选择 fluid,Phase 下拉框选择 mixture,见图 6-136,并设置 Type 为 fluid。

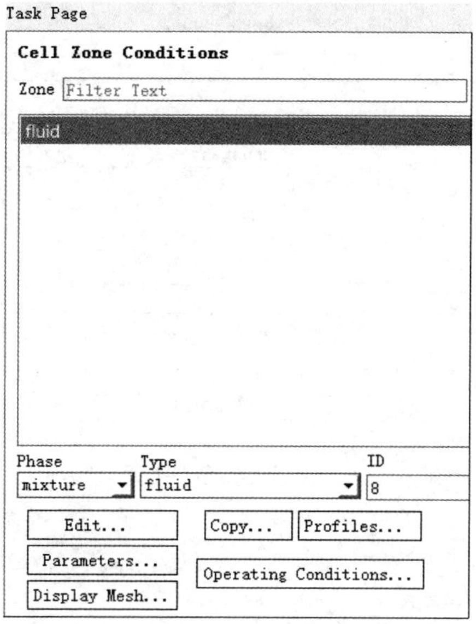

图 6-136 Cell Zone Conditions 设置面板

(2) 设置进口的边界条件

依次操作:Setup/Boundary Conditions。

① 从 Zone 列表中选择 Inlet,并设置 Type 为 velocity-inlet,在 Phase 下选择 gas。

② 单击 Edit 按钮,弹出 Velocity Inlet 对话框,如图 6-137(a)所示。在 Velocity Specification Method 下拉框中选择 Components。

③ 在 Y-Velocity(m/s)中填入 0.1。

④ 单击 OK 按钮，关闭 Velocity Inlet 对话框。

⑤ 从 Zone Name 列表中选择 Inlet，在 Phase 下选择 solid。

⑥ 单击 OK 按钮，弹出 Velocity Inlet 对话框，如图 6-137(b)所示。

⑦ 选择 Multiphase 选项卡，确认 Volume Fractions 处为 0。

⑧ 单击 OK 按钮，关闭 Velocity Inlet 对话框。

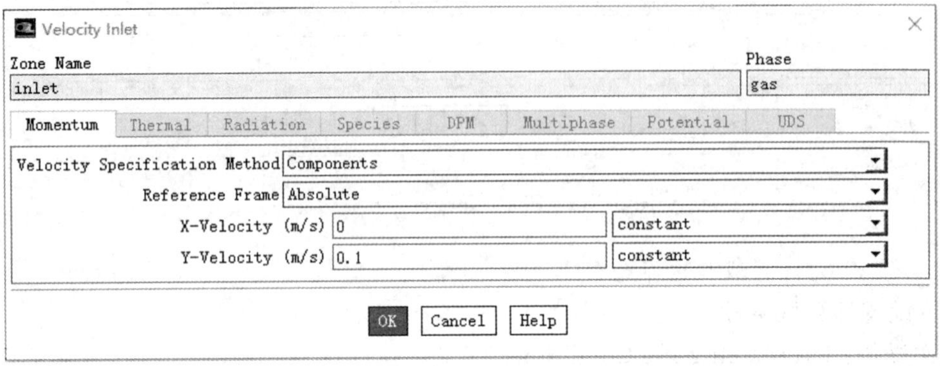

(a) gas

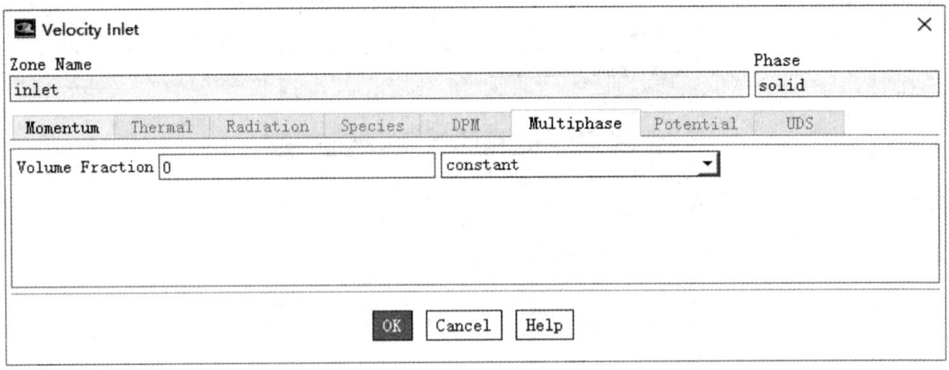

(b) solid

图 6-137 进口边界条件设置对话框

(3) 设置出口的边界条件

出口边界条件，保持默认设置。

此处注意，因该算例床层膨胀率较低，颗粒不会从出口溢出，故使用 Outflow 条件或压力出口条件均可。如计算对象为循环流化床，则需考虑循环条件的设置。

(4) 操作环境的设置

依次操作：Setup/Boundary Conditions/Operating Conditions。

① 确认 Gravity 复选框已勾选，Gravitational Acceleration 中的 Y direction(m/s^2)文本框中为－9.81，如图 6-138 所示。

② 勾选 Specified Operating Density 复选框，Operating Density(kg/m^3)处为 1.225。

③ 单击 OK 按钮，关闭 Operating Conditions 对话框。

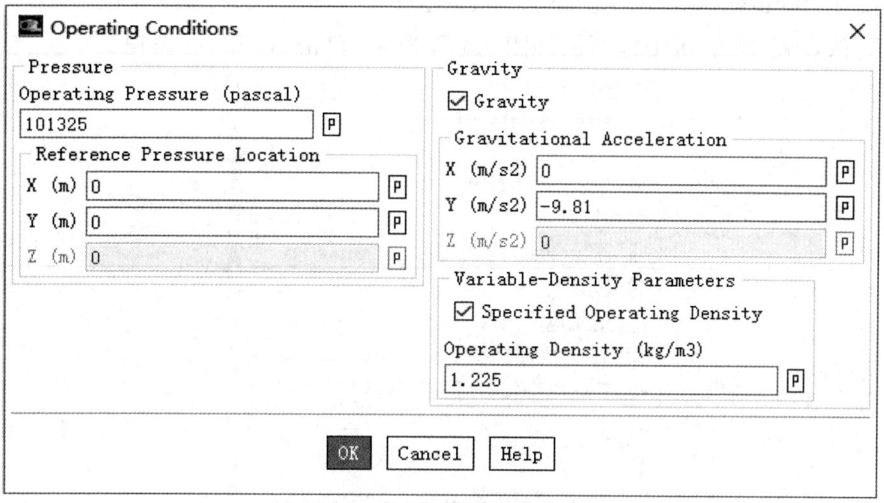

图 6-138 操作条件对话框

6.3.3.6 步骤 6:求解

(1) 区域标记

使用 Adapt 功能为颗粒初始堆积区域进行标记。

依次操作:Setting Up Domain/Adapt/Regions。

① 在 Input Coordinates 编组框中,如图 6-139 所示,X Min(m)处填入−0.07,X Max(m)处填入 0.07,Y Min(m)处填入 0,Y Max(m)处填入 0.5。

② 单击 Mark 以标记网格单元,以便后续 Patch 初始固体堆积。

③ 单击 Close 按钮,关闭 Region Adaption 对话框。

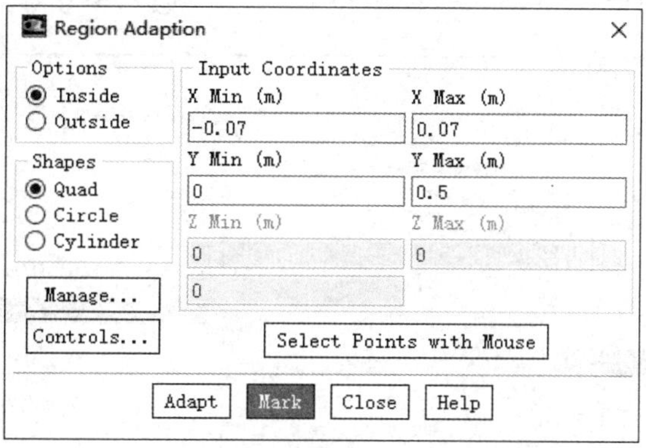

图 6-139 Region Adaption 对话框

(2) 设置松弛因子

依次操作:Solution/Controls。

① 在 Under-Relaxation Factors 编组框中 Pressure 处填入 0.5。

② 在 Momentum 处填入 0.2。

③ 在 Volume Fraction 处填入 0.4。

(3) 初始化边界条件

依次操作:Solution/Initialization。

保持默认设置,求解初始化面板如图 6-140 所示,单击 Initialize 按钮。

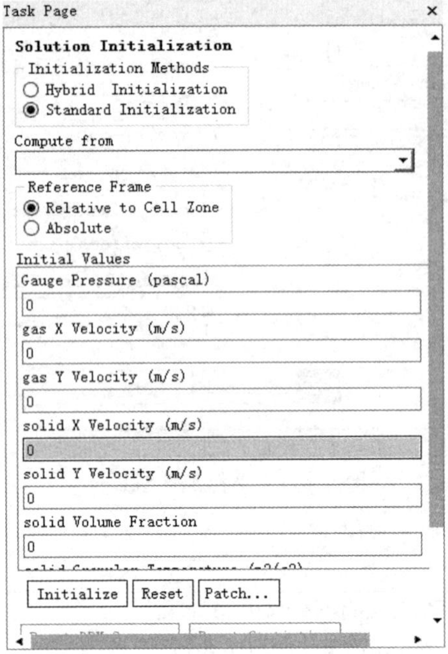

图 6-140 求解初始化面板

(4) 初始化流化床区域条件

依次操作:Solution/Initialization/Patch。

① 弹出 Patch 对话框,如图 6-141 所示,在 Phase 下拉列表中选择 solid。

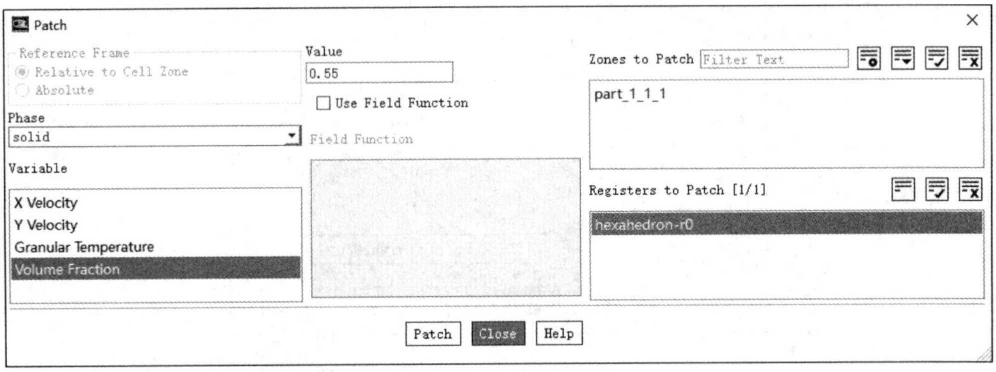

图 6-141 初始化修正

② 在 Variable 列表中选择 Volume fraction。

③ 在 Value 文本框中输入 0.55。

④ 在 Registers to Patch [1/1]列表中选择 hexahedron-r0。

⑤ 单击 Patch 按钮,关闭 Patch 对话框。

注:此时可通过 Postprocessing/Graphic/Contours 显示固体颗粒的体积分数,检查是

否赋值正确。

(5) 设置自动保存

依次操作:Solution/Calculation Activities。

在 Autosave Every(Time Steps)处输入 100。

注:因非稳态计算时间较长,为防止数据意外丢失,一般应设置自动保存,自动保存的数据序列也可用以制作动画。

(6) 保存工况文件

依次操作:File/Write/Case。

(7) 进行迭代求解

依次操作:Solution/Run calculation。

① 在 Time Step Size(s)处输入 0.001。

② 设置 Number of Time Steps 为 1400,如图 6-142 所示。

③ 勾选 Extrapolate Variables 复选框。

④ 单击 Calculate 按钮开始求解。

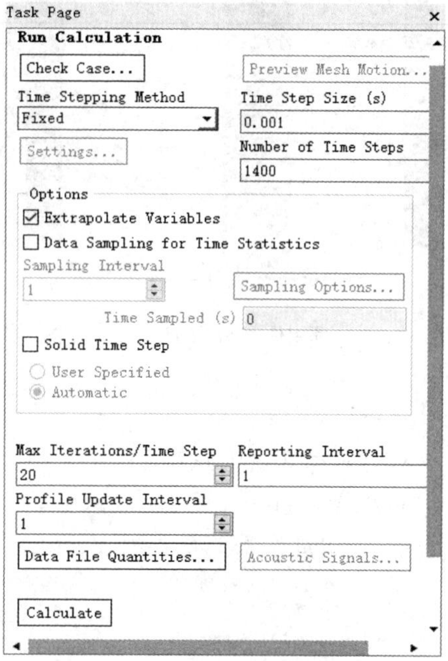

图 6-142 求解运行设置面板

注:应满足非稳态计算的收敛要求方可结束计算。

① 每一个时间步长内的最多迭代次数(Max Iterations/Time Step)默认为 20,该值可以调增以确保每一个时间步长内均获得收敛的解,即应提示"! solution is converged"。为了防止没有收敛就进入下一个步长计算,计算初期最多迭代次数应设置较大,收敛稳定后下调,推荐 20 步左右提示收敛为佳,如果迭代次数过大才能收敛,此时应减小时间步长。

② 非稳态计算的物理时间等于步长(Time Step Size)和步数(Number of Time Steps)的乘积,因此非稳态计算什么时候停止,取决于对物理问题的把握。如果物理问题最终趋于统计学稳定状态,研究也比较关注这个最后的稳定状态,那么应对流场内的某物理量进行监控,当该值达到统计学稳定时方可停止计算。如果关心的是物理过程或者某时刻的流场,那么当物理时间达到要求时即可停止计算。计算过程中可中止计算查看结果,应注意及时保存。

6.3.3.7 *步骤 7:后处理*

(1) 显示体积分数云图

依次操作:Results/Graphics/Contours。

① 进行 File/Read/Data 操作,读取 300 时间步的数据文件(2DBed-1-00300.dat)。再进行 Results/Graphics/Contours 操作,在弹出的 Contours 对话框中,从 Contours of 下拉列表中选择 Phases 和 Volume fraction,从 Phase 下拉列表中选择 solid,单击 Display 按钮,即可显示 0.3 s 固相体积分数云图,如图 6-143 所示。

② 读取 900 时间步的数据文件(2DBed-1-00900.dat)和 1400 时间步的数据文件(2DBed-1-01400.dat),分别显示 0.9 s 和 1.4 s 固相体积分数云图,如图 6-144 和图 6-145 所示。注:时间=时间步长×时间步,例如,0.3 s=0.001×300。

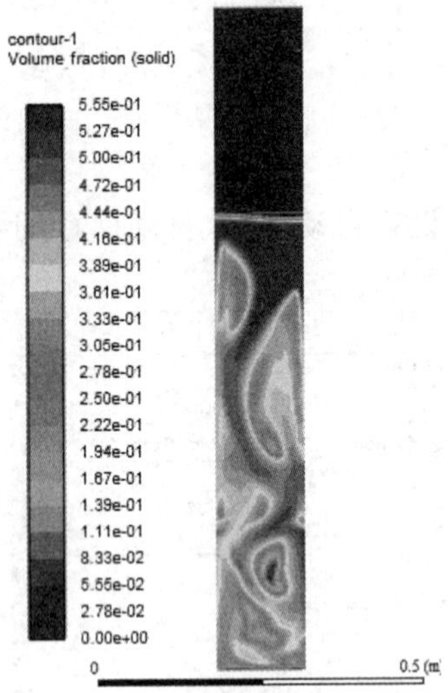

图 6-143　固相体积分数云图（t=0.3 s）

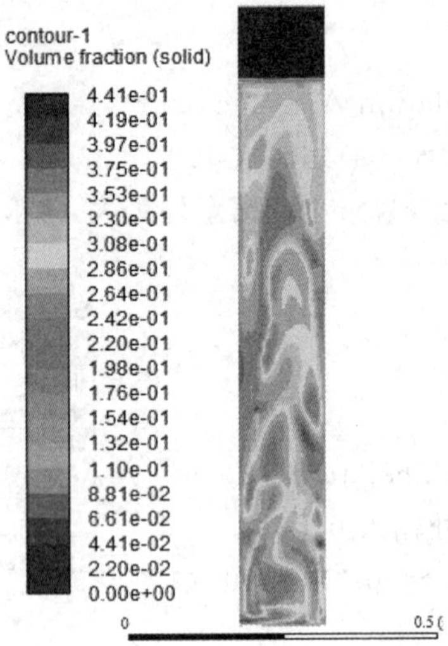

图 6-144　固相体积分数云图（t=0.9 s）

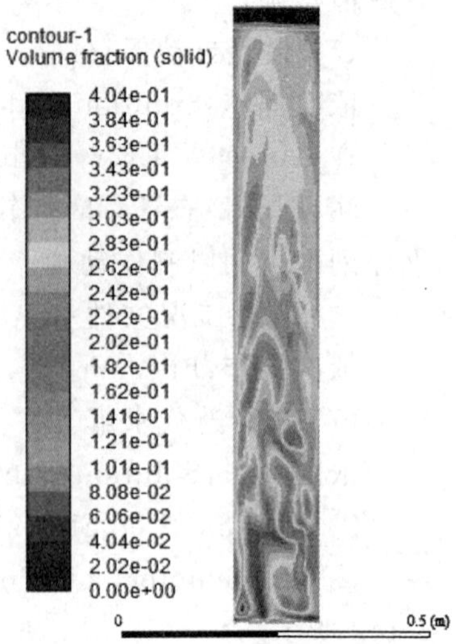

图 6-145　固相体积分数云图（t=1.4 s）

（2）显示速度矢量图

依次操作：Results/Graphics/Vectors。

① 弹出如图 6-146 所示 Vectors 对话框，在 Phase 下拉列表中选择 gas。

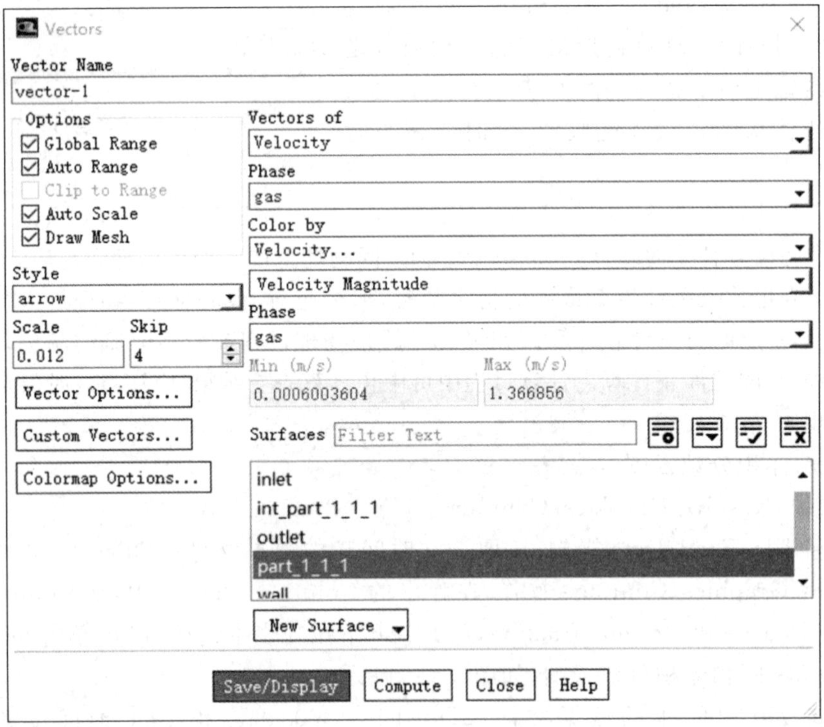

图 6-146　Vector 对话框

② 从 Vectors of 下拉列表中选择 Velocity，从 Color by 下拉列表中选择 Velocity… 和 Velocity Magnitude。单击 Vector Options 按钮，在弹出的 Vector Options 对话框中勾选 Fixed Length 复选框，单击 Apply 按钮，关闭对话框。此操作意为将矢量长度统一。在 Scale 处填入 5，在 Skip 处填入 4，此步骤将矢量放大为原来的 5，每隔 4 个矢量显示 1 个矢量。

③ 勾选 Options 标签下 Draw Mesh，在弹出的 Mesh Display 对话框中，在 Surfaces 处单击选择 Inlet、Outlet 和 Wall。单击 Display 按钮，关闭对话框。

④ 单击 Display 按钮，关闭 Vectors 对话框，速度矢量图显示效果如图 6-147 所示。

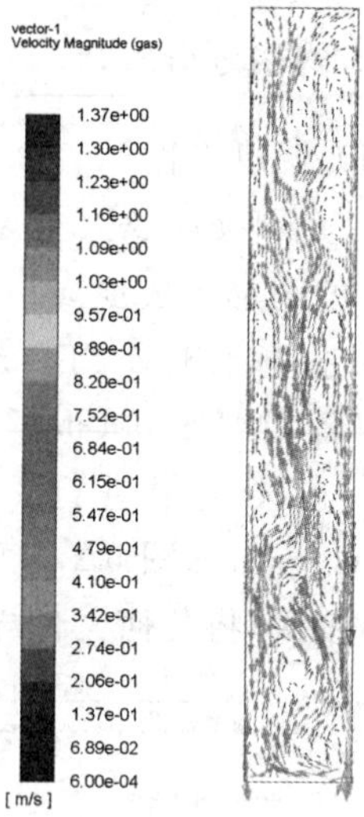

图 6-147　气相速度矢量

3.3.3.8　步骤 8：保存计算后的 Case 和 Data 文件

依次操作：File/Write/Case&Data。

6.4　U 型管内气-液两相流数值模拟

6.4.1　实例简介

异型管道内多相流动在化学工业生产中尤为常见，管内流动的流体的力学性能是研究管内换热、管内腐蚀等现象的基础，矿物加工领域中，管内多相流动还将影响浮选作业效率。本节将以一典型的倒 U 型管段为例，讲解常见的气液两相流动数值模拟方法。

倒 U 型管段如图 6-148 虚线框内所示。管段总长 $L=2.5$ m，管段直径 $D=0.08$ m，管顶圆弧角度为 180°。进口流速为 1.8 m/s，出口静压为 39 169.5 Pa，流动介质为水和空气，管段进口气含率为 30%。

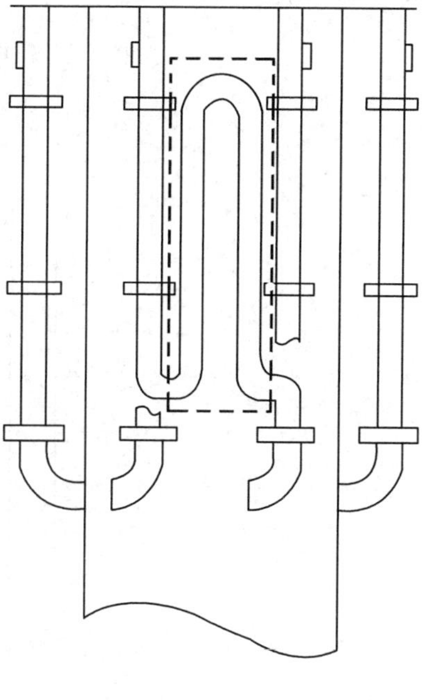

图 6-148　倒 U 型管段（虚线框内）示意图

本节将使用 FLUENT 中的 Eulerian 多相流模型及 k-ε 双方程湍流模型求解管段气液两相流动，主要包括如下两个方面：

① 利用 ICEM CFD 对二维倒 U 型管道进行四边形结构网格划分。

② 利用 FLUENT 进行气液两相流流动的求解与后处理。

6.4.2 网格划分

（1）新建工程

① 此例采用 AutoCAD 绘制图形，绘制好倒 U 型管道后，单击 Region 按钮，框选线条封闭的图形生成面域。进行“输出”“其他格式”操作，导出图形为. igs 格式。

② 打开 ICEM CFD 软件，单击 File 下的 Change Working Directory，指定工作目录，输入工程名，如 UPipe(也可以是其他名称)，单击保存按钮。

③ 在菜单中进行 File/Import Model 操作，选择倒 U 型管道二维截面几何文件(UPipe. igs)，如图 6-149 所示，单击打开。在 Import Model 操作面板，保持默认设置，单击 Apply 按钮，将几何文件导入 ICEM CFD 中，如图 6-150 所示。

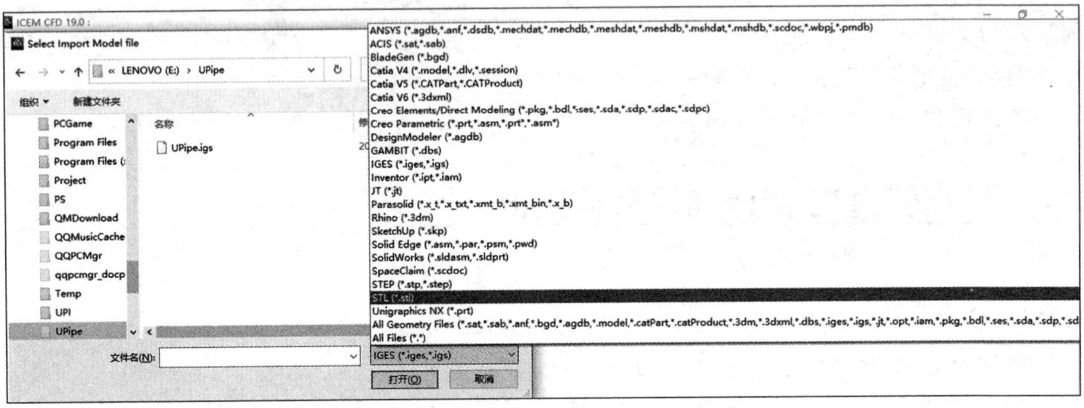

图 6-149　ICEM CFD 导入几何文件

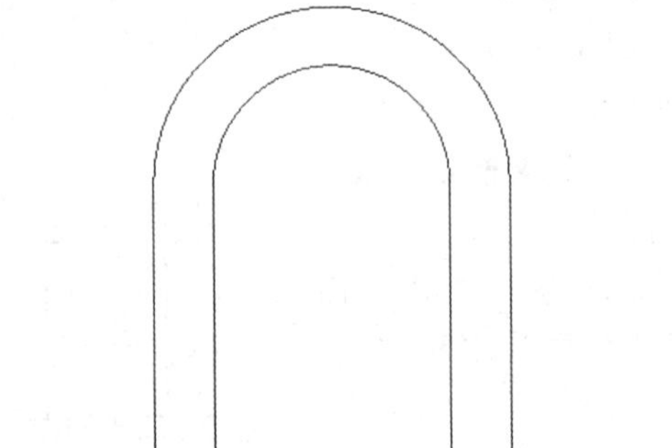

图 6-150　倒 U 型管道几何图形

（2）几何修补

选择标签栏中 Geometry/Repair Geometry，进入几何修复面板，几何修复面板中 Tolerance 值保持默认，单击 Apply 按钮后自动对几何体进行几何修复。

（3）创建 Parts

右键单击模型树中的 Parts 选项，在弹出的快捷菜单中选择 Create Part 命令，弹出 Create Part 设置面板，如图 6-151(a)所示。通过这个设置面板可以为导入的几何模型创建新的 Part(模型的边界)。

① 在 Create Part 设置面板中输入新 Part 的名称，如输入 Inlet，如图 6-151(a)所示。

② 单击 Entities 选项右侧的箭头，在右边视图窗中选择模型表面。如在右侧视图窗选中入口处的线单元。

③ 单击 Apply 按钮完成新 Part 的创建。

④ 通过重复以上步骤来完成其他平面的 Part 的创建。该例需创建倒 U 型管道入口的边界 Inlet、倒 U 型管道出口的边界 Outlet 和管道边界 Wall，如图 6-151(b)所示。

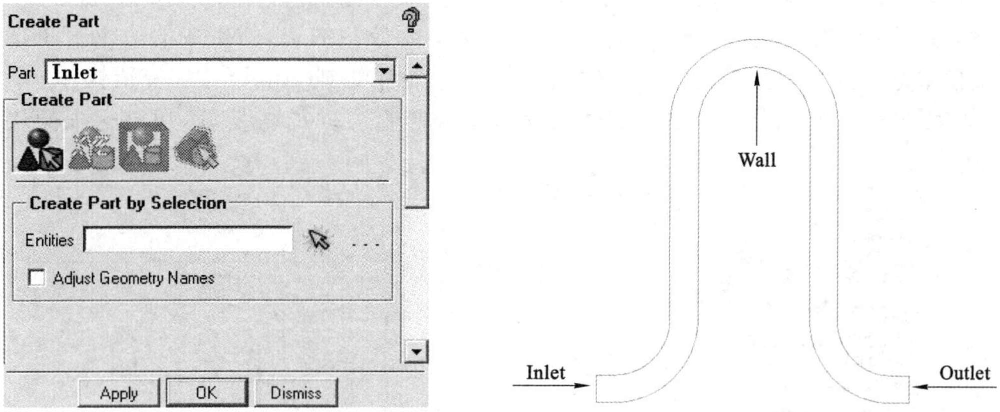

（a）Create Part设置面板　　（b）创建Parts

图 6-151　创建 Parts

（4）初始化块

单击标签栏 Blocking/Create Block 按钮，弹出如图 6-152 操作面板。选择初始化块 Initialize Blocks 按钮，在 Part 处输入 FLUID，在 Type 下拉框中选择 2D Planar，其他保持默认设置。单击 Apply 按钮，初始化几何实体，如图 6-153 所示。

通过该步骤操作：

① 创建了一个环绕所有几何体的块。

② 曲线自动改变颜色(颜色互相独立而不是按 Part 分色)，这样比较容易区分每条曲线的端点。

（5）分割块

进行 Blocking/Split Block/Split Block 操作，弹出如图 6-154 所示操作面板。

① 勾选 Block Select 下的 Selected。此处若勾选 Visible，则可见的块都会被分割。勾

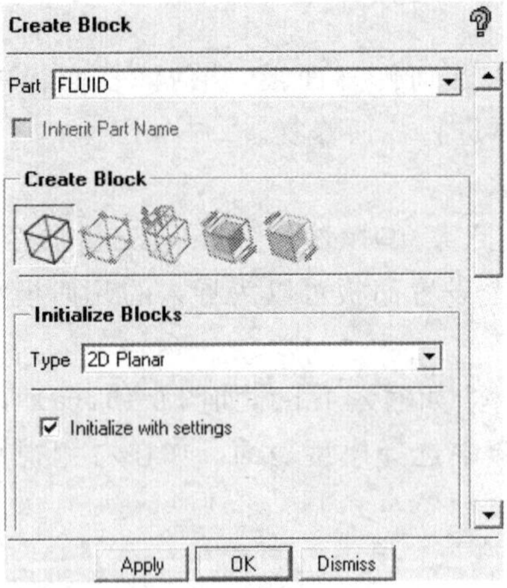

图 6-152　初始化块的设置面板

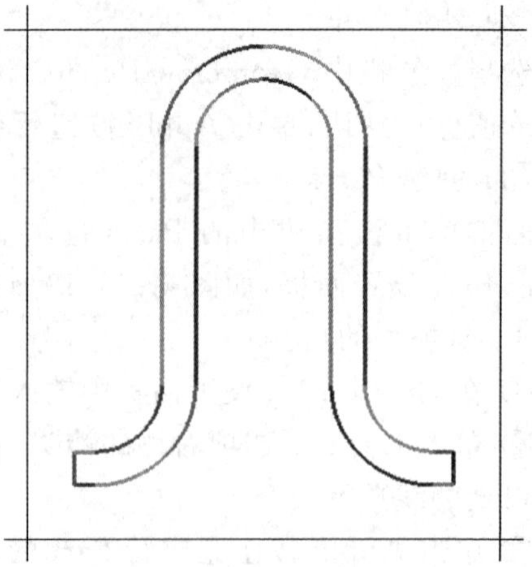

图 6-153　对管道初始化块

选 Selected，意为被选择的块才会被分割。

② 选择要分割的块，单击鼠标中键确定。选择要分割的边，新生成的边垂直于选择的边，按住鼠标左键将其拖动到合适的位置后，单击鼠标中键或 Apply 按钮完成操作。

③ 按照操作步骤①～②完成实体几何水平和竖直方向的块划分，切割完毕的块如图 6-155所示。

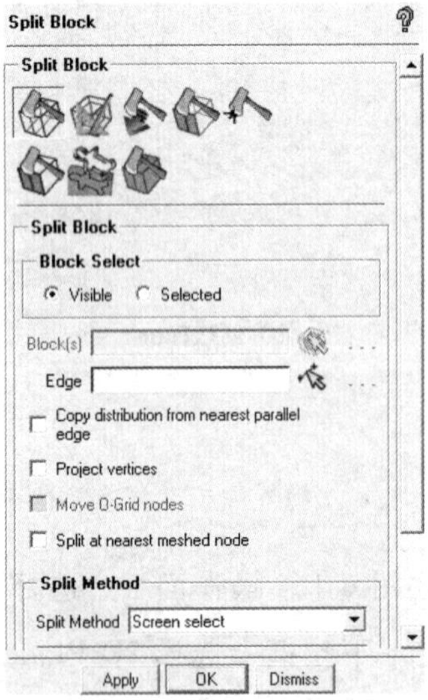

图 6-154　块分割的设置面板

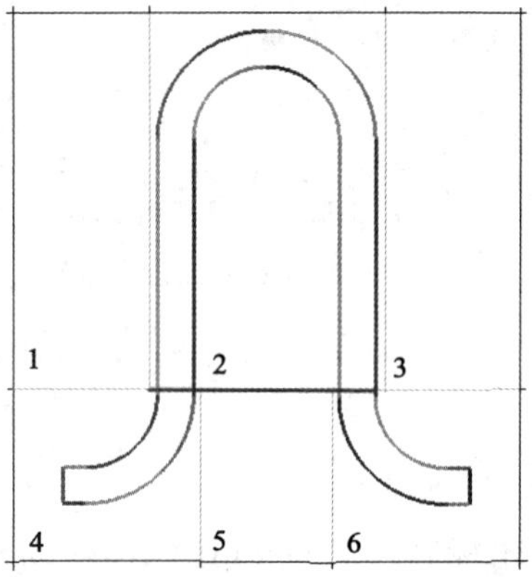

图 6-155　对块进行切割

（6）创建 O-grid

进行 Blocking/Split Block 操作，在图 6-154 块分割设置面板，单击 Ogrid Block 按钮，弹出如图 6-156 所示操作面板。

① 单击 Select Block(s)右边的按钮，选择图 6-155 中的 2 号块，单击鼠标中键确定待划分的块。

② 单击 Select Edge(s)右边的按钮，选择图 6-155 中 2 号块底部边，单击鼠标中键确定。

③ 单击 Apply 按钮，完成操作。此时已创建了 O-grid，如图 6-157 所示。

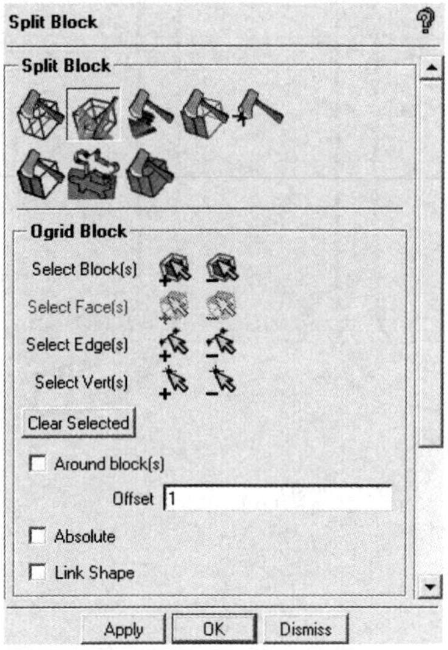

图 6-156 创建 Ogrid Block 设置面板

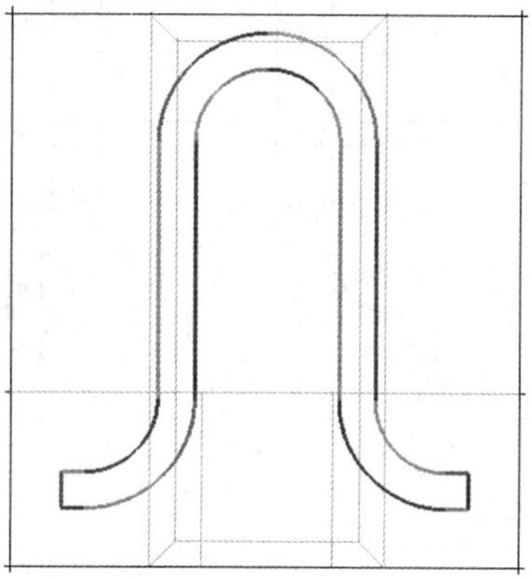

图 6-157 创建 O-grid 的块显示效果

(7) 删除多余 Blocks

① 单击 Delete Block 按钮，弹出如图 6-158 所示的设置面板。

② 在右侧视窗选中要删除的块，单击 Apply 按钮确认设置，获得删除后效果，如图 6-159所示。此时块结构已与倒 U 型管道的几何形状贴近。

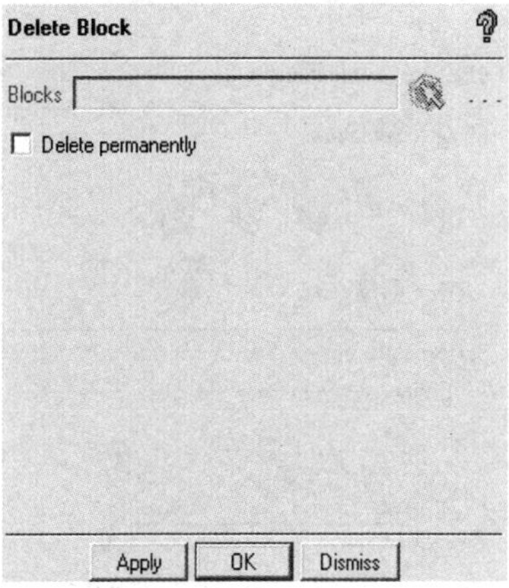

图 6-158 块删除设置面板

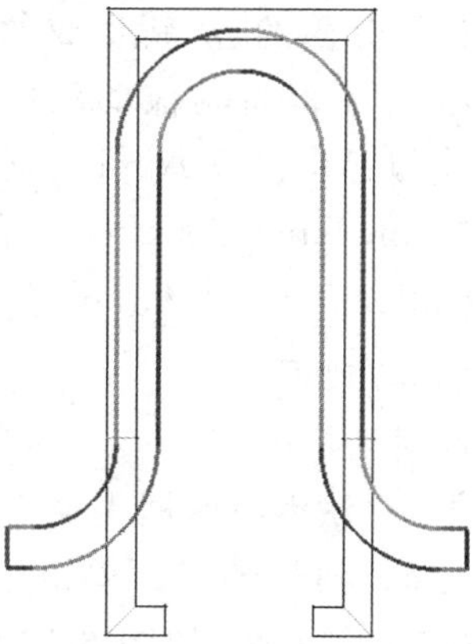

图 6-159 删除部分块后的显示效果

(8) 关联块顶点到几何点

① 展开模型树中的 Geometry，勾选 Points 前面的复选框，则在视图窗中实体几何上的点将会被显示出来，如图 6-160(a)所示。

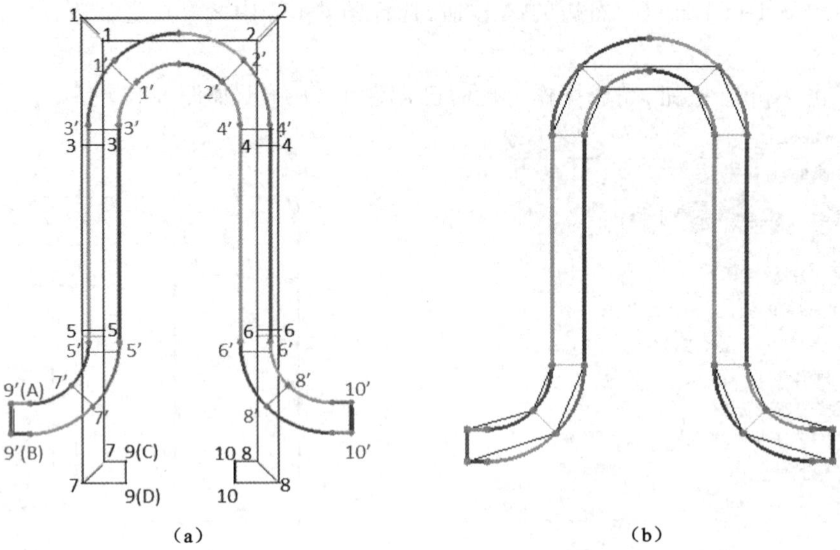

图 6-160　关联块顶点到几何点

② 添加 Vertex。步骤(5)～(7),进行了分割块、创建 O-grid、删除块的操作,图 6-159 所示的拓扑结构已与倒 U 型管道的几何形状贴近。接下来要进行块顶点 Vertex 和几何上点 Point 的关联,块上的边 Edge 和几何体上的曲线 Curve 的关联,建立映射关系。图 6-160(a) 标出了要建立映射关系的 10 对 Vertex 和 Point,但是 3、4 处没有相应的 Vertex。

添加缺少的 Vertex 的操作为:

a. 进行 Blocking/Split Block/Split Block 操作,勾选 Block Select 下的 Visible,则可见的块都会被分割。

b. 选择要分割的边,新生成的边垂直于选择的边,按住鼠标左键将其拖动到标号 3、4 处的位置附近,单击鼠标中键或 Apply 按钮完成操作。

③ 进行 Blocking/Associate 操作,弹出 Blocking Associations 设置面板,选择 Associate Vertex ,如图 6-161 所示。

④ 激活对话框中 Vertex 选项,在右边视图窗上选择块的点。激活对话框中 Point 选项,在右边视图窗上选择几何体的点。单击鼠标中键或 Apply 按钮完成一次关联,如图 6-160(a)所示,依次关联块顶点与几何体的点,顶点会移动至几何点位置。标号 9、10 处的关联,此处以标号 9 处为例,如图 6-160(a)左下角,D 点关联至 A 点,C 点关联至 B 点。

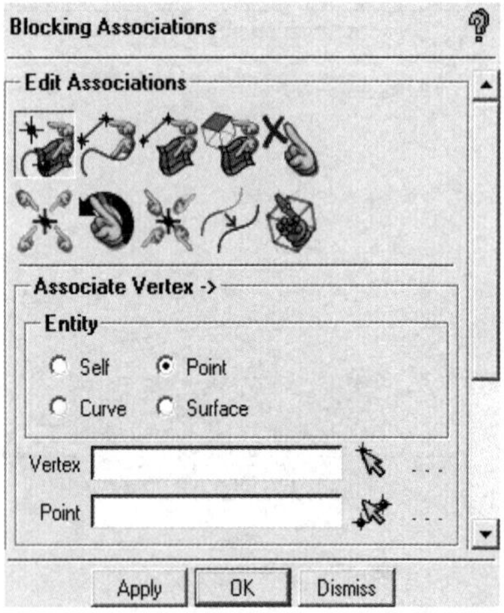

图 6-161　Blocking Associations 设置面板

⑤ 重复操作步骤完成所有 Vertex 到 Point 的

关联,结果如图 6-160(b)所示。

(9) 调整拓扑形状

图 6-160(b)所示拓扑结构已与倒 U 型管的几何形状十分贴近,但是为使块结构贴合顶部半圆形状,要将 Edge 变为曲线。

① 在上方标签栏单击 Blocking/Edit Edge 按钮,弹出 Edit Edge 操作面板,如图 6-162所示,单击 Split Edge 按钮。

② 单击 Edge 旁的按钮,在右边视图窗左键选择最上面一条 Edge,并按住鼠标左键将边调整至合适位置。再以相同步骤将下侧 Edge 也调整至合适位置。调整结果如图6-163所示。

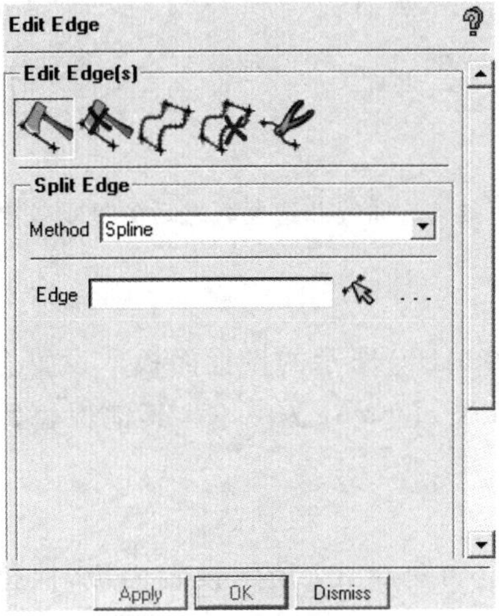

图 6-162 Edit Edge 操作面板

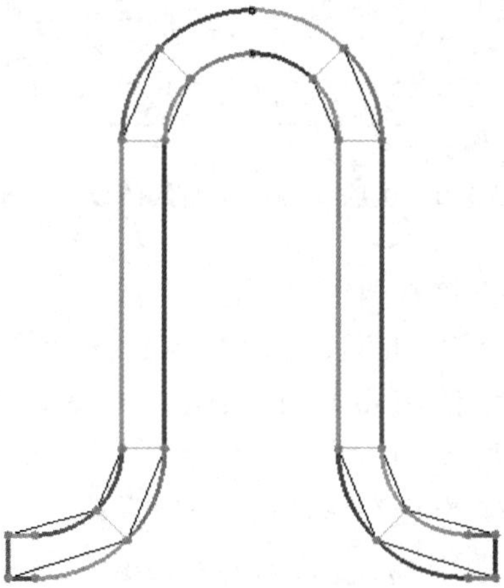

图 6-163 调整 Edit Edge 后的显示效果

(10) 关联 Edge 到 Curve

① 进行 Blocking/Associate 操作,弹出 Blocking Association 设置面板,如图 6-164 所示。单击 Associate Edge to Curve 按钮。

② 激活 Edge(s)选项,在右边视图窗上选择块的线条 Edges,单击附近位置,系统自动选中线条。

③ 激活 Curve(s)选项,在右边视图窗上选择几何体的线条 Curves,单击待选线条的附近位置,系统自动选中线条。

④ 其他设置保持默认设置。

⑤ 单击鼠标中键或 Apply 按钮完成一次关联。

⑥ 当关联操作完成之后,被同时选定进行关联操作的曲线将会自动组成一组,且同组曲线颜色相同,关联完毕之后所有边界线 Edges 的颜色都将变成绿色,可在模型树取消勾选 Curves 查看。

⑦ 按照上面操作步骤②~⑤完成所有 Edge 到 Curve 的关联操作之后,视窗如图 6-165 所示。

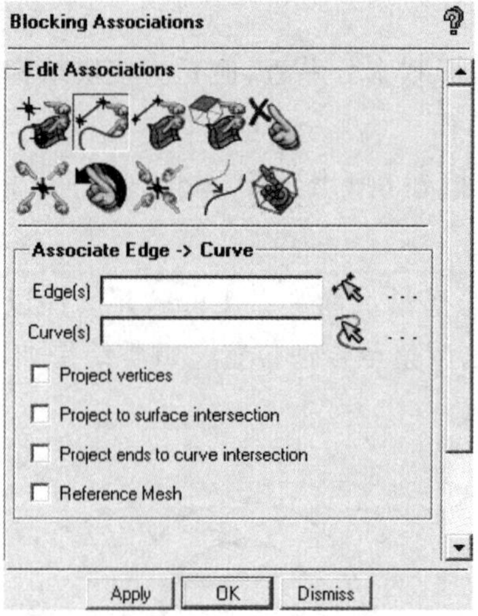

图 6-164　关联块的边和曲线的设置面板

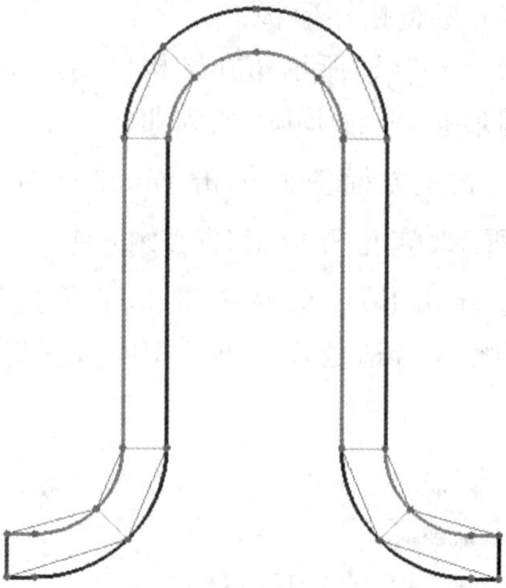

图 6-165　曲线和边关联之后的显示效果

(11) 设置网格尺寸

进行 Mesh/Global Mesh Setup 操作，弹出如图 6-166 所示的设置面板。设置全局元素种子大小 Global Element Seed Size 的最大尺寸 Max element 为 0.01，其他保持默认设置。单击 Apply 按钮完成设置。

(12) 生成并显示网格

① 进行 Blocking/Pre-Mesh Params 操作，弹出如图 6-167 所示设置面板，保持默认设置，单击 Apply 按钮。

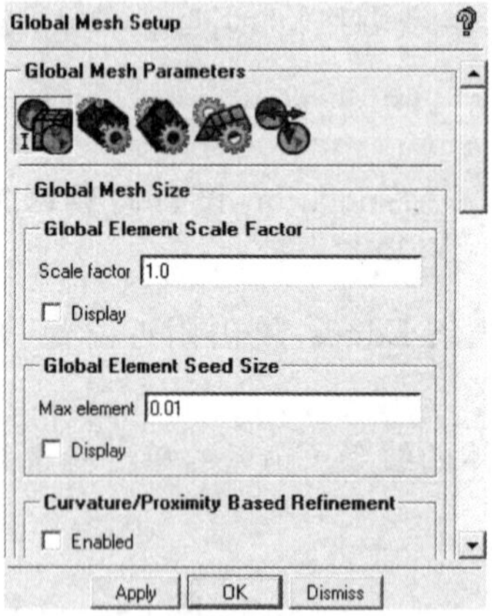

图 6-166　Global Mesh Setup 设置面板

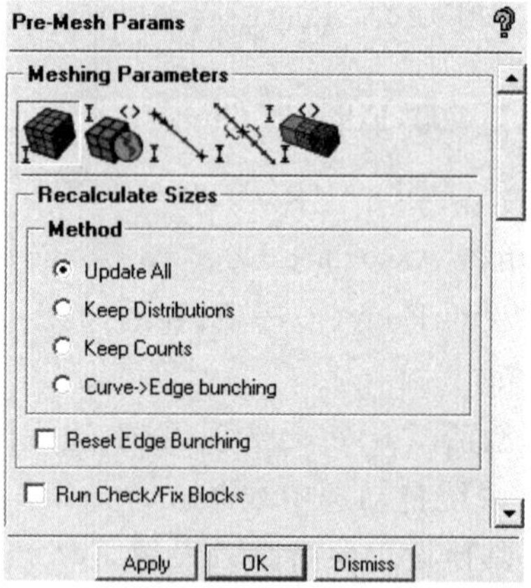

图 6-167　Pre-Mesh Params 设置面板

② 展开左上角模型树中 Blocking 根目录，选择 Pre-Mesh 选项，弹出如图 6-168 所示对话框。单击 Yes 按钮，开始计算几何实体的网格，则在右边视图窗中出现计算过的网格，效果如图 6-169 所示。

(13) 网格质量检查

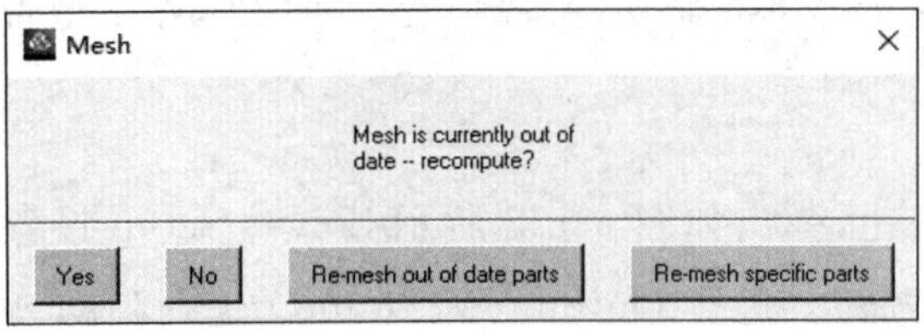

图 6-168 Mesh 对话框

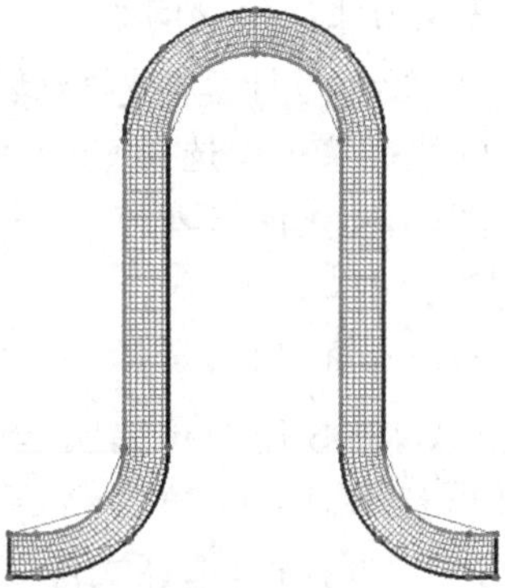

图 6-169 网格显示效果

① 选择 Blocking/Pre-Mesh Quality Histograms 选项，弹出如图 6-170 所示设置面板。

② 在 Criterion 下拉列表中选择 Determinant 2×2×2 选项。

③ 分别设置 Min-X value 和 Max-X value 为 0 和 1。

④ 设置 Max-Y height 为 20，表示某范围内的网格最大数量。

⑤ 设置 Num. of bars 为 20，表示前面设置的 0～1 会被分成 20 等份。

⑥ 保持其他默认值不变，单击 Apply 按钮，则可在右下角看见如图 6-171 所示的网格质量直方图。由显示的直方图可知，本例所生成的网格质量较高，无需改进。

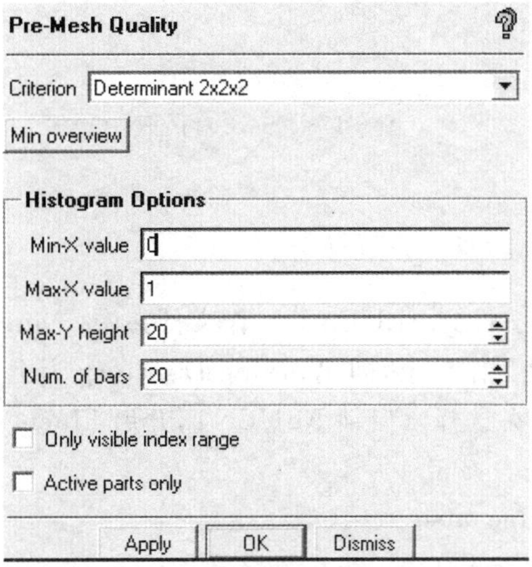

图 6-170 网格质量检查设置面板

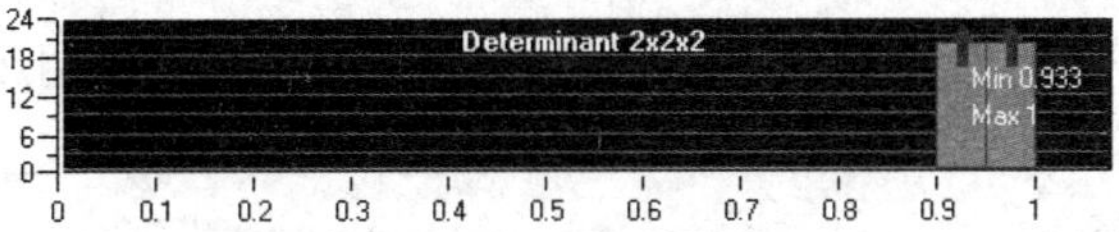

图 6-171 网格质量直方图

(14) 转化为非结构化网络

将上面已经经过计算的网格转变为非结构化网格,右键单击模型树下的 Pre-Mesh 选项,在弹出的快捷菜单中选择 Convert to Unstruct Mesh 命令,实现转变。完成对倒 U 型管流段的四边形结构化网格划分。

(15) 输出网格文件

单击 Output 标签栏,选择 Select Solver 按钮,弹出如图 6-172 所示 Solver Setup 设置面板。选择 ANSYS Fluent 选项,单击 Apply 按钮。进行 Output/Write input 操作,弹出如图 6-173 所示对话框,单击 Yes 按钮。

在弹出文件选择框,选择文件夹中 UPipe. uns,回车确定,弹出如图 6-174 所示对话框。Grid dimension 选择 2D 选项,在 Output file 处输入自己想要的名字,此处输入 Upipe。单击 Done 按钮,完成网格文件保存。

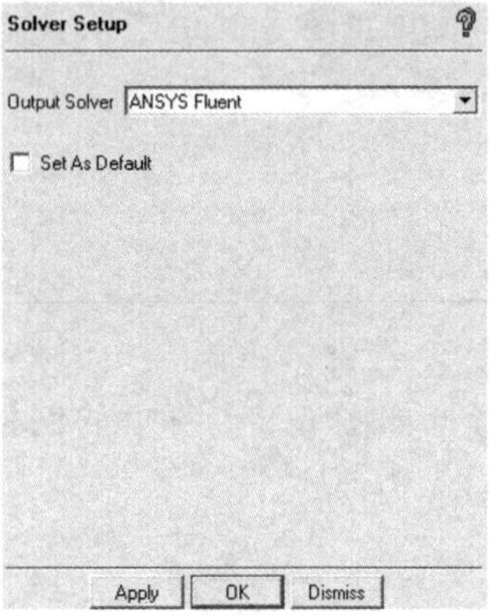

图 6-172　求解器设置面板

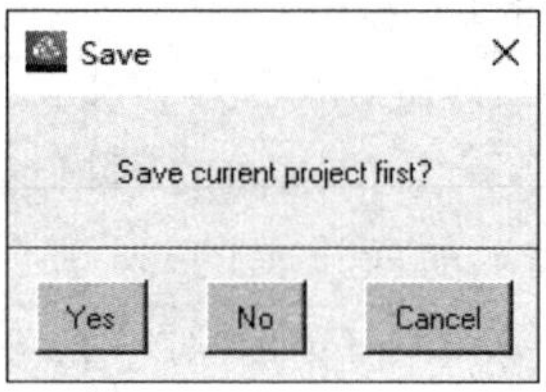

图 6-173　Save 对话框

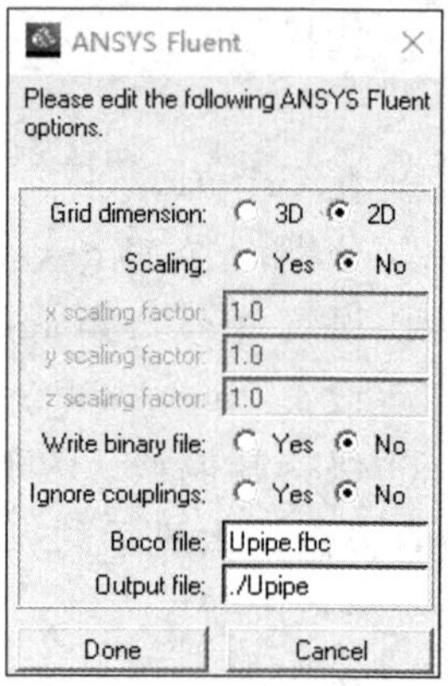

图 6-174　保存文件对话框

6.4.3　求解与后处理

复制 UPipe. msh 网格文件到 FLUENT 工作文件夹中, Dimension 选择 2D,Processing Options 选择 Parallel,设置工作目录,即 Working Directory 为上一步中输出网格的文件夹(个人根据自己保存的文件夹选择),启动 FLUENT,开启 Fluent 2D 求解器。

6.4.3.1　步骤 1:网格检查与显示

(1) 读入网格文件 UPipe. msh

依次操作:File/Read/Mesh。

(2) 检查网格

依次操作:Mesh/Check。

在这个过程中,FLUENT 将对网格进行检查,以确保网格的最小体积为正值。

(3) 检查网格的尺寸

依次操作:Mesh/Scale。

在如图 6-175 所示的对话框中检查计算域的尺寸,确保其与实际物理尺寸相符。否则,应对网格以合适的单位进行放大或缩小处理。在 Mesh Was Created In 选项中选择实际单位,并单击 Scale 按钮。

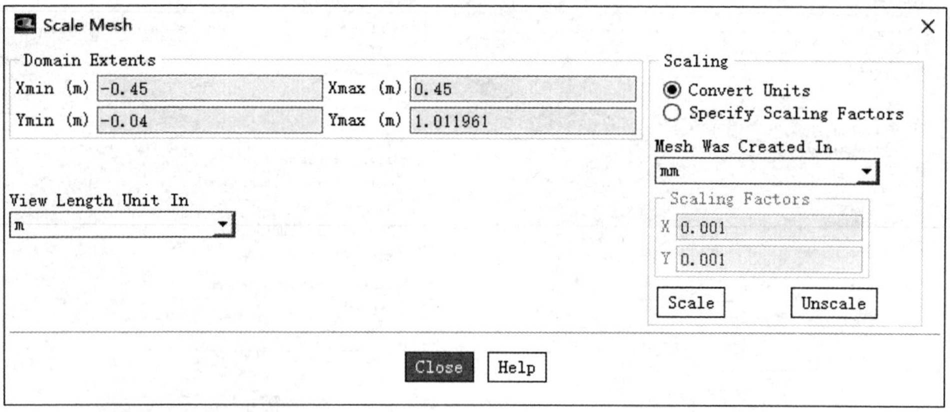

图 6-175 Scale Mesh 对话框

(4) 显示网格

依次操作:Mesh/Display。

如图 6-176 所示。

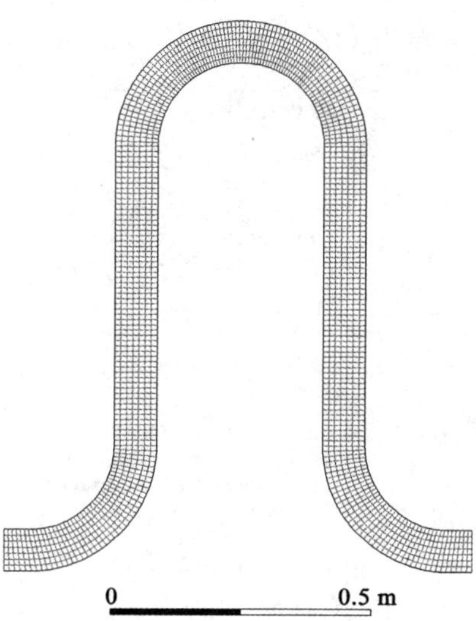

图 6-176 计算域网格

6.4.3.2 步骤 2:求解器设置

(1) 保持求解设置的默认参数

依次操作:Setup/General。

该计算将使用基于压力的求解器,以稳态法求解。如图 6-177 所示。

(2) 设置重力加速度

① 勾选 Gravity 复选框。

② 在 Gravitational Acceleration 中的 Y(m/s^2)文本框中输入−9.81。

6.4.3.3 步骤 3:模型

(1) 选择多相流模型

依次操作:Setup/Models/Multiphase/Edit。

① 如图 6-178 所示,在 Model 选项组中选中 Eulerian 选项。

② 保持 Number of Eulerian Phases 中的默认值不变。

(2) 设置标准 k-ε 湍流模型

依次操作:Setup/Models/Viscous。

① 弹出如图 6-179 所示 Viscous Model 对话框,在 Model 选项组中选中 k-epsilon(2 eqn)选项。

② Turbulence Multiphase Model 选项选择 Per Phase。

注:该选项求解各相的 k 和 ε 方程,一般来说适用于相之间湍流动量传递占主导的情况。

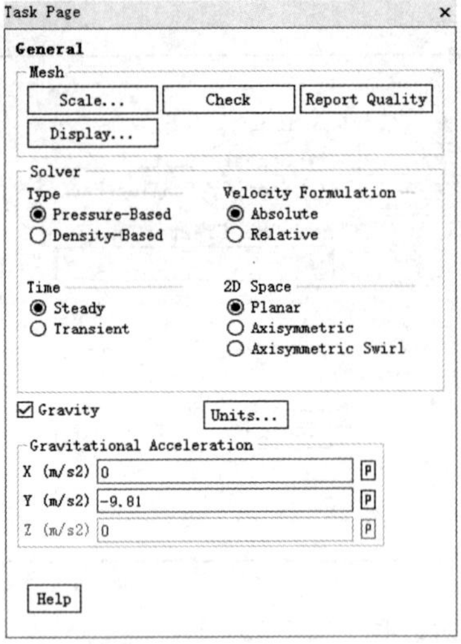

图 6-177 General 任务页

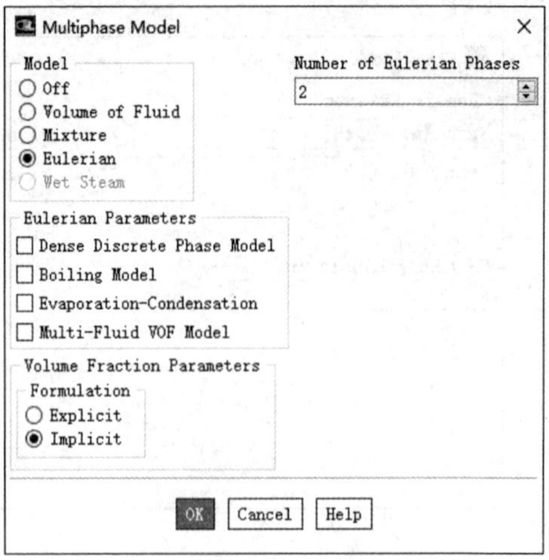

图 6-178 Multiphase 对话框

③ 单击 OK 按钮,关闭 Viscous Model 对话框。

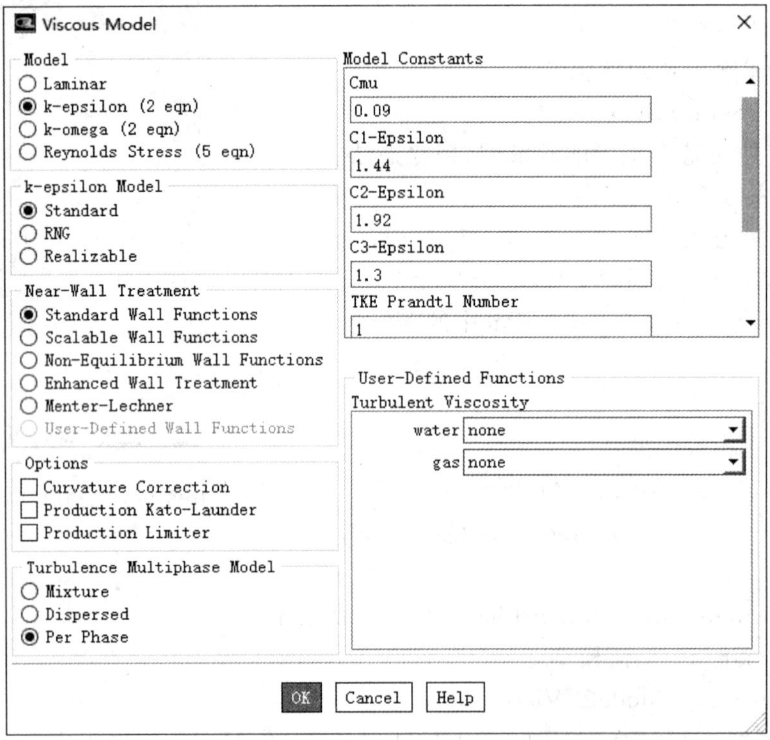

图 6-179 Viscous Model 对话框

6.4.3.4 步骤 4:材料设置

依次操作:Setup/Materials。

(1) 选中 Fluid,单击 Create/Edit,在图 6-180 所示对话框中单击 Fluent Database…按

钮，弹出 Fluent Database Materials 对话框，如图 6-181 所示。

① 在 Fluent Fluid Materials 列表中选择 water-liquid(h2o<1>)。

② 单击 Copy 按钮，关闭 Fluent Database Materials 对话框。

材料设置对话框中将显示复制的水的信息。

（2）单击 Change/Create 按钮，关闭材料设置对话框。

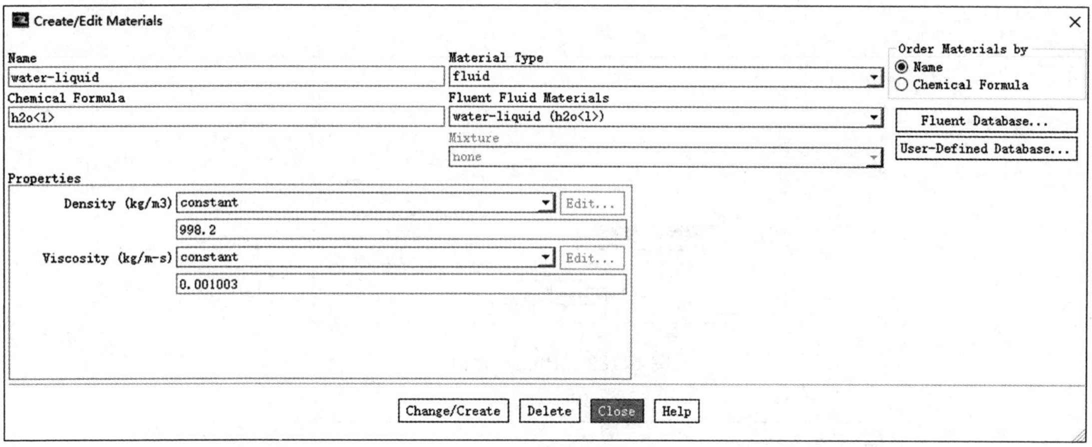

图 6-180　材料设置对话框

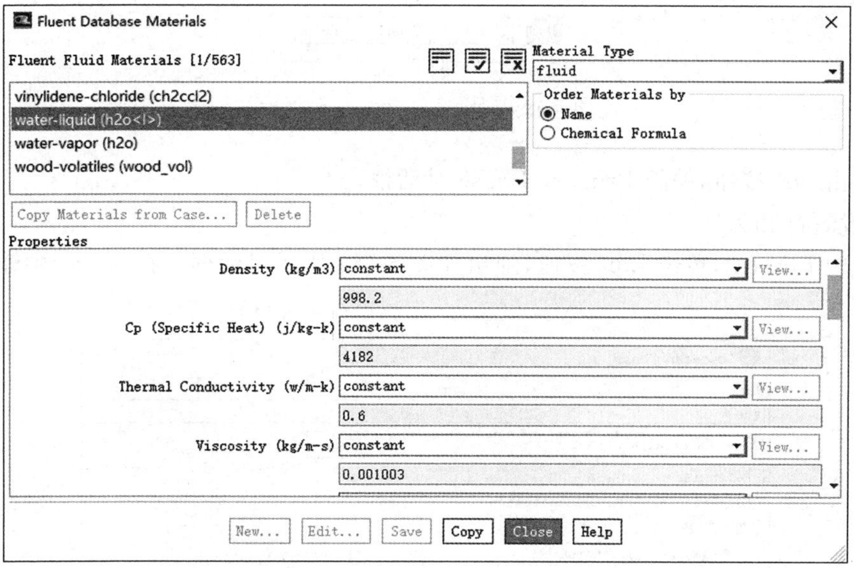

图 6-181　FLUENT 材料数据库

6.4.3.5　步骤 5：相设置

（1）设置主相为水

依次操作：Setting Up Physics/Phases。

① 单击 List&Show All，弹出如图 6-182 所示对话框。

② 选中 Phase-1，单击 Edit 按钮，弹出如图 6-183 所示对话框。在 Name 中输入 water，

作为液相名字。

③ 在 Phase Material 下拉框中选择 water-liquid。

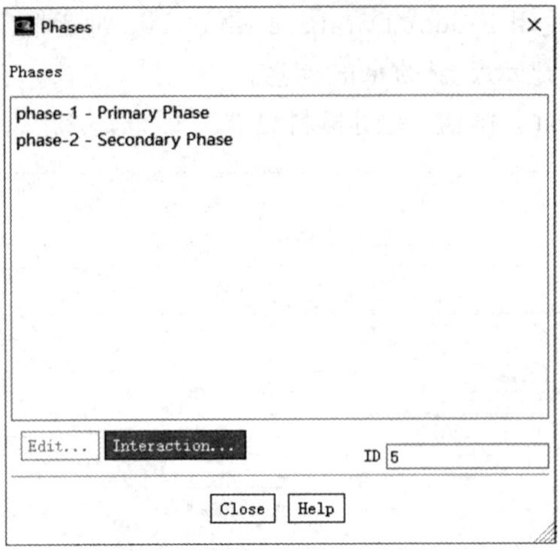

图 6-182　Phase 对话框

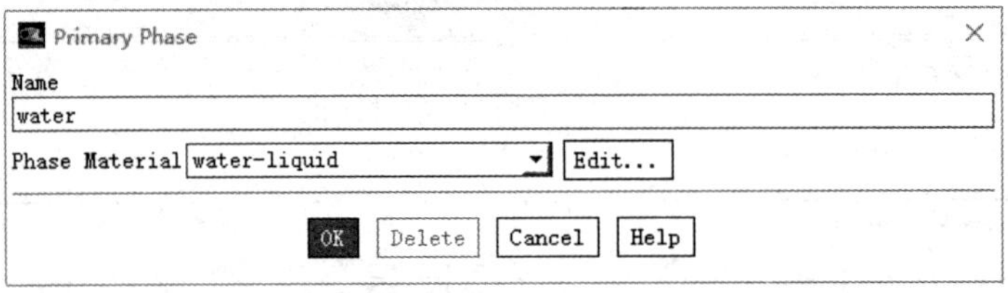

图 6-183　Primary Phase 对话框

④ 单击 OK 按钮，关闭 Primary Phase 对话框。

(2) 设置次相为气

① 选中 Phase-2，单击 Edit 按钮，弹出如图 6-184 所示对话框。在 Name 中输入 gas，作为气相名字。

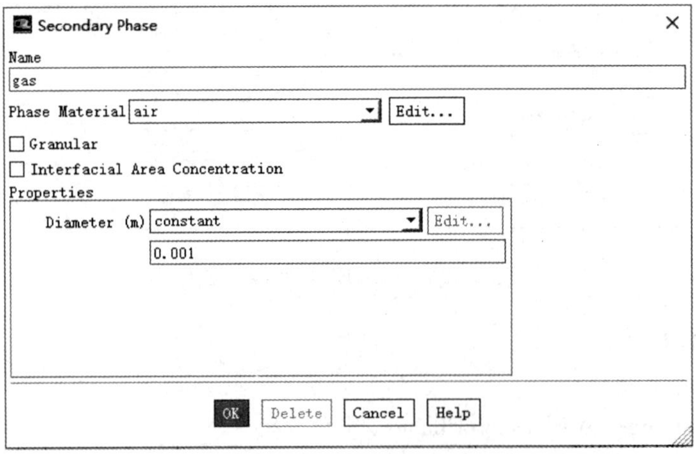

图 6-184　Secondary Phase 对话框

② 在 Phase Material 下拉框中选择 air。

③ 在 Diameter(m)中选择 constant,并在文本框中填入 0.001,默认单位是 m。

注:该例中根据经验值设置了气泡直径为均一的 1 mm,原则上应根据实际情况进行测量获得气泡直径,复杂情况还应考虑气泡的破碎和兼并。

④ 单击 OK 按钮,关闭 Secondary Phase 对话框。

(3) 曳力模型设置

① 单击 Phases 对话框中的 Interaction 按钮,弹出 Phase Interaction 对话框,如图6-185所示。

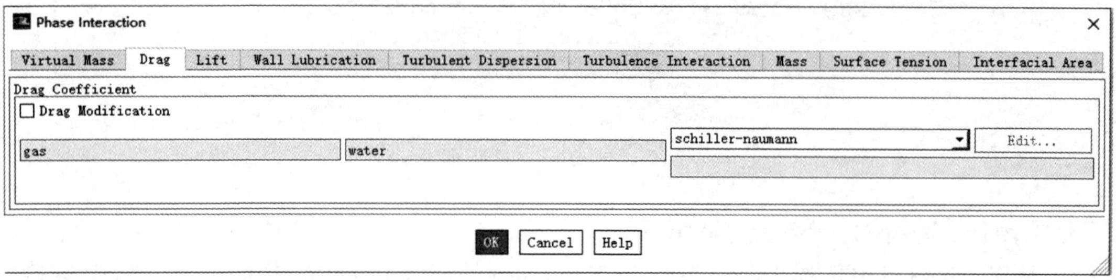

(a)

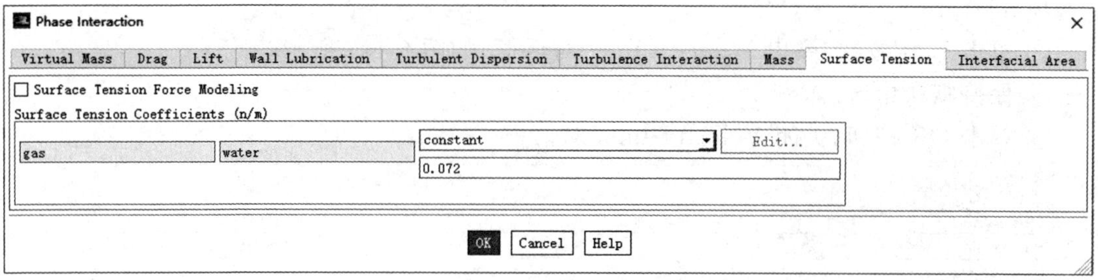

(b)

图 6-185　Phase Interaction 对话框

② 保持 Drag Coefficient 下拉框 schiller-naumann 的默认设置。schiller-naumann 曳力定律描述了在各种条件下球形颗粒与周围液体之间的阻力。在这种情况下,气泡呈直径约为 1 mm 的近似球形。

③ 在 Surface Tension 中选择 constant,并在文本框中填入 0.072,表示表面张力系数为 0.072,如图 6-185(b)所示。

④ 单击 OK 按钮,关闭 Phase Interaction 对话框。单击 Close 按钮,关闭 Phase 对话框。

6.4.3.6　步骤 6:边界条件

(1) 设置计算域条件

依次操作:Setup/Cell Zone Conditions。

① 从 Zone 列表中选中 solid,Phase 下拉框中选择 mixture,并设置 Type 为 fluid。

② 单击 Edit 按钮,弹出 Fluid 对话框,如图 6-186 所示,在 Name 处输入 fluid。

③ 单击 OK 按钮,关闭 Fluid 对话框。

(2) 设置进口 mixture 的边界条件

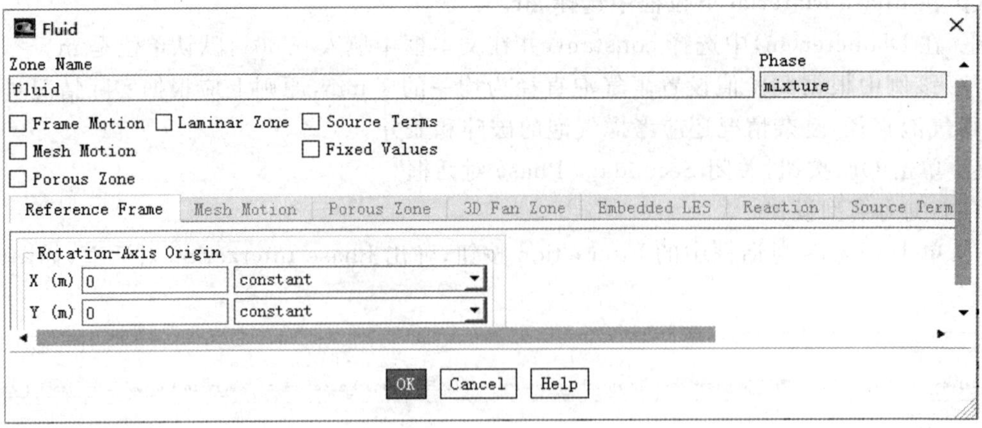

图 6-186　Fluid 对话框

依次操作：Setup/Boundary Conditions。

① 从 Zone 列表中选择 Inlet，并设置 Type 为 velocity-inlet，在 Phase 下拉框中保持默认选项 mixture。

② 单击 Edit 按钮，弹出 Velocity Inlet 对话框，如图 6-187 所示。

③ 保持默认参数。

⑤ 单击 OK 按钮，关闭 Velocity Inlet 对话框。

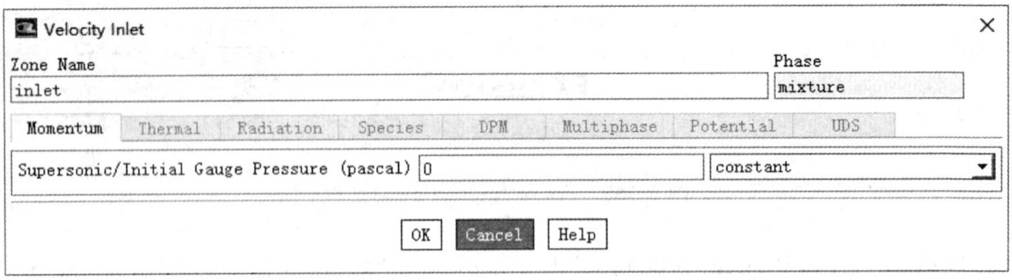

图 6-187　Velocity Inlet 对话框(mixture)

(3) 设置进口气液相的边界条件

依次操作：Setup/Boundary Conditions。

① 从 Zone Name 列表中选择 inlet，并设置 Type 为 velocity-inlet，在 Phase 下选择 water。

② 单击 Edit 按钮，弹出 Velocity Inlet 对话框，如图 6-188(a)所示。保持 Velocity Specification Method 下拉框中的默认选项 Magnitude，Normal to Boundary。保持 Reference Frame 下拉框中的默认选项 Absolute。

③ 在 Velocity Magnitude(m/s)中填入 1.8。Turbulence 标签下，在 Specification Method 下拉框选择 Intensity and Hydraulic Diameter，在 Turbulent Intensity(%)处填入 3.6，在 Hydraulic Diameter(m)处填入 0.08。

④ 单击 OK 按钮，关闭 Velocity Inlet 对话框。

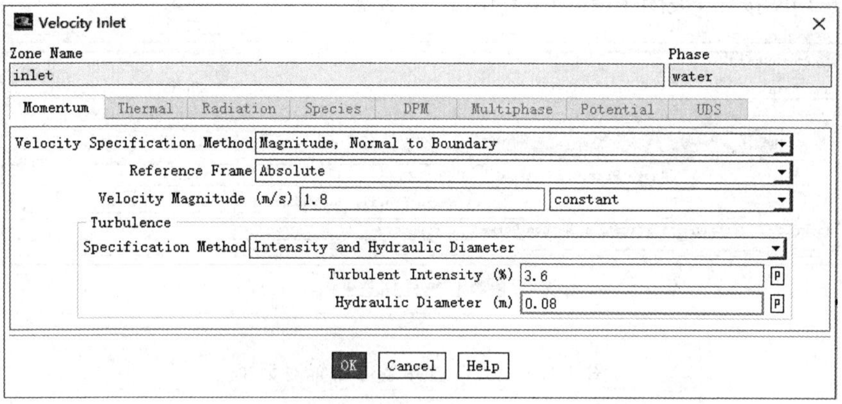

(a) water

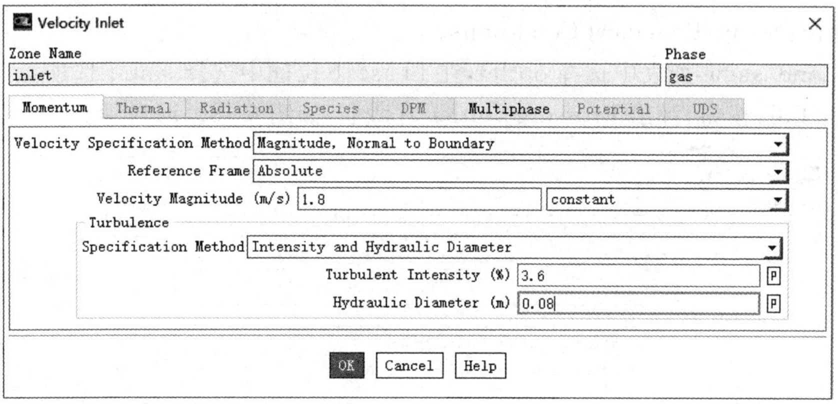

(b) gas

图 6-188 进口边界条件设置对话框

⑤ 从 Zone Name 列表中选择 inlet,在 Phase 下选择 gas。

⑥ 单击 Edit 按钮,弹出 Velocity Inlet 对话框,如图 6-188(b)所示。保持 Velocity Specification Method 下拉框中的默认选项 Magnitude,Normal to Boundary。保持 Reference Frame 下拉框中的默认选项 Absolute。

⑦ 在 Velocity Magnitude(m/s)中填入 1.8。Turbulence 标签下,在 Specification Method 下拉框选择 Intensity and Hydraulic Diameter,在 Turbulent Intensity(%)处填入 3.6,在 Hydraulic Diameter(m)处填入 0.08。

⑧ 选择 Multiphase 选项卡,在 Volume Fractions 处填入 0.3。

⑨ 单击 OK 按钮,关闭 Velocity Inlet 对话框。

(4) 设置出口 mixture 的边界条件

依次操作:Setup/Boundary Conditions。

① 从 Zone Name 列表中选择 outlet,并设置 Type 为 Pressure Outlet,在 Phase 下拉框中保持默认选项 mixture。

② 单击 Edit 按钮,弹出 Pressure Outlet 对话框,如图 6-189 所示。

③ 在 Gauge Pressure(pascal)中填入 39169.5。

④ 单击 OK 按钮，关闭 Pressure Outlet 对话框。

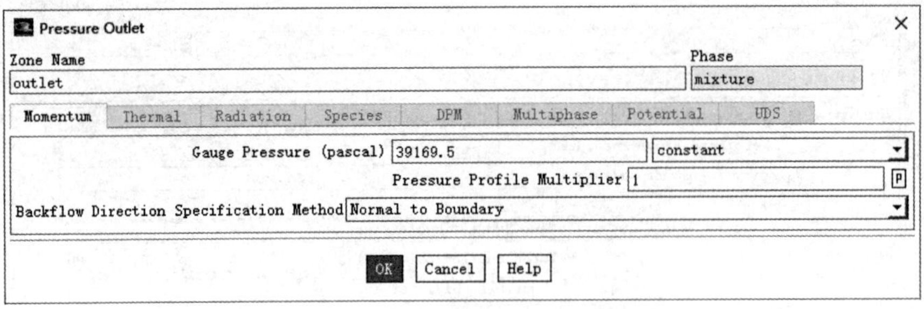

图 6-189 出口边界条件设置对话框

(5) 设置出口气液相的边界条件

依次操作：Setup/Boundary Conditions。

① 从 Zone Name 列表中选择 outlet，在 Phase 下拉框中选择 water 选项。

② 单击 Edit 按钮，弹出 Pressure Outlet 对话框，如图 6-190(a)所示。

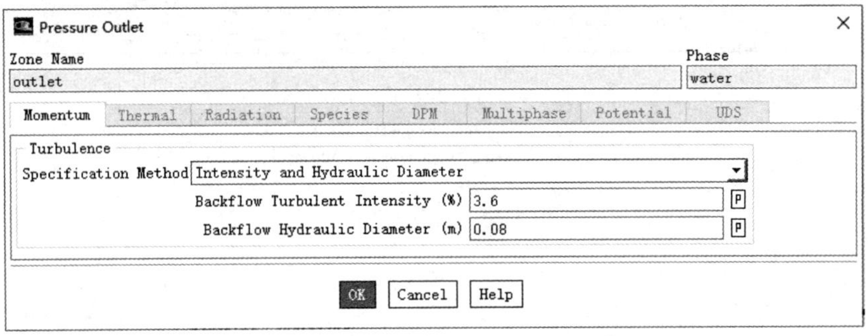

(a) water

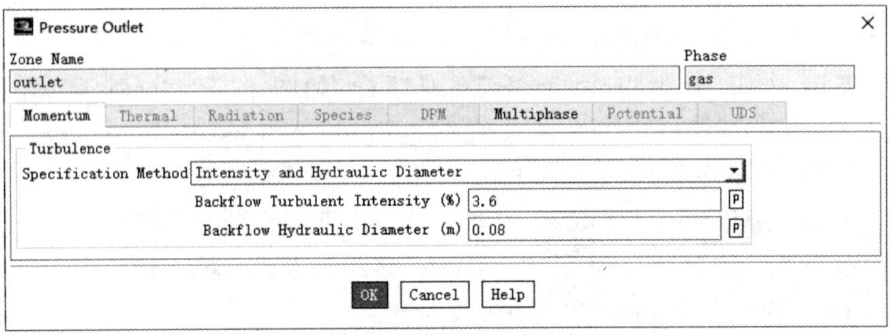

(b) gas

图 6-190 出口边界条件设置对话框

③ Turbulence 标签下，在 Specification Method 下拉框选择 Intensity and Hydraulic Diameter，在 Backflow Turbulent Intensity(%)处填入3.6，在 Backflow Hydraulic Diameter(m)处填入 0.08。

④ 单击 OK 按钮，关闭 Pressure Outlet 对话框。

⑤ 从 Zone Name 列表中选择 outlet，在 Phase 下拉框中选择 gas 选项。

⑥ 单击 Edit 按钮，弹出 Pressure Outlet 对话框，如图 6-190(b)所示。

⑦ Turbulence 标签下，在 Specification Method 下拉框选择 Intensity and Hydraulic Diameter，在 Backflow Turbulent Intensity(%)处填入3.6，在 Backflow Hydraulic Diameter(m)处填入 0.08。

⑧ 选择 Multiphase 选项卡，在 Backflow Volume Fraction 处填入 0.3。

⑨ 单击 OK 按钮，关闭 Pressure Outlet 对话框。

(6) 操作环境的设置

依次操作：Setup/Boundary Conditions/Operating Conditions。

① 弹出 Operating Conditions 对话框，如图 6-191 所示。确认 Gravity 复选框已勾选，Gravitational Acceleration 中的 Y direction(m/s^2)文本框中为−9.81。

② 勾选 Specified Operating Density 复选框，Operating Density(kg/m^3)处为 1.225。

③ 单击 OK 按钮，关闭 Operating Conditions 对话框。

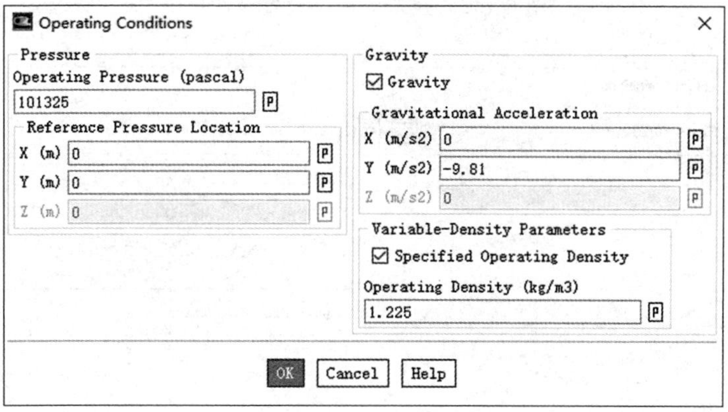

图 6-191 操作条件对话框

6.4.3.7 步骤 7：求解

(1) 设置松弛因子

依次操作：Solution/Controls。

① 在 Pressure 中输入 0.5。

② 在 Momentum 中输入 0.4。

③ 在 Turbulent Viscosity 中输入 0.8。

(2) 设置监视器

依次操作：Solution/Monitors/Residual。

① 弹出 Residual Monitors 对话框，如图 6-192 所示。选择 Options 下面的 Plot，从而在迭代计算时动态显示计算残差。

② 在 continuity 的 Absolute Criteria 处填入 0.000 01。

③ 单击 OK 按钮完成设置。

(3) 创建监控点

依次操作：Solution/Monitors/Report Plots。

① 弹出 Report Plot Definition 对话框，如图 6-193 所示，单击 New…按钮。

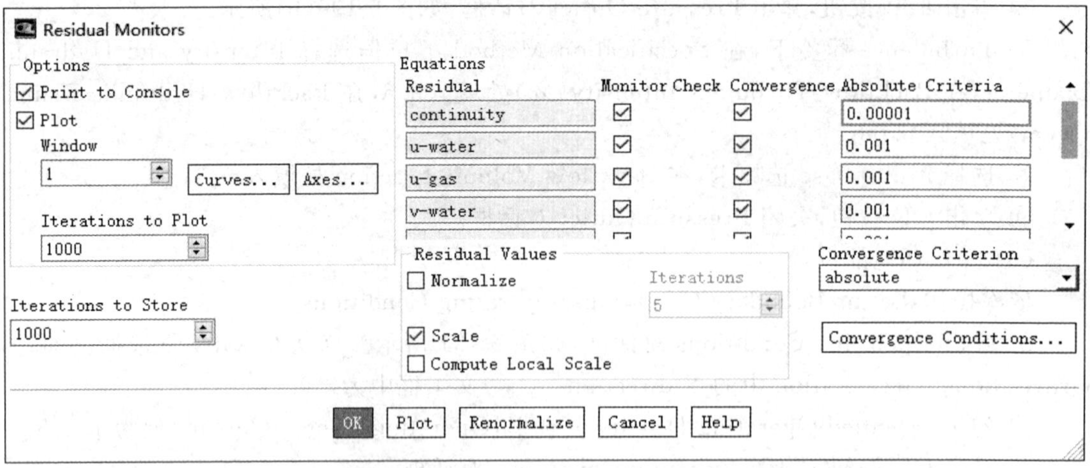

图 6-192　残差监视器设置对话框

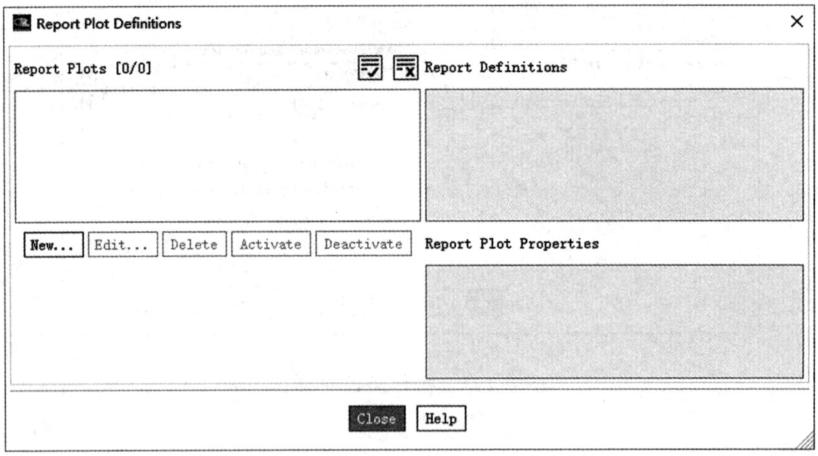

图 6-193　Report Plot Definition 对话框

② 弹出 New Report Plot 对话框，如图 6-194 所示，单击 New 下拉框，进行 Surface Report/Vertex Average 操作，弹出 Surface Report Definition 对话框，如图 6-195 所示。

③ 在 Field Variable 处选择 Velocity…和 Velocity Magnitude。在 Phase 下拉框处选择 water。

④ 单击 New Surface 下拉框，选择 Point-1，弹出 Point Surface 对话框，如图 6-196 所示。

⑤ 在 Point Surface 对话框 Options 处勾选 Point 复选框，在 Coordinates 处填入管道内一点坐标。

⑥ 单击 Create 按钮，创建点。单击 Close 按钮，关闭 Point Surface 对话框。

⑦ 在 Surface 列表中选中刚创建的点。单击 OK 按钮，关闭 Surface Report Definition 对话框。

⑧ 在对话框底部勾选 Print to Console 复选框，单击 OK 按钮，关闭 New Report Plot 对话框。

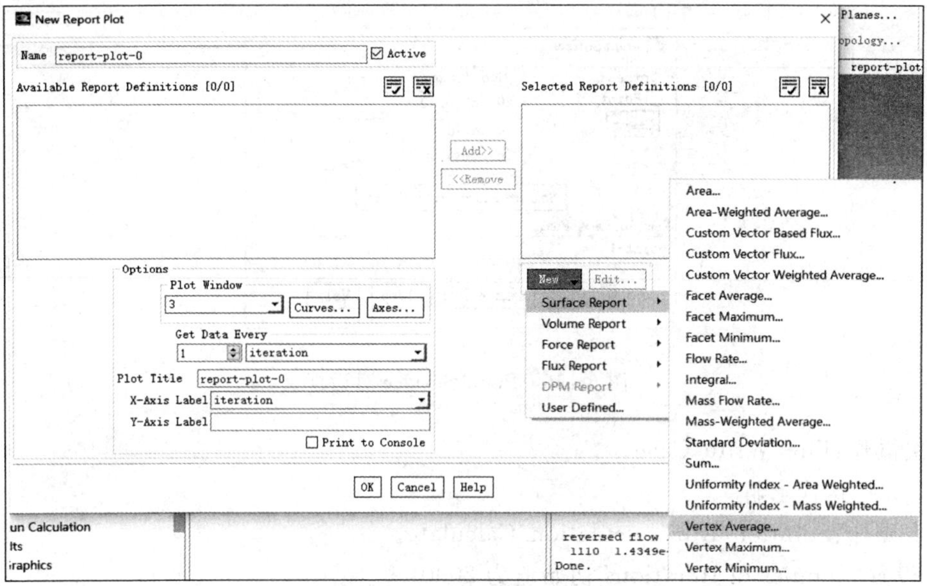

图 6-194 New Report Plot 对话框

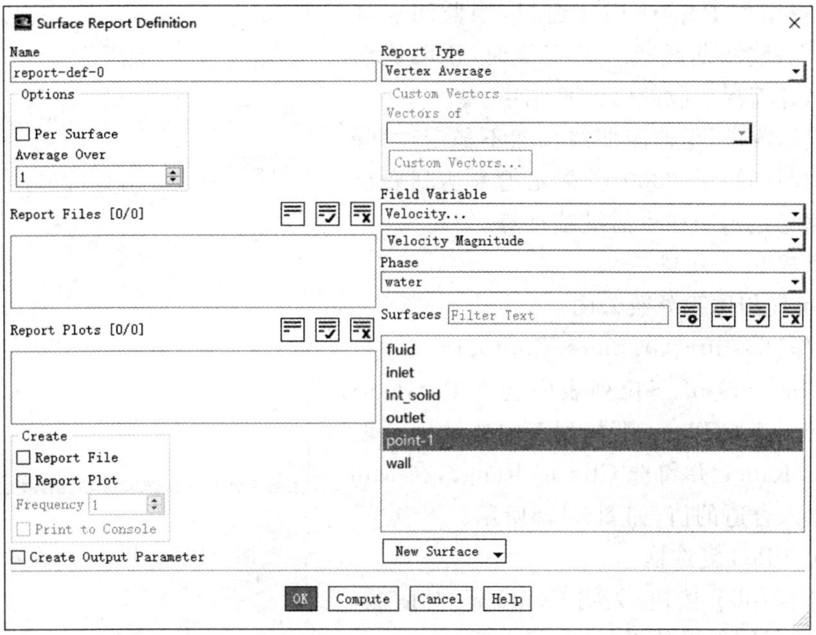

图 6-195 Surface Report Definition 对话框

⑨ 单击 Close 按钮，关闭 Report Plot Definition 对话框。

(4) 初始化流场

依次操作：Solution/Initialization。

保持默认设置，单击 Initialize 按钮。

(5) 保存工况文件

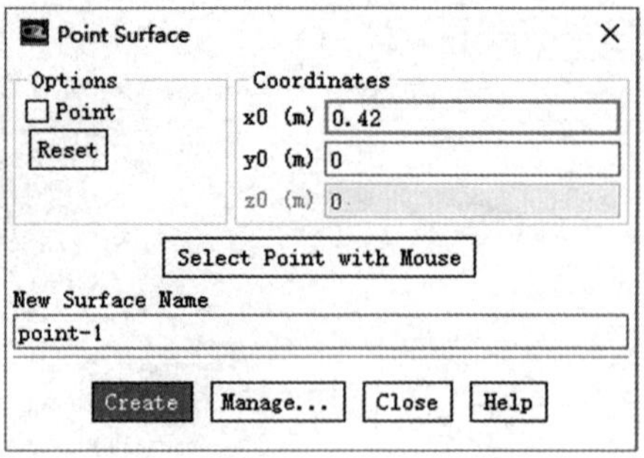

图 6-196　Point Surface 对话框

依次操作：File/Write/Case。

（6）进行迭代求解

依次操作：Solution/Run calculation/Calculate。

① 设置 Number of Iterations 初始值为 2000，如图 6-197 所示。

② 单击 Calculate 按钮开始求解。求解过程观察右侧控制视窗的 Report-Plot 窗口，当监测点处速度趋于稳定，监测曲线成一条直线时，说明流动状态稳定，当计算提示收敛时计算结束。

注：若提示收敛，但监测曲线仍然不稳定，可降低残差值继续计算，若 2000 步算完仍未达到要求（收敛且监测稳定），同样也需继续计算。

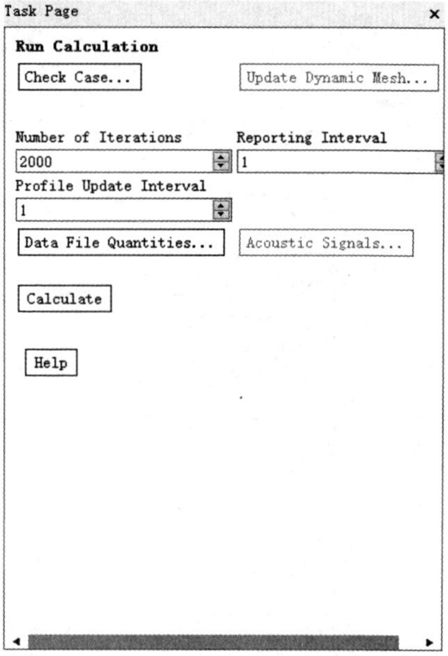

图 6-197　求解运行设置面板

6.4.3.8　步骤 8：后处理

（1）显示气相体积分数云图

依次操作：Results/Graphics/Contours。

① 从 Contours of 下拉列表中选择 Phases… 和 Volume fraction，Phase 下拉列表中选择 gas，取消勾选 Auto Range 并勾选 Clip to Range，在 Min 和 Max 处填入合适的值，如图6-198所示。

② 勾选 Filled 复选框。

③ 单击 Display 按钮，关闭 Contours 对话框，气相体积分数云图显示效果如图 6-199 所示。

（2）显示静压云图

依次操作：Results/Graphics/Contours。

① 弹出 Contours 对话框，如图 6-200 所示。从 Contours of 下拉列表中选择 Pressure… 和 Static Pressure，Phase 下拉列表中选择 mixture。

② 单击 Display 按钮，关闭 Contours 对话框，静压云图显示效果如图 6-201 所示。

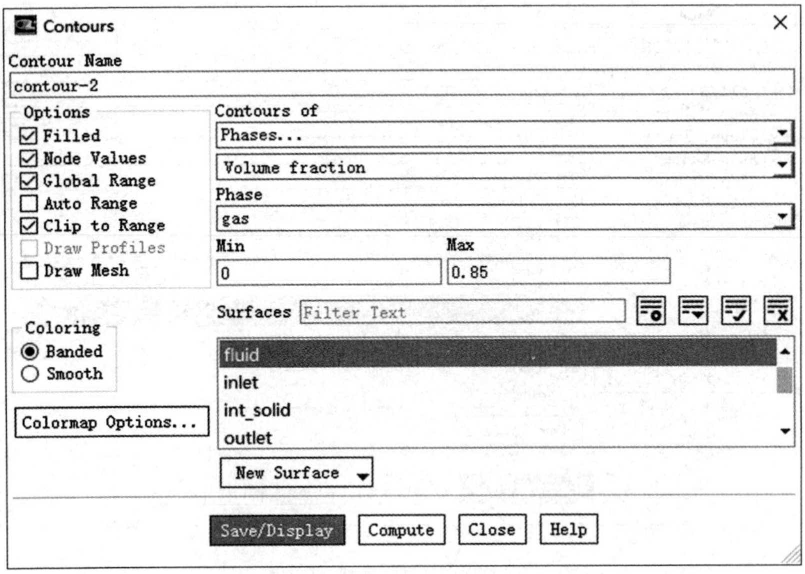

图 6-198 Contours 对话框

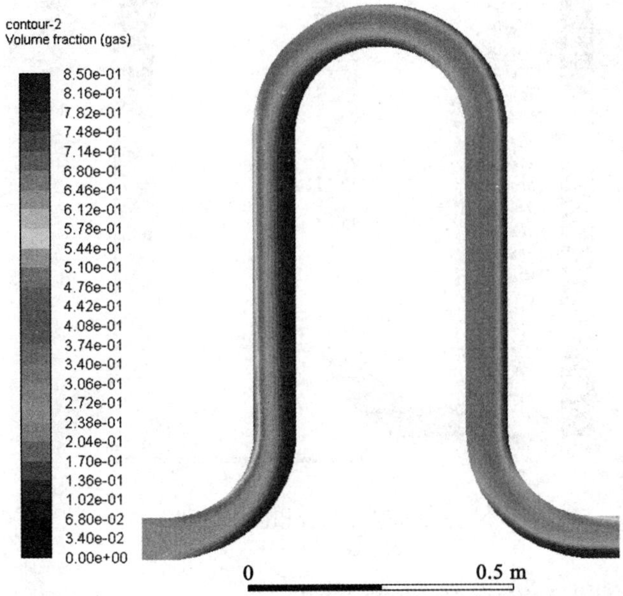

图 6-199 气相体积分数云图示

6.4.3.9 步骤 9:保存计算后的 Case 和 Data 文件

依次操作:File/Write/Case&Data。

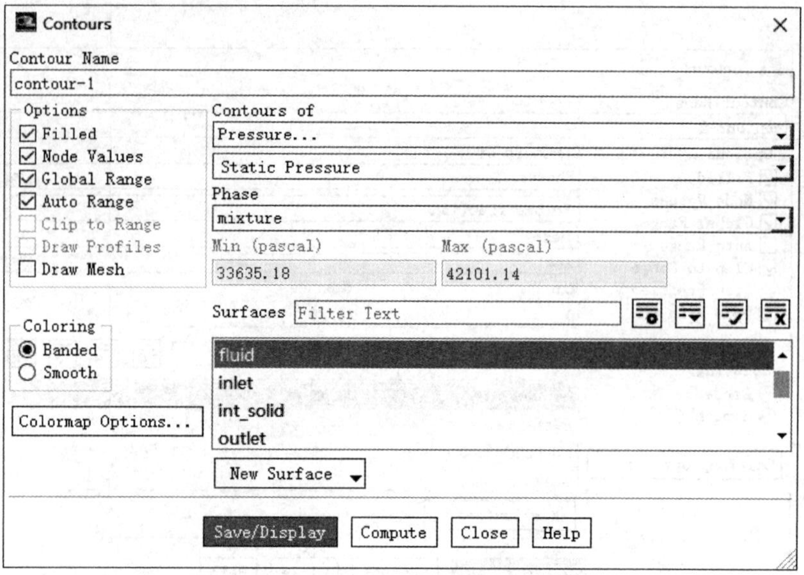

图 6-200　Contours 对话框

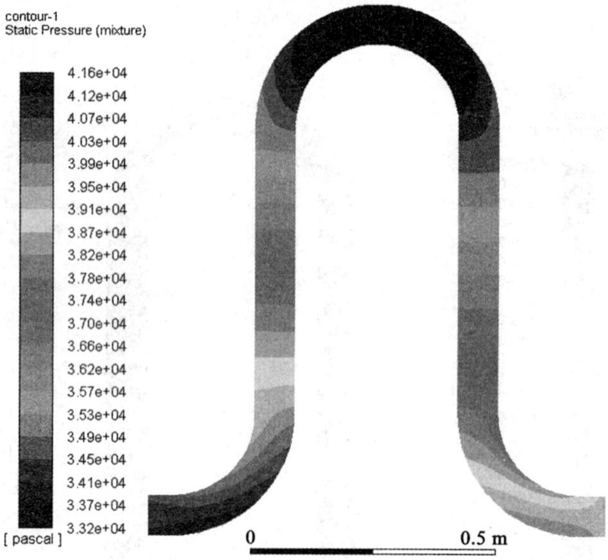

图 6-201　混合相静压云图

6.5　离心式风机内部流场数值模拟

6.5.1　实例简介

旋转部件常见于流体机械，例如通风机、水泵、压缩机和汽轮机等。该类机械相关问题的求解主要涉及旋转部件的处理。有时存在每个部件围绕不同的旋转轴旋转，或以不同的速度围绕同一轴旋转，或存在固定壁(例如离心风机的蜗壳)的情况，这时一般需使用多个参考系来求解旋转部件作用下的流场问题。在 ANSYS Fluent 中，可以利用多参考系[Multiple reference frame(MRF)或 Frame motion]方法或者滑移网格(Sliding mesh 或 Mesh motion)方法计算一个或多个旋转部件存在时的流场特性。

本例讲解了使用 MRF 方法求解离心风机内部流场的过程。离心式风机的二维简化模型示意图见图 6-202。风机由 32 个叶片组成，叶片的前端导流边缘距离旋转中心的位置约为 57 mm，风机进风口半径为 40 mm，主要尺寸标识于图中。模拟自由输送条件下风机内空气的流动情况，风机进口和出口压力均处于大气环境条件下，叶片以 1 200 r/min 的角速度顺时针旋转。风机内的流动被认为是稳态。

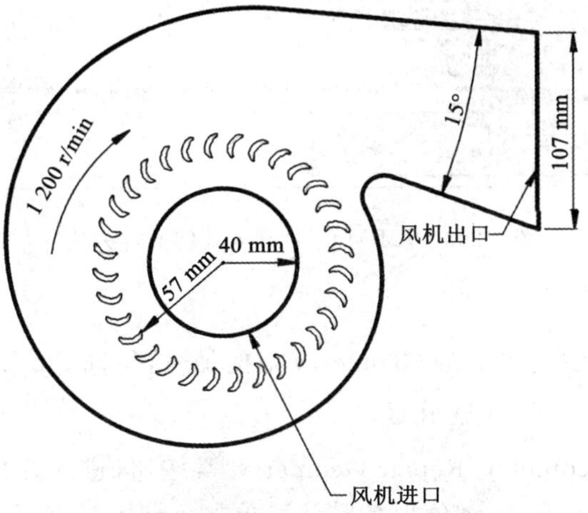

图 6-202 离心式风机的 2D 截面结构示意图

本节涉及的内容有如下两个方面：

(1) 使用 ICEM CFD 进行区域分割后单独划分网格，划分完毕再合并；

(2) 利用 ANSYS Fluent 进行多参考系模拟二维风机流场计算与后处理。

6.5.2 几何建模

由于风机结构复杂，建议在 AutoCAD 中对离心式风机二维截面进行建模，注意在建模的时候将风机叶轮的旋转中心设置在(0,0)位置，便于后续在旋转参考系设置时指定动区域的旋转中心。

按图 6-202 所示的结构进行建模，风机的蜗壳采用不等边基元法作图。风机二维图完成后，单击 CAD 中的面域图标，选中所有画好的线，按 Enter 键确定，即可对二维曲线建立面域，方便将二维图导入 ICEM CFD 中。而后在 CAD 中将该面域输出为 IGES 格式，命名为 blower-2D。

6.5.3 网格划分

6.5.3.1 读入风机几何文件

① 打开 ICEM CFD 软件，在菜单中进行 File/Import Model 操作，选择风机二维截面

几何文件(blower-2D. igs),如图 6-203 所示,单击打开。

② 在 Import Model 操作面板 Geometry Preferences 选项组中勾选 Import line bodies 复选框,单击 Apply 按钮,将几何导入 ANSYS ICEM CFD 中,如图 6-204 所示。

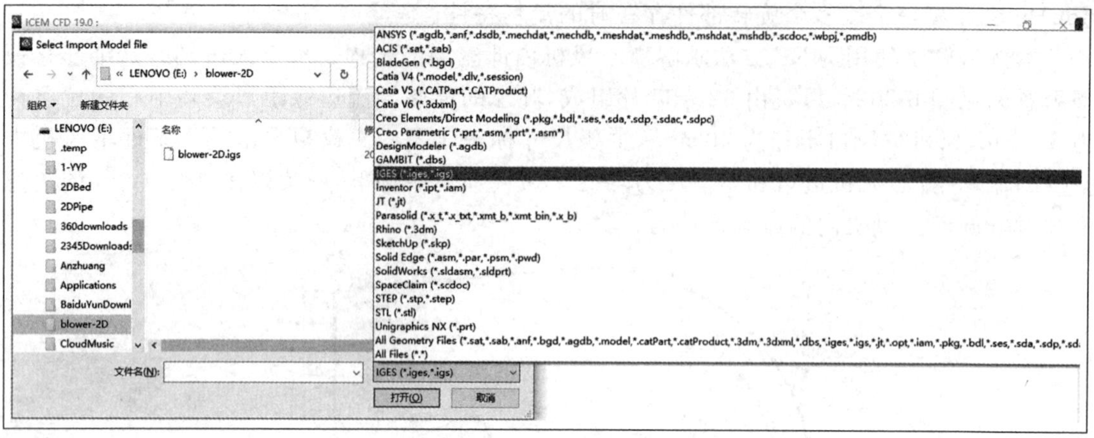

图 6-203 ICEM CFD 导入几何文件方法

6.5.3.2 几何修补

① 在界面左侧的显示树中单击 Geometry 前的加号,勾选 Surfaces,再单击工具栏中的 Solid Simple Display 按钮,以显示面。

② 选择工具栏中 Geometry/Repair Geometry 按钮,进入几何修复面板,如图 6-205 所示。几何修复面板中 Tolerance 值保持默认。单击 Apply 按钮后自动对几何体进行几何修复,其结果如图 6-206 所示。

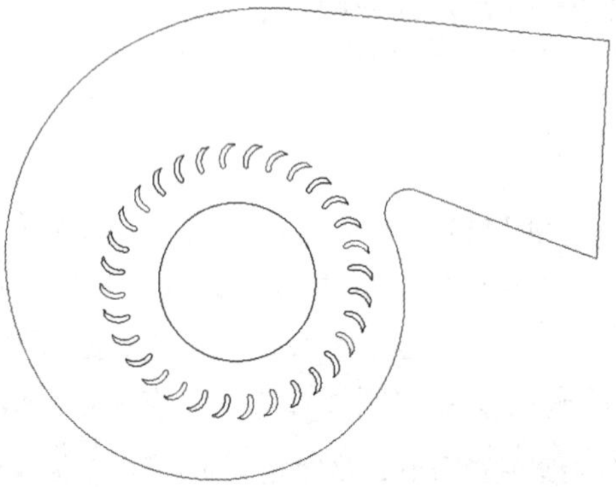

图 6-204 导入的风机结构图

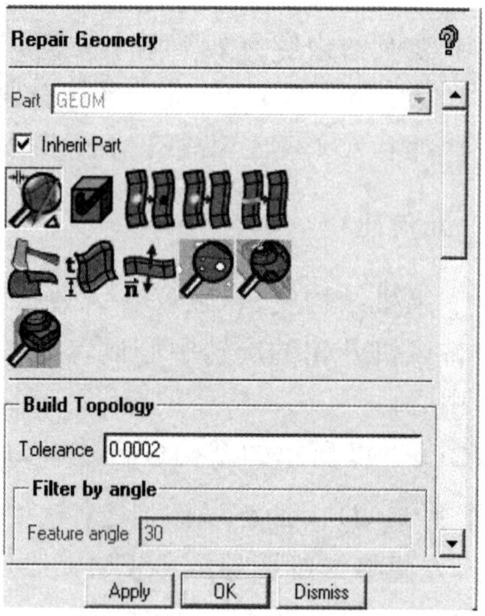

图 6-205 几何修复面板

6.5.3.3 检查几何有无缺失,对多余的面进行删除

由于画网格仅仅是对风机内流体流过的区域做网格划分,对没有流体经过的面要进行

删除，因此叶片内和最中间的圆面需做删除处理。在工具栏中选择 Geometry/Delete Surface ，单击鼠标左键去选中需要删除的面，单击鼠标中键后即可删除多余的面，删除后只剩下流体需要经过的面，如图 6-207 所示。

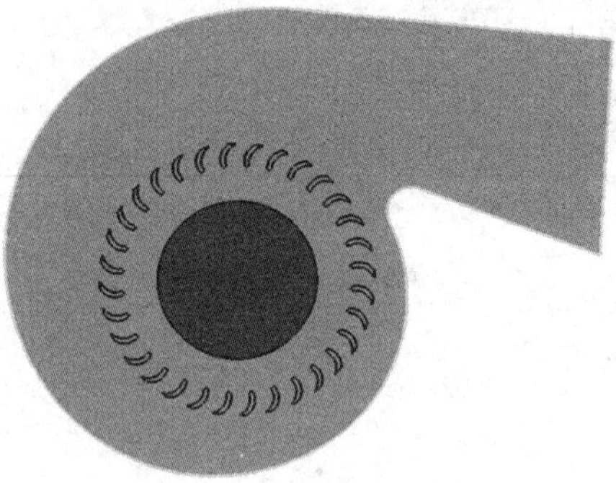

图 6-206 几何修复后的图

图 6-207 删除多余面后的风机二维图

6.5.3.4 创建 Parts

单击左侧模型树中 Parts 前的加号，然后右键单击 Parts，在菜单中单击 Create Part，进入 Create Part 设置面板，如图 6-208 所示。

① 在 Create Part 设置面板中输入新 Part 的名称，如输入 PRESSURE_INLET。

② 单击 Entities 选项右侧的箭头，在右边视图窗中选择模型表面。如在右侧视图窗选中内部圆的曲线单元。

③ 单击 Apply 按钮完成新 Part 的创建。

④ 通过重复以上步骤来完成其他平面 Part 的创建。该例需创建风机进口的边界 PRESSURE_INLET、风机出口的边界 PRESSURE_OUTLET、叶片边界 BLADES 和风机边界 WALL，如图 6-210 所示。

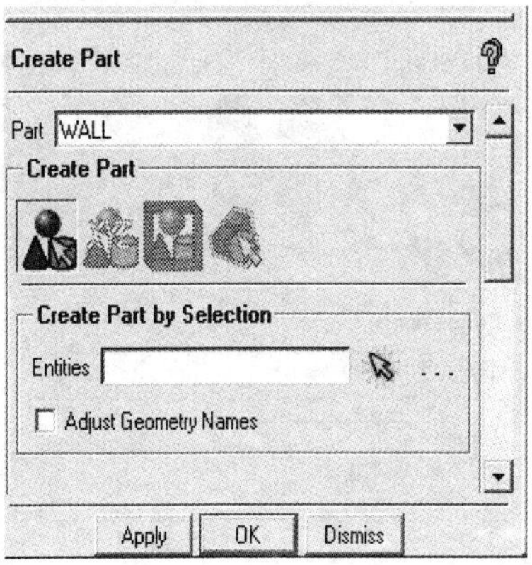

图 6-208 创建 Part 的面板

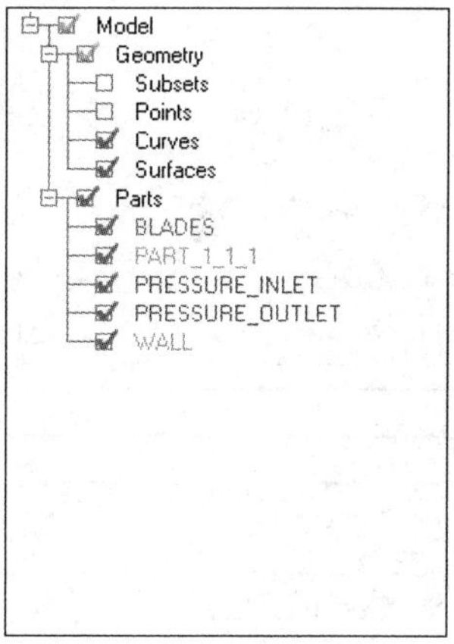

图 6-209 创建 Parts

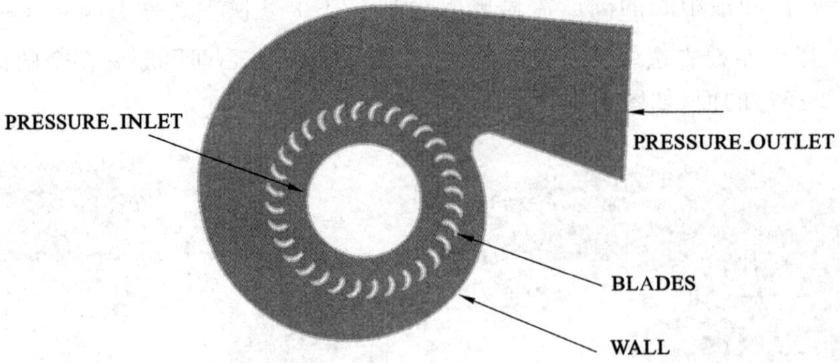

图 6-210 边界命名

6.5.3.5 区域分割,创建 interface 交界面

将风机分为三个区域:进口区域、叶轮旋转区域和出口流动区域。

(1) 将左侧显示树中 Points 勾选上,把图形中的点显示出来。

(2) 在标签栏中选择 Geometry/Create Point ,进入创建点的面板,如图 6-211 所示。

(3) 选择 Explicit Coordinates ,在下方的 X、Y、Z 中输入坐标值,单击 Apply 按钮创建点。由于将叶轮旋转中心设置在(0,0,0)点,需要创建 8 个点,其坐标分别为 A(50,0,0)、B(0,−50,0)、C(−50,0,0)、D(0,50,0)、E(76,0,0)、F(0,−76,0)、G(−76,0,0)、H(0,76,0)。

(4) 在标签栏中选择 Geometry/Create/Modify Curve ,进入创建线的面板。

(5) 选择 Acr ,从 Create Acr Method 的下拉菜单中选择 From 3 Points,再单击下方的图标 ,分别选择点 ABC、CDA、EFG、GHE 后单击 Apply 按钮创建线,就能创建两个半径为 50 mm 和 76 mm 的分割圆,如图 6-213 所示。

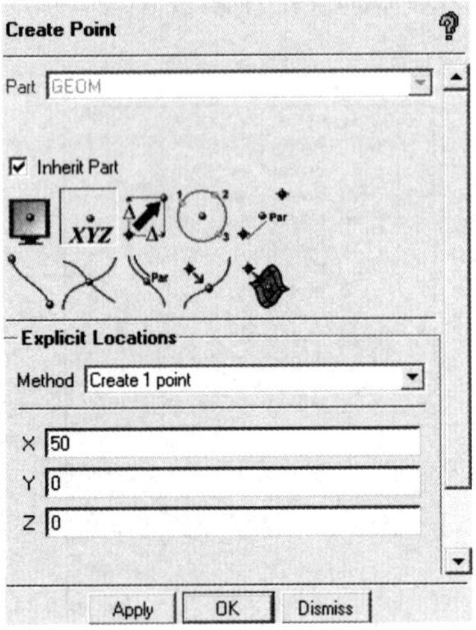

图 6-211 创建点的面板

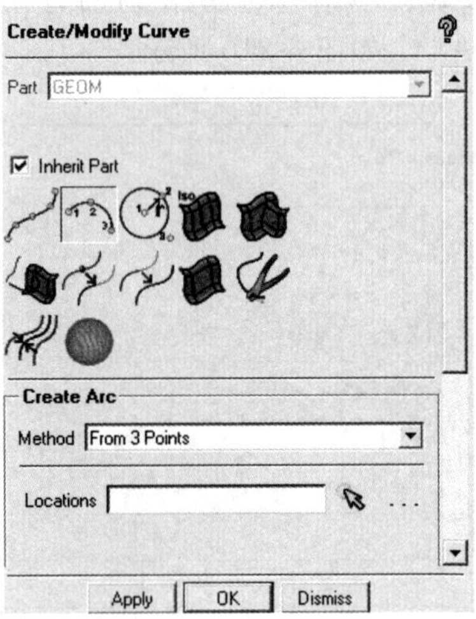

图 6-212 创建线的面板

(6) 分割面。

① 选择 Geometry/Create/Modify Surface /(Segment/Trim Surface) ,弹出 Segment Surface 设置面板。

② 单击 Surface 右侧的 Select Surface(s) 按钮，在右侧视窗选择要分割的面；单击 Curves 右侧的 Select Curve(s) 按钮，在右侧视窗选择将面分割的曲线。

③ 单击 Apply 按钮就能把流动区域分割为三个区域。

(7) 创建新的 Part。

① 将新创建的半径为 50 mm 的圆命名为 Interface-1，新创建的半径为 76 mm 的圆命名为 Interface-2，如图 6-214 所示。

② 将被这两个分割圆分割成的里、中、外三个面分别创建 Part，分别将内部圆环围成的面命名为 FLUID-IN，中部的面命名为 FLUID-ROTOR，外部的面命名为 FLUID-OUT。

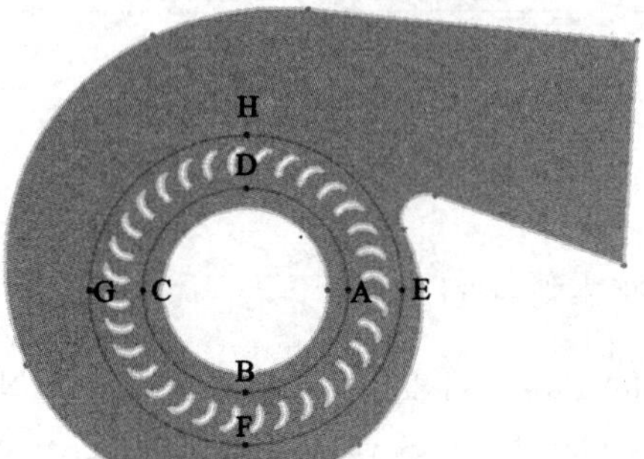

图 6-213　创建点和线

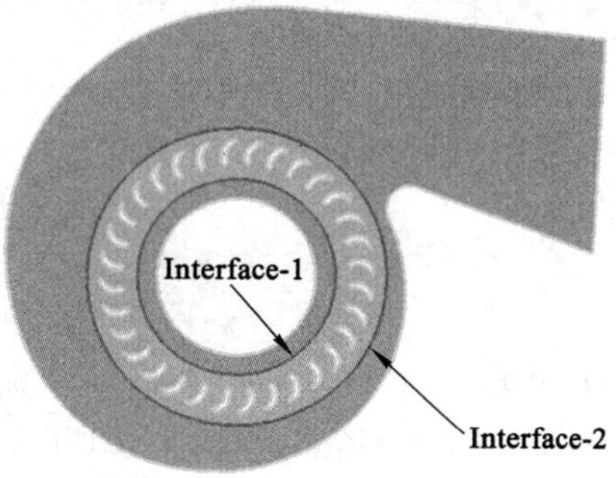

图 6-214　分割区域效果图

6.5.3.6　分割后的几何分开保存

(1) 如图 6-215(a)所示，在界面左侧显示树中的 Parts 列表下，只勾选 FLUID-OUT、INTERFACE-2、PRESSURE_OUTLET 和 WALL，进行 File/Geometry/Save Visible Geometry As…操作，将其保存为 fluid-out. tin 文件。

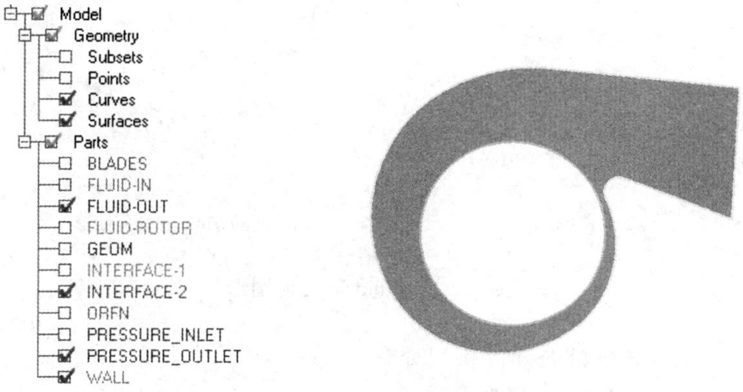

(a) 勾选Parts　　(b) fluid-out几何图形

图 6-215　显示 fluid-out 几何图形

(2) 如图 6-216(a)所示，在界面左侧显示树中的 Parts 列表下，只勾选 FLUID-ROTOR、INTERFACE-1、INTERFACE-2 和 BLADES 后，选择 File/Geometry/Save Visible

Geometry As…，将其保存为 fluid-rotor. tin 文件。

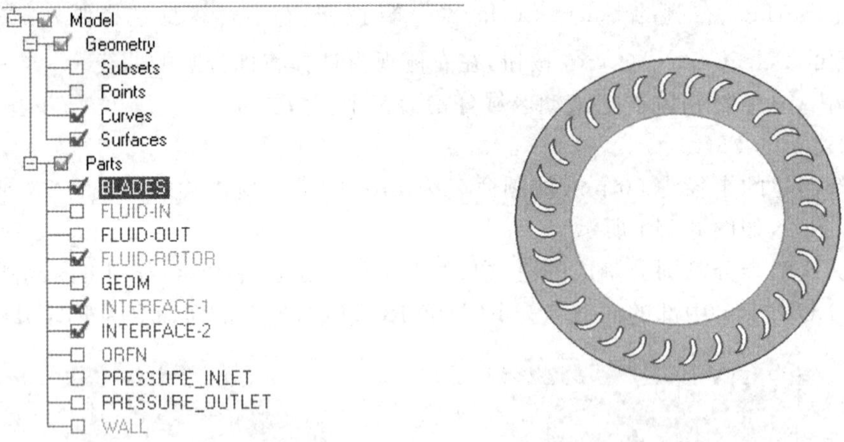

（a）勾选Parts　　（b）fluid-rotor几何图形

图 6-216　显示 fluid-rotor 几何图形

（3）如图 6-217(a)所示，在界面左侧显示树中的 Parts 列表下，只勾选 FLUID-IN、INTERFACE-1 和 PRESSURE_INLET 后，选择 File/Geometry/Save Visible Geometry As…，将其保存为 fluid-in. tin 文件。

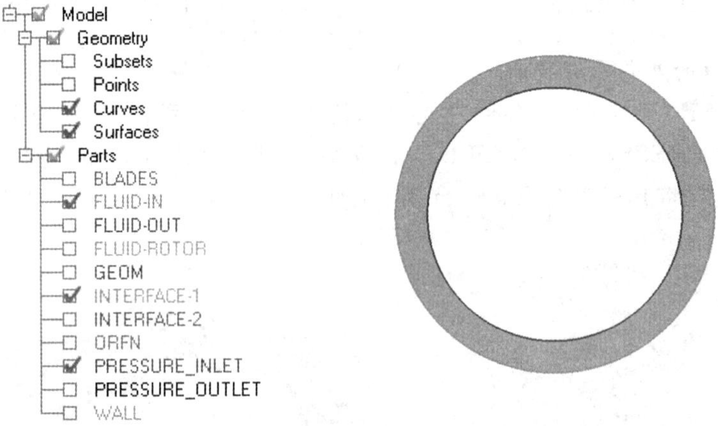

（a）勾选Parts　　（b）fluid-in几何图形

图 6-217　fluid-in 几何图形

6.5.3.7　分割后的几何分别进行网格划分

（1）对 fluid-out. tin 进行网格划分

① 重新打开 ICEM CFD，单击 File/Geometry/Open Geometry，在弹出窗口中选择 fluid-out. tin 文件。

② 在弹出的提示是否要新建 Project 的对话框中选择 Yes。

③ 勾选界面左侧显示树下的 Surfaces，再单击工具栏中的 Solid Simple Display 按钮，图形显示窗口中即显示出面。

④ 选择标签栏 Geometry/Repair Geometry ，进行几何修复，打开显示树下的 Parts，检查是否缺少 Part。

⑤ 在标签栏中选择 Mesh/Global Mesh Setup ，进入全局网格尺寸设置面板，如图6-218所示，Global Element Scale Factor 保持默认值 1.0，Global Element Seed Size 调整为 1。

⑥ 在标签栏中选择 Mesh/Compute Mesh ，进入非结构网格计算面板，如图 6-219 所示，在 Mesh Type 的下拉菜单中选择 Hexa-Dominant，然后单击 Compute 按钮，进入非结构网格自动生成。生成的外部几何的网格如图 6-220 所示。

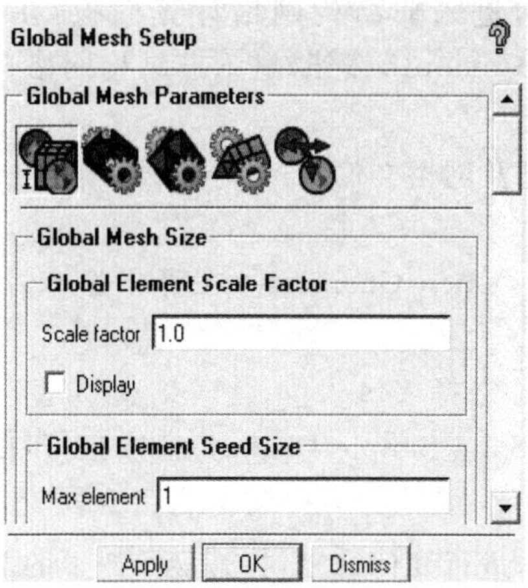

图 6-218 全局网格尺寸设置面板

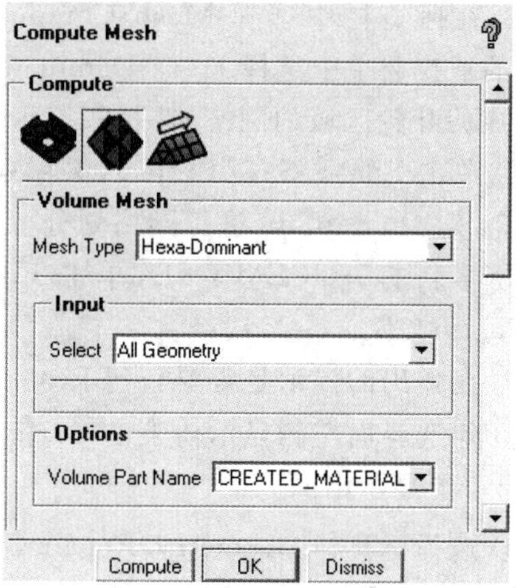

图 6-219 非结构网格计算面板

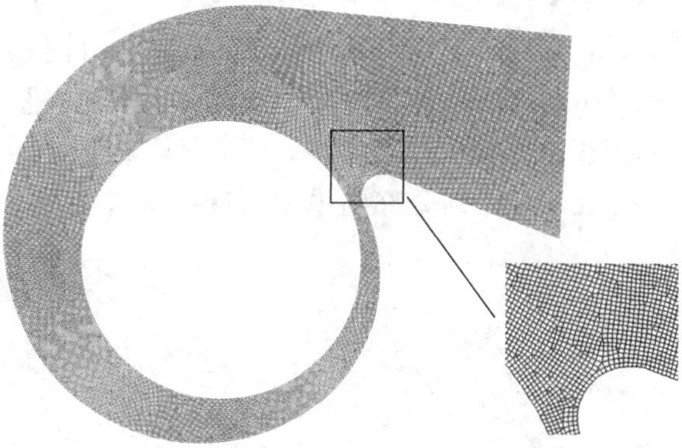

图 6-220 外部几何网格（局部放大）

⑦ 单击 File 下 Save Project，保存划分好的模型及网格文件。

（2）对 fluid-rotor. tin 进行网格划分

① 重新打开 ICEM CFD，单击 File/Geometry/Open Geometry，在弹出窗口中选择 fluid-rotor. tin 文件。

② 弹出的提示是否要新建 Project 的对话框选择 Yes。

③ 勾选界面左侧显示树下的 Surfaces，再单击 Solid Simple Display 按钮，即在图形

显示窗口中显示出面。

④ 选择标签栏 Geometry/Repair Geometry ，进行几何修复，打开显示树下的 Parts，检查是否缺少 Part。

⑤ 在标签栏中选择 Mesh/Global Mesh Setup ，进入全局网格尺寸设置面板，Global Element Scale Factor 保持默认值 1.0，Global Element Seed Size 调整为 1.0。在标签栏 中选择 Part Mesh Setup，进入局部网格尺寸设置面板，将 BLADES 部分的 Maximum size 调整为 0.5，对叶轮部分进行局部加密。

⑥ 在标签栏中选择 Mesh/Compute Mesh ，进入非结构网格计算面板，在 Mesh Type 的下拉菜单中选择 Hexa-Dominant，然后单击 Compute 按钮，进入非结构网格自动生成，生成的叶轮区域的网格如图 6-221 所示。

⑦ 单击 File 下 Save Project，保存划分好的模型及网格文件。

(3) 对 fluid-in.tin 进行网格划分

① 重新打开 ICEM CFD，单击 File/Geometry/Open Geometry，在弹出窗口中选择 fluid-in.tin文件。

② 在弹出的提示是否要新建 Project 的对话框中选择 Yes。

③ 勾选界面左侧显示树下的 Surfaces，再单击 Solid Simple Display 按钮，即在图形显示窗口中显示出面。

④ 选择标签栏 Geometry/Repair Geometry ，进行几何修复，打开显示树下的 Parts，检查是否缺少 Part。

⑤ 在标签栏中选择 Mesh/Global Mesh Setup ，进入全局网格尺寸设置面板，Global Element Scale Factor 保持默认值 1.0，Global Element Seed Size 调整为 1。

⑥ 在工具栏中选择 Mesh/Compute Mesh ，进入非结构网格计算面板，在 Mesh Type 的下拉菜单中选择 Hexa-Dominant，然后单击 Compute 按钮，进入非结构网格自动生成，生成的进口区域的网格如图 6-222 所示。

⑦ 单击 File 下 Save Project，保存划分好的模型及网格文件。

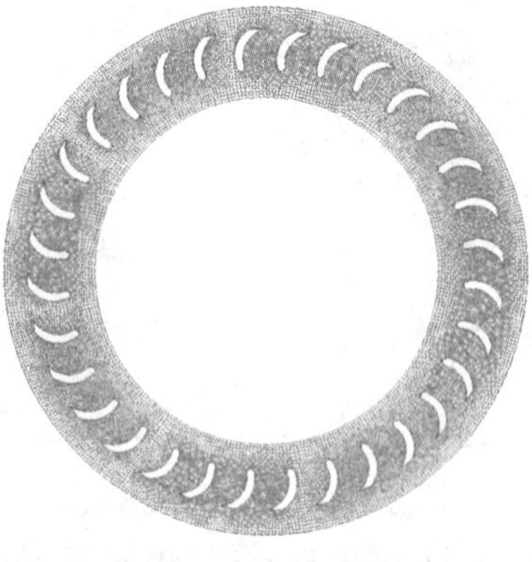

图 6-221 叶轮区域网格

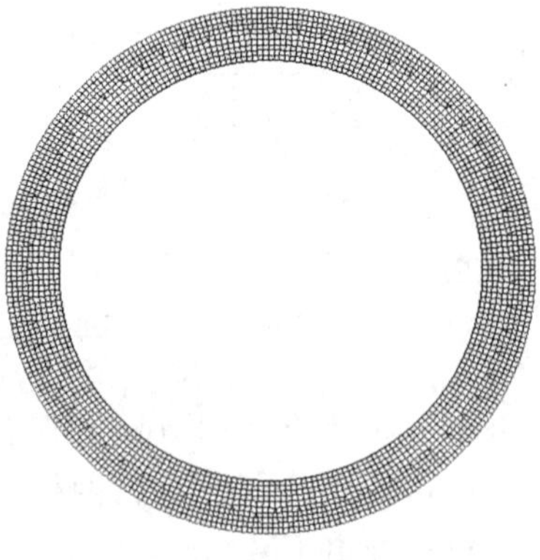

图 6-222 进口区域网格

6.5.3.8 网格合并

(1) 重新启动 ICEM CFD 软件，选择 File/Change Working Dir…，指定文件的保存

路径。

(2) 选择 File/Mesh/Open Mesh…,导入 fluid-in.uns 网格文件。

(3) 接着继续选择 File/Mesh/Open Mesh…,导入 fluid-rotor.uns 网格文件,在弹出的如图6-223所示的网格已存在提示对话框中单击 Merge 按钮,将两个网格合并。

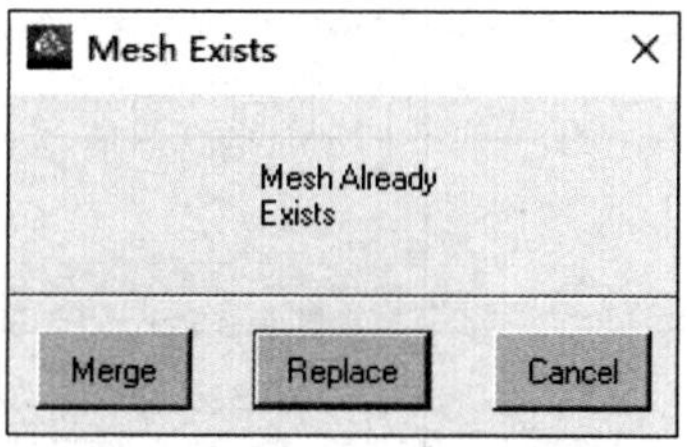

图 6-223 网格已存在提示对话框

(4) 继续选择 File/Mesh/Open Mesh…,导入 fluid-out.uns 网格文件,在弹出的网格已存在提示对话框中再次单击 Merge 按钮,将三部分的网格合并为一个完整的网格,如图 6-224 所示。

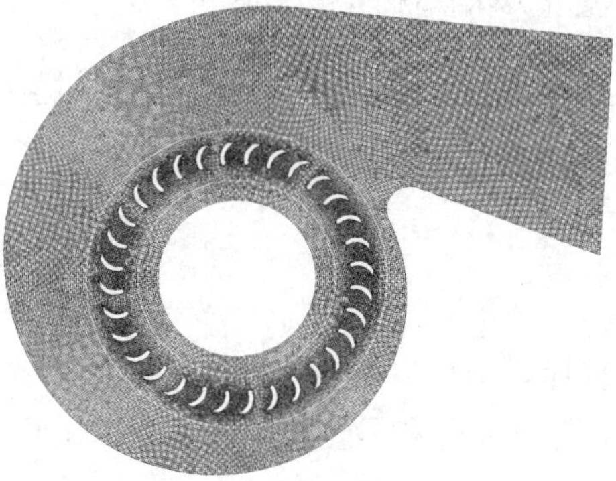

图 6-224 网格合并

(5) 打开左侧显示树中的 Parts,检查是否缺少 Part。

(6) 选择标签栏中 Edit Mesh/Display Mesh Quality ,检查网格质量。

6.5.3.9 输出 mesh 网格

通过以上步骤已经将二维风机的网格划分完成,接下来就需要将网格文件以 ANSYS Fluent 软件能够读入的形式输出 mesh 文件。

(1) 在标签栏中选择 Output Mesh/Select Solver ,进入选择求解器面板,如图 6-225 所示。在 Output Solver 下拉列表中选择 ANSYS Fluent,然后单击 Apply 按钮确认。

(2) 标签栏中选择 Output Mesh/Write input ,在出现的 Save Current Project First 对话框中选择 Yes,保存文件。在之后弹出的如图 6-226 所示的输出参数设置面板中选择 2D,修改输出文件命名为 blower-2D,单击 Done 按钮就可使 mesh 文件输出到指定路径,在 ANSYS Fluent 软件中就可以读入该 mesh 文件。

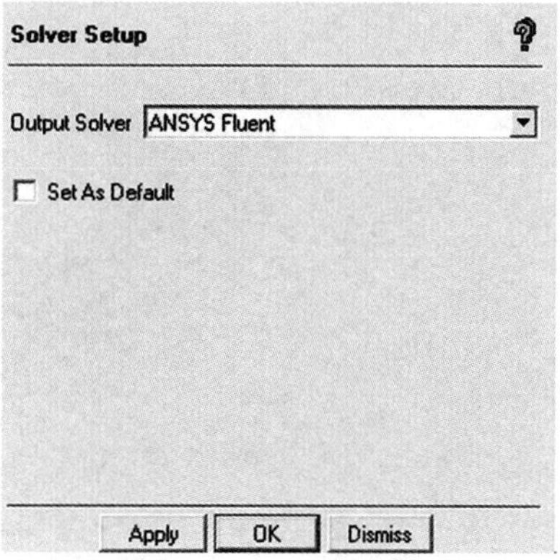

图 6-225 选择求解器面板

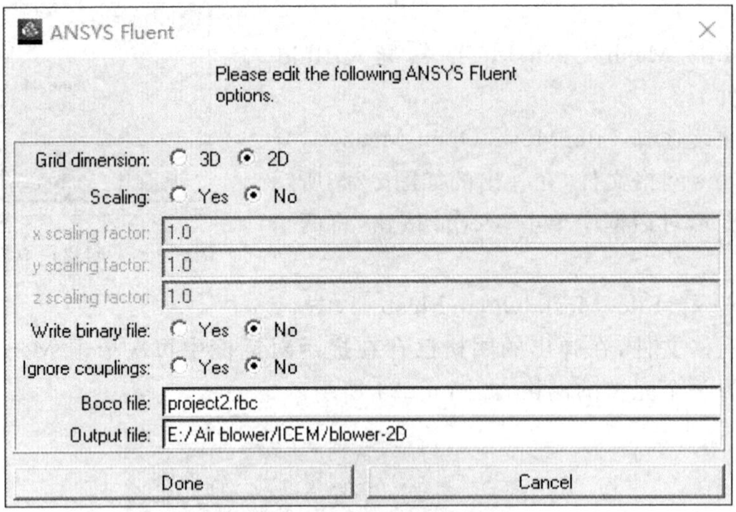

图 6-226　输出参数设置面板

6.5.4　求解与后处理

单击 FLUENT 启动程序，启动 ANSYS Fluent 软件，在弹出的 Fluent Launcher 对话框中选择 2D，勾选 Double Precision 和 Display Mesh After Reading，然后单击 OK 按钮进入 FLUENT 操作界面。

6.5.4.1　步骤 1：网格

（1）网格读取

依次操作：File/Read/Mesh。

打开文件选择对话框，选择前面划分好的网格文件（blower-2D. msh），单击 OK 按钮开始读入。网格读入后，将显示在主窗口中，如图 6-227 所示。

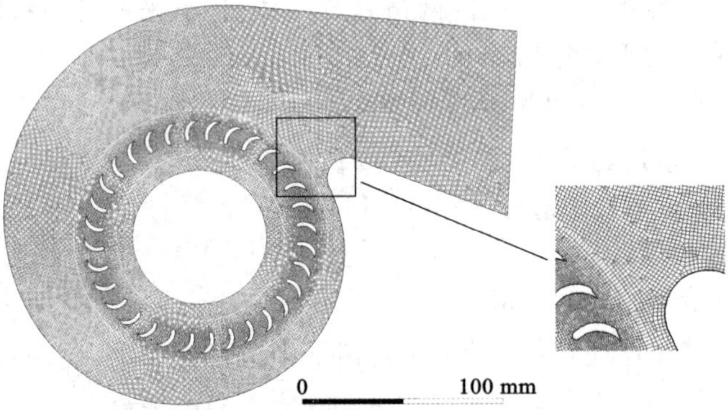

图 6-227　网格显示

（2）网格缩放

依次操作：Mesh/Scale。

选择 General/Scale，将弹出如图 6-228 所示的网格缩放窗口。在 View Length Unit In

中选择 mm,在 Mesh Was Created In 中选择 mm,然后单击网格缩放窗口中的 Scale 按钮确认缩放。确认尺寸缩放后的值与实际建模有无偏差,若没有就单击 Close 按钮关闭网格尺寸缩放设置面板。

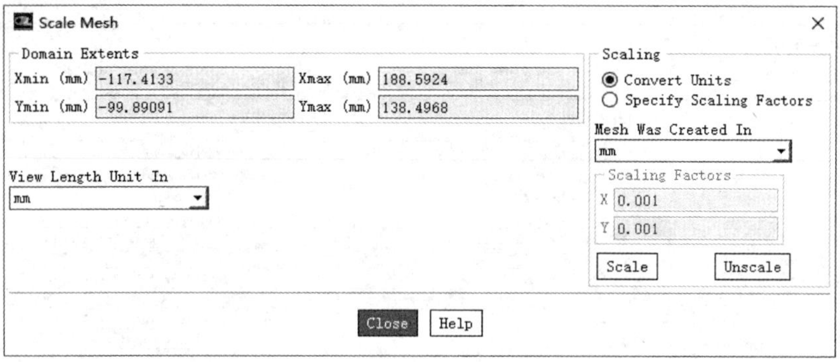

图 6-228 网格尺寸缩放设置面板

(3) Interface 交界面设置

依次操作:Setup/Mesh Interfaces。

网格导入后,对于存在交界面 interface 的网格,对同一个位置处的 interface 交界面要首先进行合并或者配对等操作,使 FLUENT 可以通过该边界进行两个区域交界位置处的数据传递。

注:没有进行此步设置时,单击 Check 按钮进行网格检查时将提示网格检查失败。

① 双击左侧导航栏中 Mesh Interfaces,弹出 Mesh Interfaces 对话框,如图 6-229 所示。单击手动创建 Manual Create 按钮,进入 Create/Edit Mesh Interfaces 设置面板。

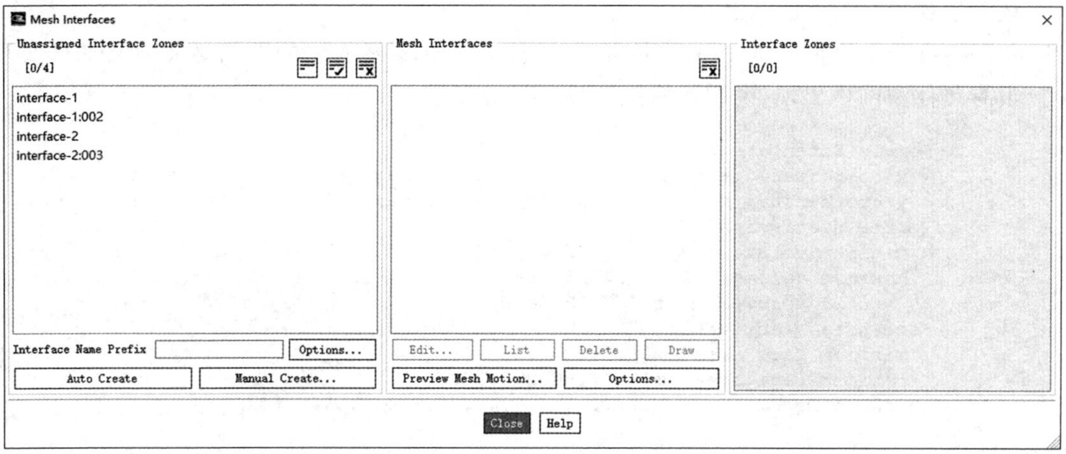

图 6-229 Mesh Interface 对话框

② 在 Mesh Interface 文本框中输入 interior1,在 Interface Zones Side 1 和 Interface Zones Side 2 中分别选 interface-1 和导入 FLUENT 后自动生成的与之相对应的 interface-1:002,单击 Create 按钮确认合并为一个 interface。

③ 在 Mesh Interface 文本框中输入 interior 2,在 Interface Zones Side 1 和 Interface

Zones Side 2 中分别选 interface-2 和导入 FLUETN 后自动生成的与之相对应的 interface-2:003,单击 Create 按钮确认合并为另一个 interface。合并交界面后如图 6-230 所示。单击 Close 按钮关闭设置面板。

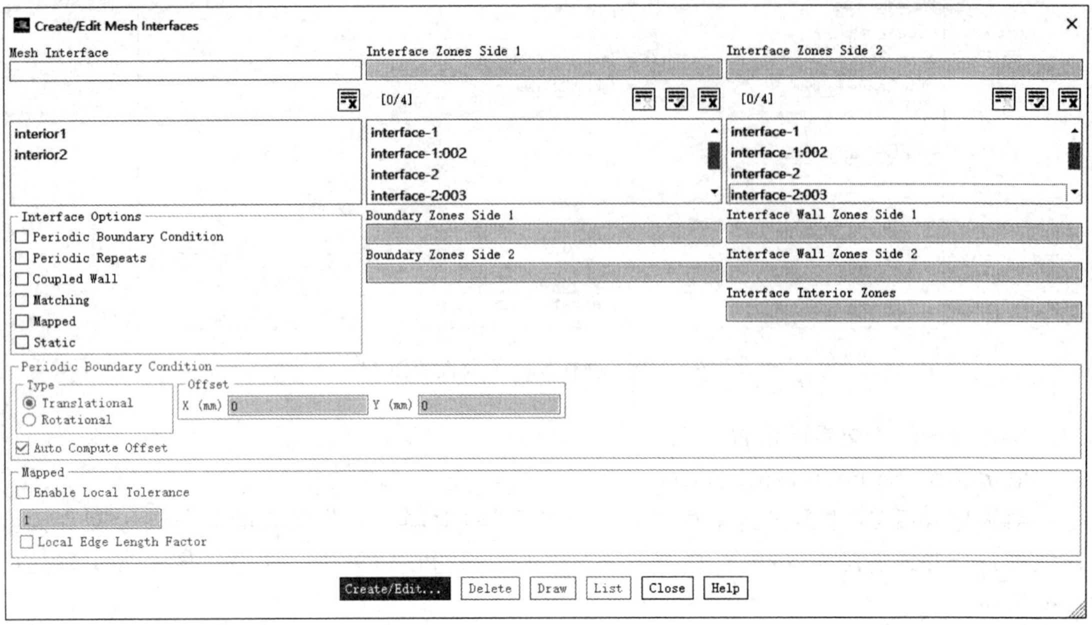

图 6-230 Interface 设置

(4) 网格检查

依次操作:Mesh/Check。

单击 General 面板中的 Check 按钮。数据窗口中将显示出的网格数据如图 6-231 所示。没有负体积网格出现,说明网格能够满足运算要求。

```
 Domain Extents:
   x-coordinate: min (m) = -1.174133e-01, max (m) = 1.885924e-01
   y-coordinate: min (m) = -9.989091e-02, max (m) = 1.384968e-01
 Volume statistics:
   minimum volume (m3): 1.277211e-07
   maximum volume (m3): 1.791578e-06
     total volume (m3): 4.375276e-02
 Face area statistics:
   minimum face area (m2): 4.576819e-04
   maximum face area (m2): 1.689220e-03
 Checking mesh.....................................
Done.
```

图 6-231 网格检查信息

6.5.4.2 步骤 2:求解器设置

(1) 求解器参数设置

依次操作:Setup/General。

在 General 面板中对 Solver 中的求解器进行设置,如图 6-232 所示。在 Type 下选中

Pressure-Based，在 Velocity Formulation 下选中 Absolute，在 Time 下选中 Steady，在 2D Space 下选中 Planar。勾选 Gravity，在 Y(m/s^2)文本框中输入−9.81。

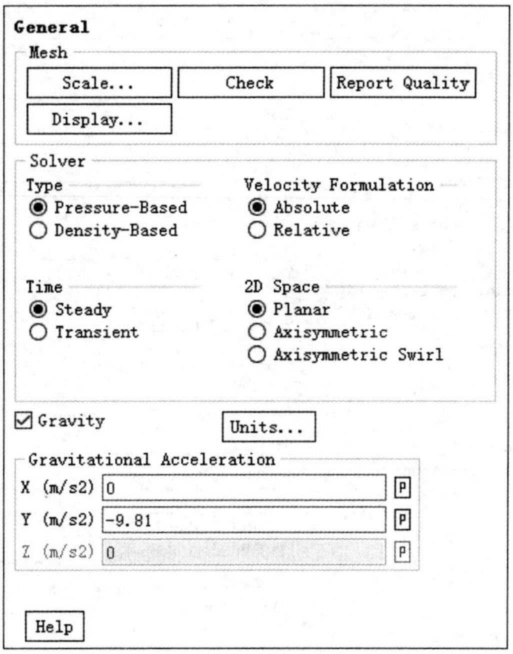

图 6-232　基本求解器的选择

(2) 单位设置

单击 General 面板中的 Units 按钮，打开单位设置面板。将角速度单位设置为 rpm(转/分钟)，替代默认的 rad/s，然后单击 Close 按钮关闭单位设置面板。

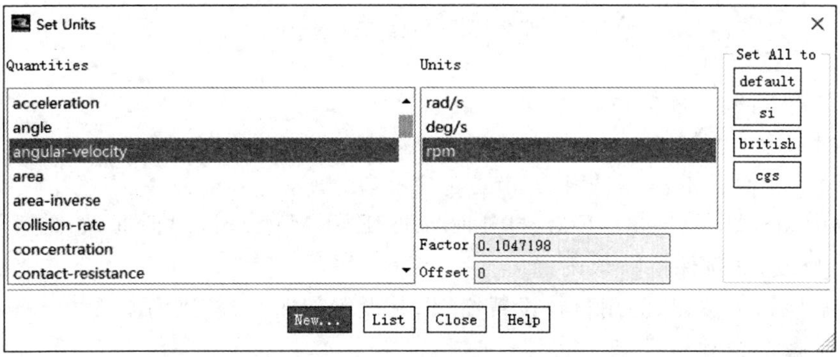

图 6-233　单位设置

6.5.4.3　步骤 3：定义湍流模型

依次操作：Setup/Models/Viscous。

(1) 单击左侧导航栏中的 Models，打开 Models 面板，在 Models 面板中选中 Viscous，然后单击 Edit 按钮打开 Viscous Model 窗口。

(2) 在 Model 列表中选中 k-epsilon(2 eqn)湍流模型，在 k-epsilon Model 列表下选中

Standard，在 Near-Wall Treatment 列表下选中 Enhanced Wall Treatment，保持默认参数设置，如图 6-234 所示。

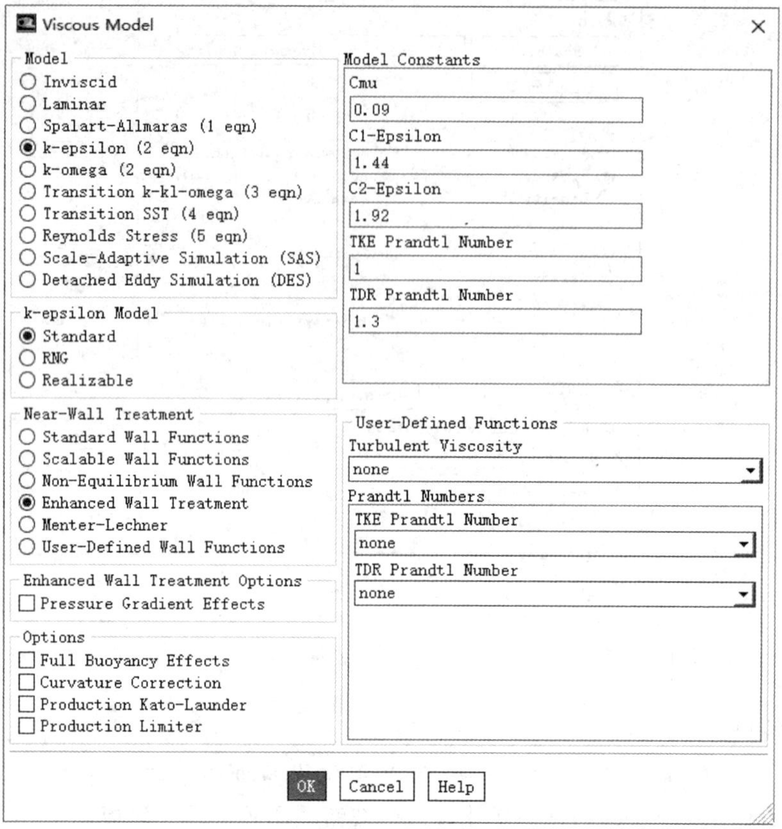

图 6-234 选择湍流模型

6.5.4.4 步骤 4：定义材料属性

依次操作：Setup/Materials。

FLUENT 中默认的流体材料为 air。

(1) 选中 air，单击 Create/Edit，打开 Create/Edit Materials 对话框，如需对其参数进行变化可进行修改，此例保持默认设置。

(2) 单击 Close 按钮，关闭材料设置窗口，其设置如图 6-235 所示。

6.5.4.5 步骤 5：流体域设置

依次操作：Setup/Cell Zone Conditions。

(1) 选中 Cell Zone Conditions 列表中的 fluid-rotor，单击 Edit 按钮进入 fluid-rotor 叶轮旋转区域的流体域设置窗口，如图 6-236 所示。

(2) 勾选 Frame Motion，设置在动区域建立旋转坐标系。

① 在 Reference Frame 标签下，设置 Rotation-Axis Origin 为(0,0)，即坐标系的旋转中心。

② 设置 Rotational Velocity 为－1 200 rpm，表示建立的旋转坐标系的转速，该处负号表示顺时针旋转。

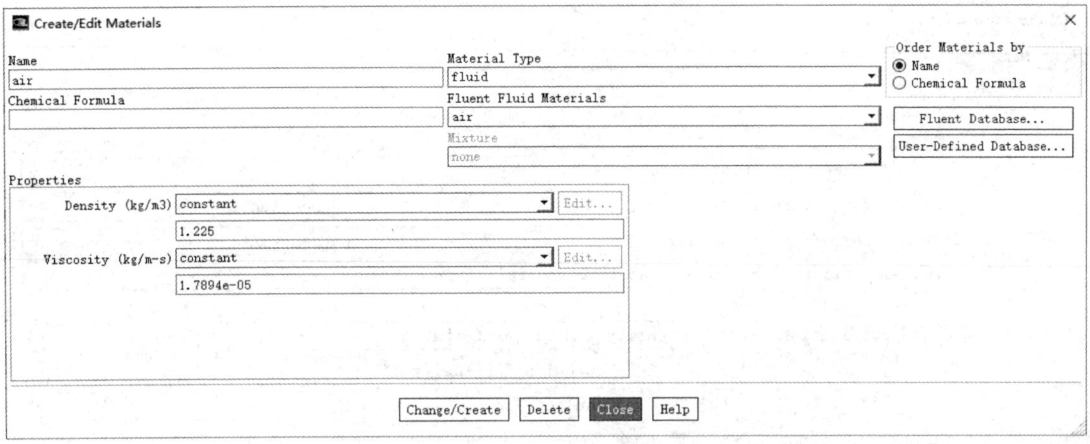

图 6-235　材料属性设置

③ 其他设置保持默认即可，然后单击 OK 按钮关闭流体域设置窗口。

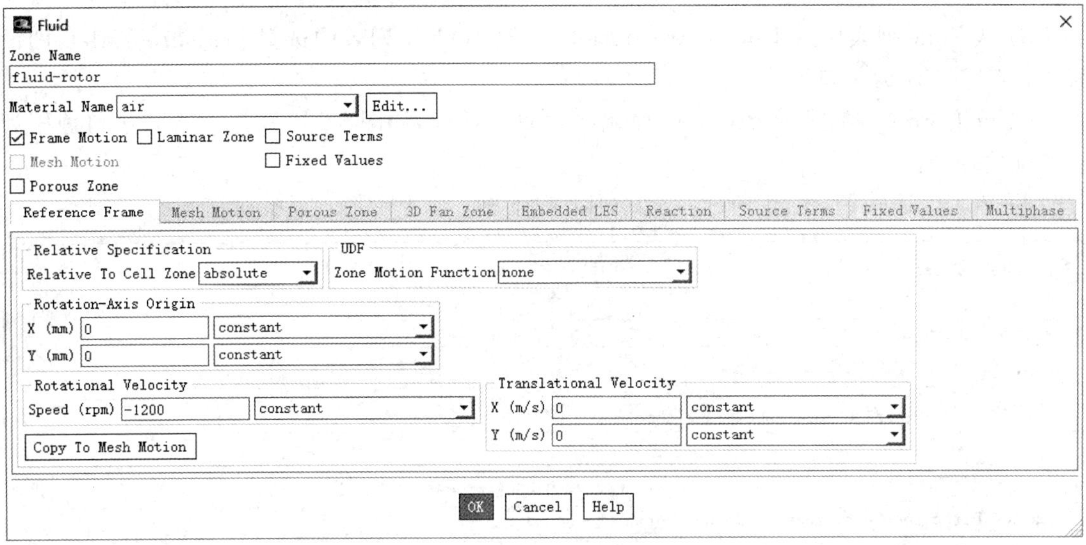

图 6-236　流体域设置

6.4.5.6　步骤 6：边界条件设置

依次操作：Setup/Boundary Conditions。

(1) 进口边界条件设置

① 从 Zone 列表中选中 pressure_inlet，在 Type 下拉列表中选择 pressure-inlet，即设置进口类型为压力进口。

② 单击 Edit 按钮进入 Pressure Inlet 设置对话框，如图 6-237 所示。设置进口总压为 0，其余值保持默认。

③ 单击 OK 按钮，关闭 Pressure Inlet 对话框。

(2) 出口边界条件设置

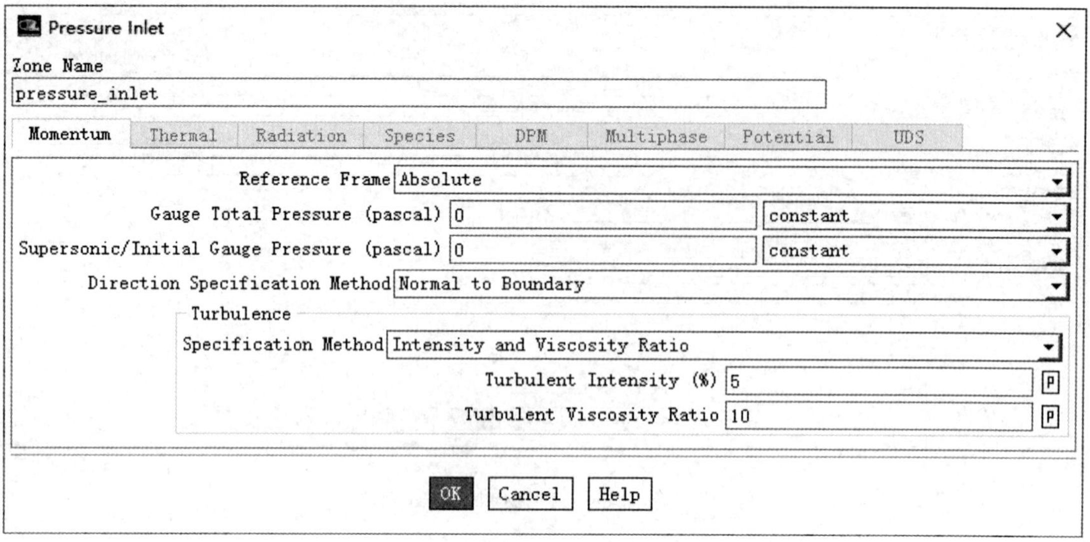

图 6-237 Pressure Inlet 对话框

① 从 Zone 列表中选中 pressure_outlet，在 Type 下拉列表中选择 pressure-outlet，即设置进口类型为压力出口。

② 单击 Edit 按钮进入 Pressure Outlet 设置对话框，如图 6-238 所示。设置出口静压为 0，其他值保持默认。

③ 单击 OK 按钮，关闭 Pressure Outlet 对话框。

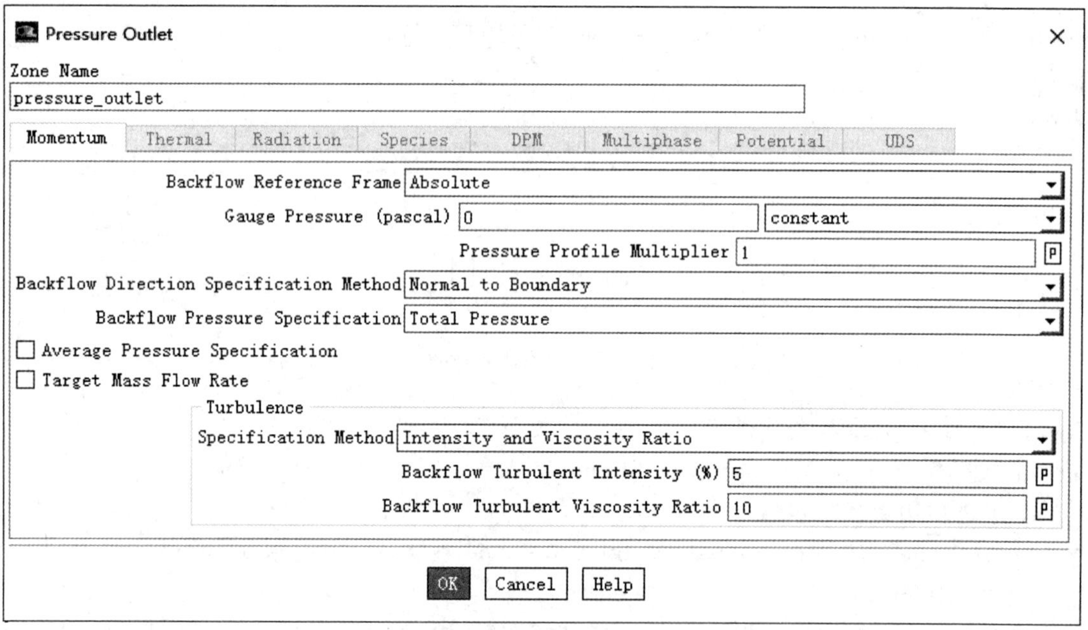

图 6-238 Pressure Outlet 设置对话框

(3) 叶片动边界设置

① 选中 Zone 列表中的 blades，在 Type 下拉菜单中选择 wall，即设置叶片类型为壁面，再单击 Edit 按钮进入 Wall 设置对话框。

② 在 Wall 对话框的 Momentum 标签下，选择 Wall Motion 为 Moving Wall。

③ 在 Motion 选项组中选择 Relative to Adjacent Cell Zone 和 Rotational，相对角速度 Speed 中保持默认值为 0，表示叶片相对于旋转坐标系而言转速为 0(实际为 1 200 rpm)。Rotation-Axis Origin 的设置与动区域 fluid-rotor 的设置相同，保持默认即可。其具体设置如图 6-239 所示。

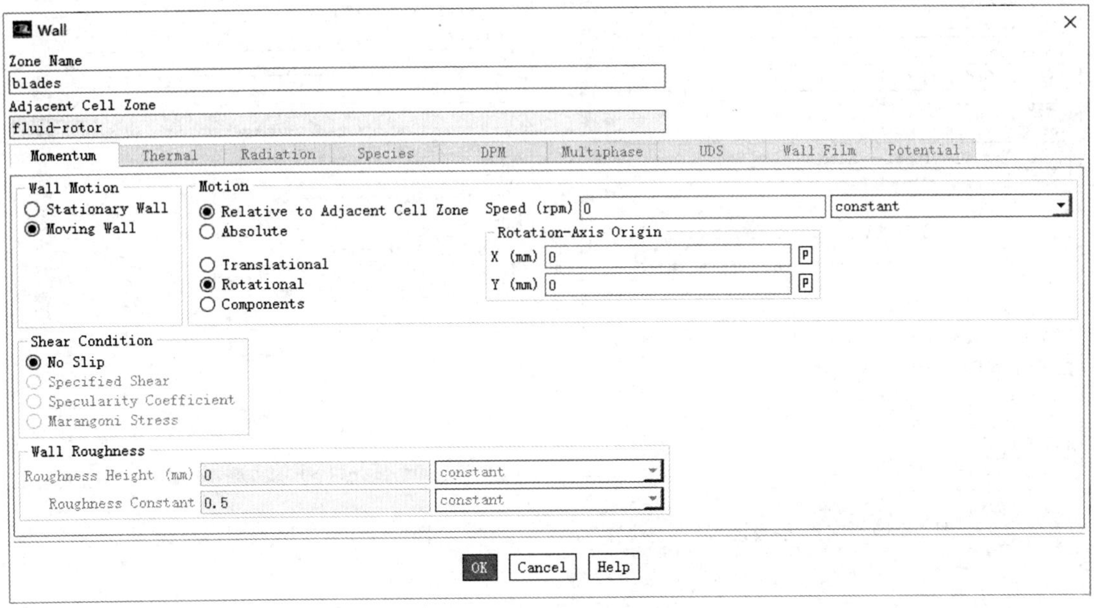

图 6-239 叶片壁面边界条件设置

(4) 静边界设置

将其他非转动边界设置为图 6-239 选项卡中的 Wall Motion 为“Stationary Wall”，表示绝对静止。因该设置为默认设置，此处不再赘述。

6.4.5.7 步骤 7：求解

(1) 求解控制参数的设置

依次操作：Solution/Methods。

双击左侧导航栏中的 Solution Methods，打开求解方法设置面板。

① 在 Pressure-Velocity Coupling 框中 Scheme 下拉菜单中选择 Coupled。

② 在 Spatial Discretization 框中 Gradient 下拉菜单中选择 Least Squares Cell Based。

③ Pressure 下拉菜单中选择 Second Order。

④ Momentum、Turbulent Kinetic Energy 和 Turbulent Dissipation Rate 的离散格式均设置为 Second Order Upwind，二阶迎风格式将提供一个更高的计算精度。设置后界面如图 6-240 所示。

(2) 设置松弛因子

依次操作：Solution/Controls。

双击左侧导航栏中的 Solution Controls，打开求解控制参数设置面板，所有的松弛因子设置均保持默认值，如图 6-241 所示。

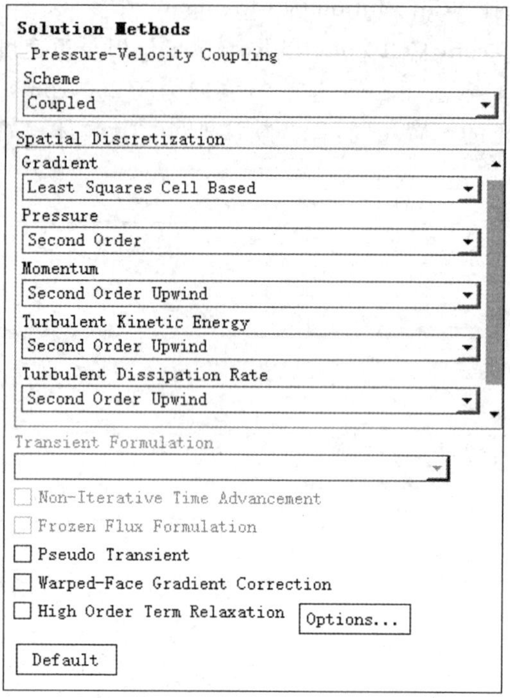

图 6-240　求解方法设置

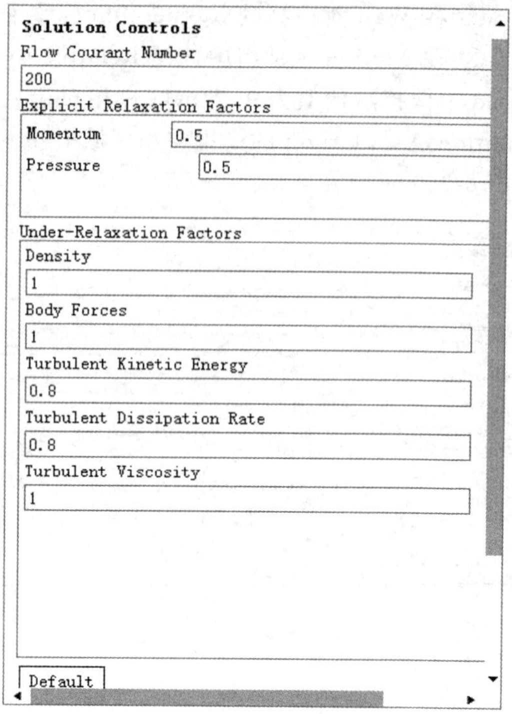

图 6-241　求解控制参数设置

(3) 设置残差

依次操作：Solution/Monitors/Residual。

① 勾选 Options 选项组下的 Print to Console 和 Plot 复选框。

② 修改 continuity 方程的残差值为 1e—05，其他方程的残差保持默认值，如图 6-242 所示。

③ 单击 OK 按钮，关闭残差设置对话框。

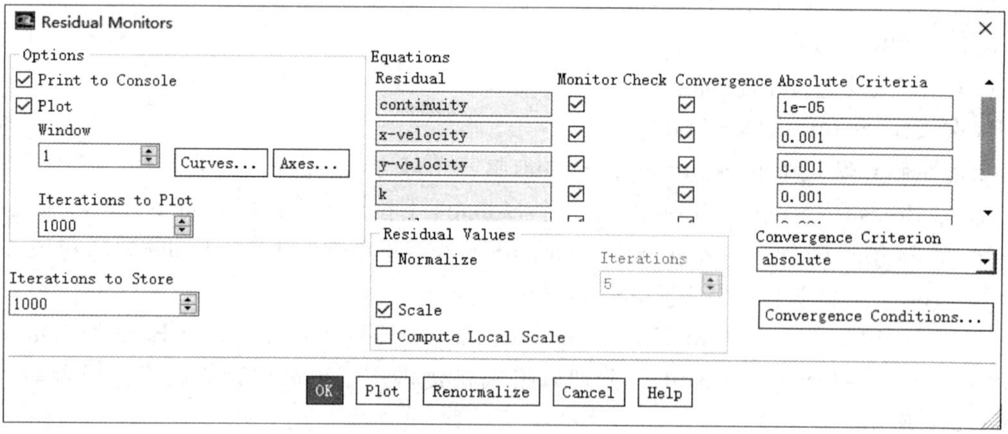

图 6-242　残差设置

(4) 监控出口面的空气流量

依次操作:Solution/Monitors/Report Plots。

① 弹出 Report Plot Definition 对话框,如图 6-243 所示,单击 New 按钮。

② 弹出 New Report Plot 对话框,如图 6-244 所示。单击 New 下拉框,进行 Surface Report/Volume Flow Rate 操作,弹出 Surface Report Definition 对话框,如图 6-245 所示。

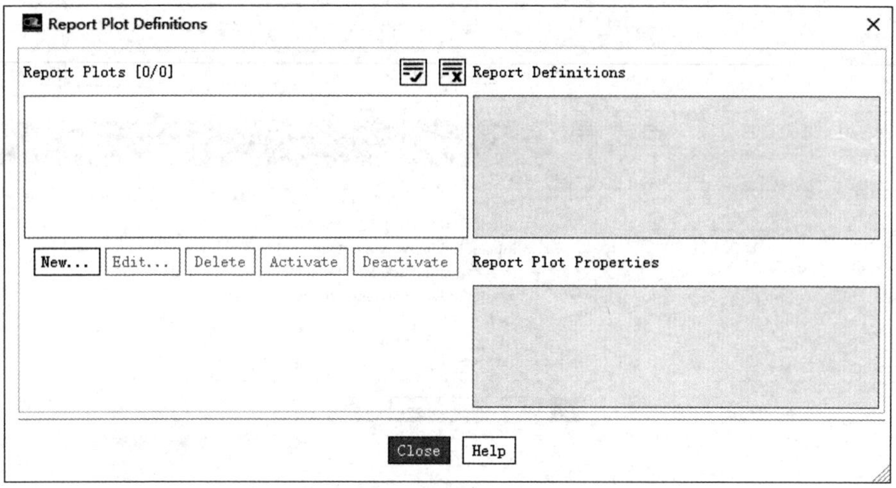

图 6-243 Report Plots Definitions 对话框

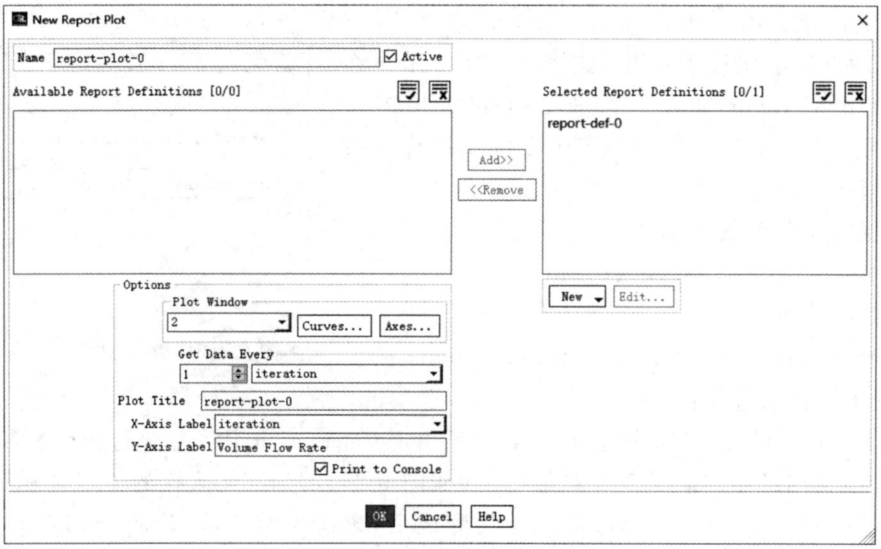

图 6-244 New Report Plot 对话框

③ 在 Surfaces 项选择监测表面为 pressure_outlet。

④ 单击 OK 按钮,关闭 Surface Report Definition 对话框。

⑤ 在 New Report Plot 对话框勾选 Print to Console,单击 OK 按钮,关闭对话框。

⑥ 单击 Close 按钮,关闭 Report Plot Definition 对话框。

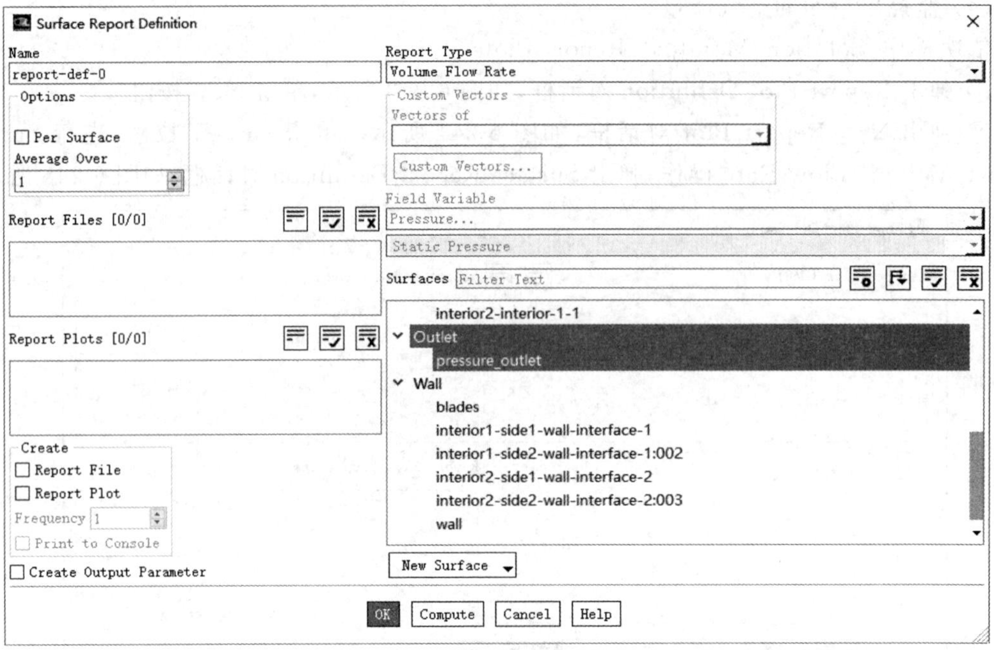

图 6-245　Surface Report Definition 设置面板

(5) 解的初始化

依次操作:Solution/Initialization。

弹出解的初始化设置面板,如图 6-246 所示。在 Initialization Methods 列表中选择 Hybrid Initialization 初始化方法,单击下方的 Initialize 按钮对计算值进行初始化。

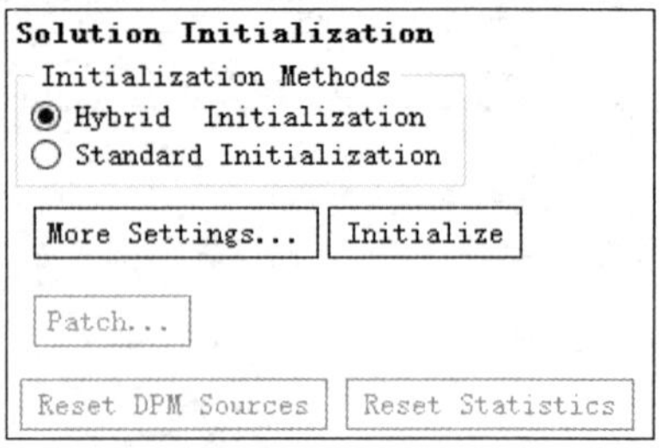

图 6-246　解的初始化设置面板

(6) 保存工程和数据文件

依次操作:File/Write/Case&Data。

(7) 迭代求解

依次操作:Solution/Run calculation/Calculate。

① 弹出迭代求解面板,如图 6-247 所示。在 Number of Iterations 中设置 3 500 的迭代步数,然后单击 Calculate 按钮开始进行迭代求解。

② 待各物理量残差值降至设置值以下,如图 6-248 所示,且监控的出口体积流量不再变化后(见图 6-249),视为计算收敛。迭代完成后,再次保存工程(blower-2D. cas)和数据(blower-2D. dat)文件。

6.5.4.8　步骤 8:后处理

(1) 显示静压云图

依次操作:Results/Graphics/Contours。

① 从 Contours of 的下拉框中分别选择 Pressure…和 Static Pressure,如图 6-250 所示。

② 勾选 Options 中的 Filled 复选框。

③ 单击 Display 按钮将在活动窗口中显示出静压云图,如图 6-251 所示。

④ 单击 Close 按钮，关闭云图设置对话框。

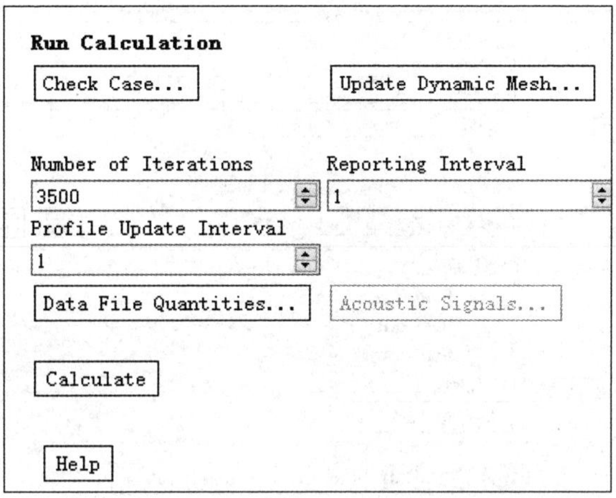

图 6-247　迭代求解

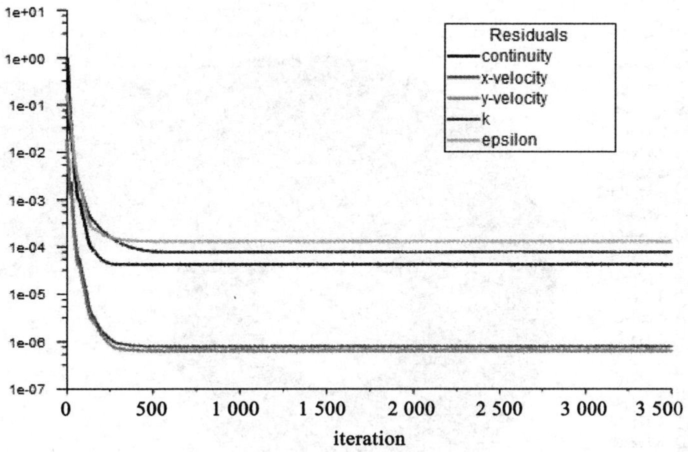

图 6-248　收敛残差曲线

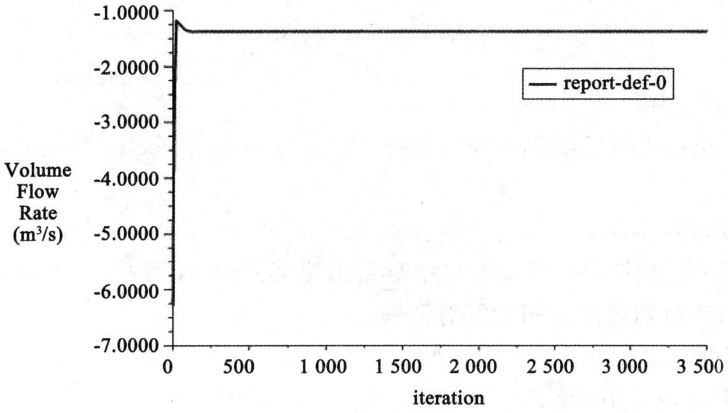

图 6-249　监控的出口体积流量变化曲线

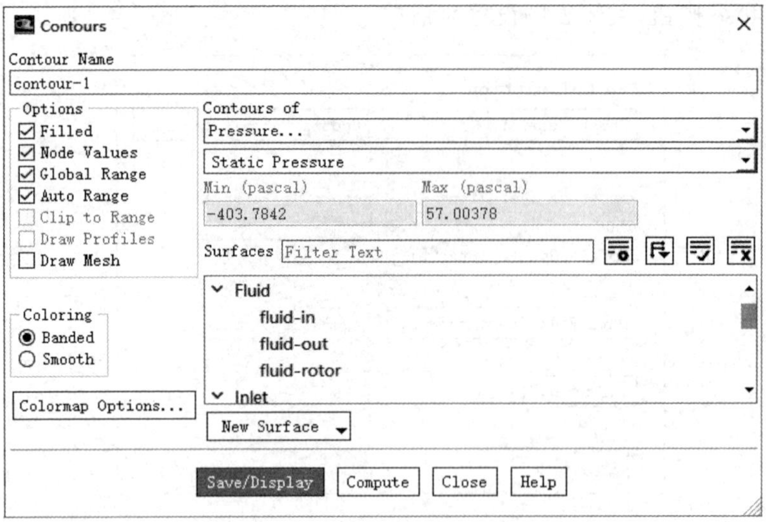

图 6-250 静压云图显示设置

图 6-251 静压云图

(2) 显示速度云图

① 从 Contours of 的下拉框中分别选择 Velocity…和 Velocity Magnitude，如图 6-252 所示。

② 勾选 Options 中的 Filled 复选框。

③ 单击 Display 按钮将在活动窗口中显示出速度云图，如图 6-253 所示。

④ 单击 Close 按钮关闭云图设置对话框。

(3) 显示速度矢量图

依次操作：Results/Graphics/Vectors。

① 在 Vectors of 下拉框中选择 Velocity，在 Color by 中选择 Velocity…及 Velocity Magnitude，如图 6-254 所示。

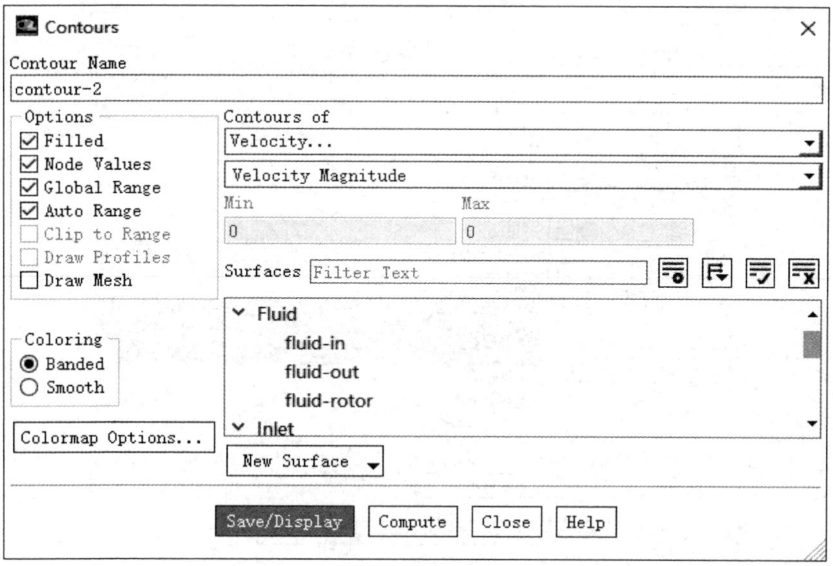

图 6-252　速度云图显示设置

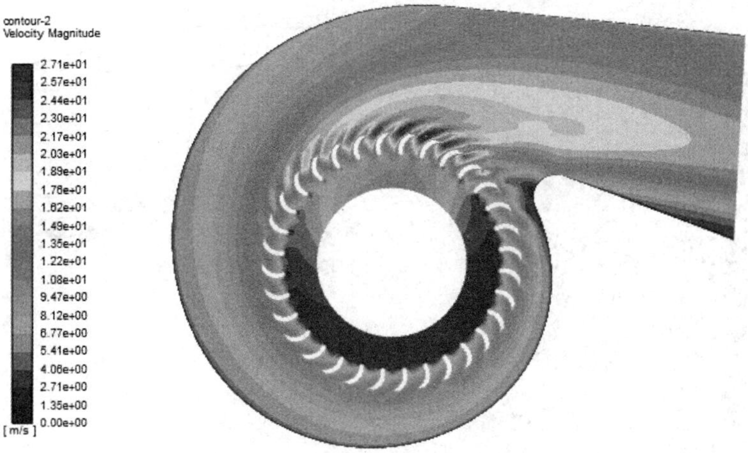

图 6-253　速度云图

② 单击 Vector Options…按钮，将矢量图设置得显示更协调。在弹出的 Vector Options 对话框中勾选 Fixed Length 复选框，单击 Apply 按钮，关闭对话框。此操作将矢量长度设置为相同，不随速度值大小发生变化。调整显示比例和疏密程度，在 Scale 处填入 0.01，在 Skip 处填入 25。

③ 勾选 Options 标签下 Draw Mesh，在弹出的 Mesh Display 对话框中，在 Surfaces 处单击选择 Inlet、Outlet 和所有的 Wall。单击 Display 按钮，关闭对话框。

④ 单击 Save/Display 按钮，将在活动窗口中显示速度矢量云图，如图 6-255 所示。单击 Close 按钮关闭矢量图设置对话框。

(4) 显示相对速度矢量图

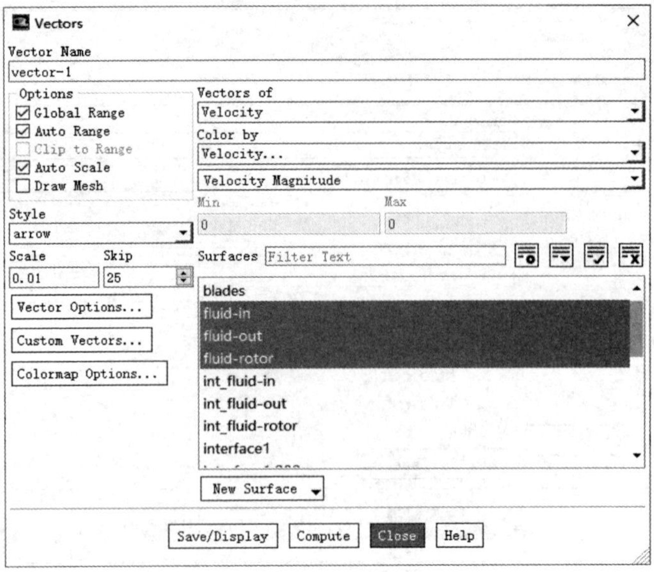

图 6-254　速度矢量图显示设置

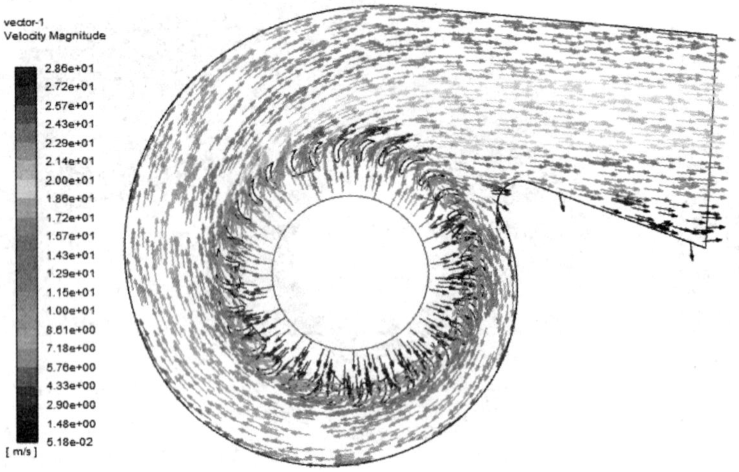

图 6-255　速度矢量图

① 单击左侧导航栏中的 Reference Values，在 Reference Zone 的下拉菜单中选 fluid-rotor。

② 单击左侧导航栏中 Results 下的 Graphics，双击 Graphics 列表中的 Vectors，弹出 Vectors 设置对话框，如图 6-256 所示。

③ 从 Vectors of 的下拉菜单中选择 Relative Velocity，Color by 的下拉菜单中分别选择 Velocity…和 Relative Velocity Magnitude。

④ 调整箭头比例和疏密程度，在 Scale 处填入 15，在 Skip 处填入 10。

⑤ 勾选 Options 标签下 Draw Mesh，在弹出的 Mesh Display 对话框中，在 Surfaces 处单击选择 Interface 1、Interface 2 和所有的叶片。单击 Display 按钮，关闭对话框。

⑥ 在 Surfaces 处单击选择 fluid-rotor。

⑦ 单击 Display 按钮将在活动窗口中显示出相对速度矢量图，如图 6-257 所示。

⑧ 单击 Close 按钮，关闭矢量图设置对话框。

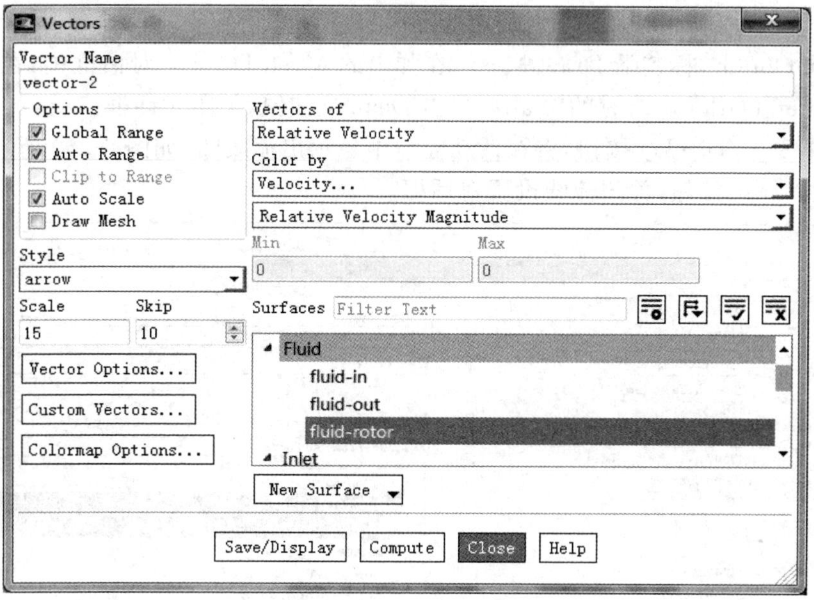

图 6-256　相对速度显示设置

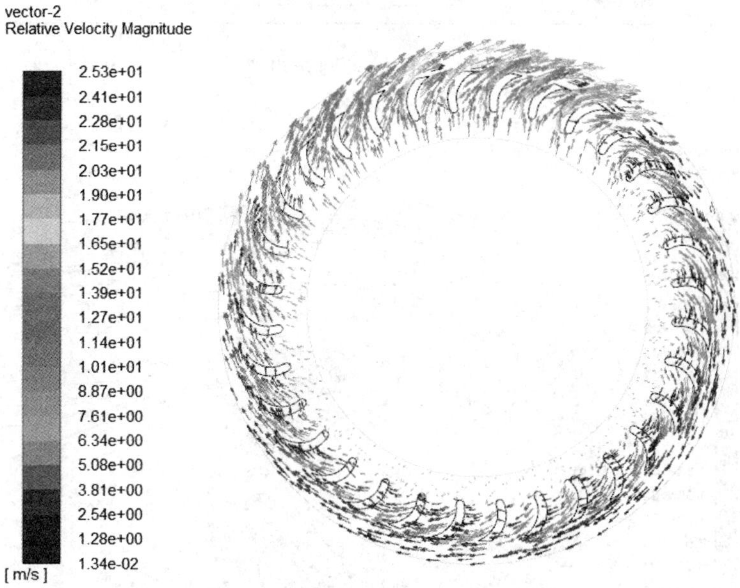

图 6-257　动区域相对速度矢量图

(5) 显示流线

依次操作：Results/Graphics/Pathlines。

① 弹出流线显示设置对话框，如图 6-258 所示。从 Color by 的下拉菜单中分别选择

Particle Variables…和 Particale ID。

② 在 Steps 中输入 3 500，便于显示迭代 3 500 步以内的流线。在 Path Skip 中输入 4，设置流线显示的疏密程度。

③ 在 Release from Surfaces 列表中选择风机进口 Pressure_inlet。

④ 勾选 Options 标签下 Draw Mesh，在弹出的 Mesh Display 对话框中，在 Surfaces 处单击选择 Inlet、Outlet 和所有的 Wall。单击 Display 按钮，关闭对话框。

⑤ 单击 Save/Display 按钮，将在活动窗口中显示出流线图，如图 6-259 所示。

⑥ 单击 Close 按钮，关闭流线设置对话框。

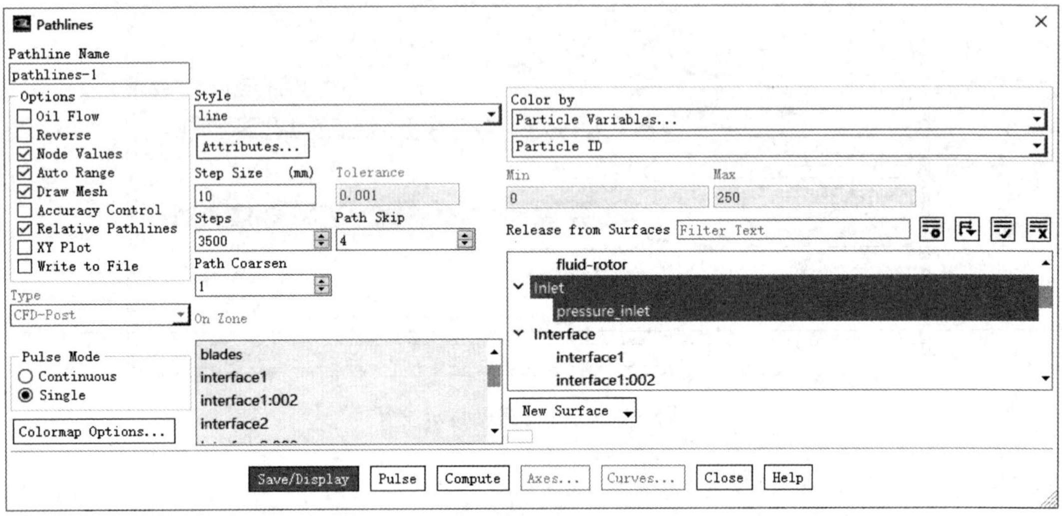

图 6-258 流线显示设置

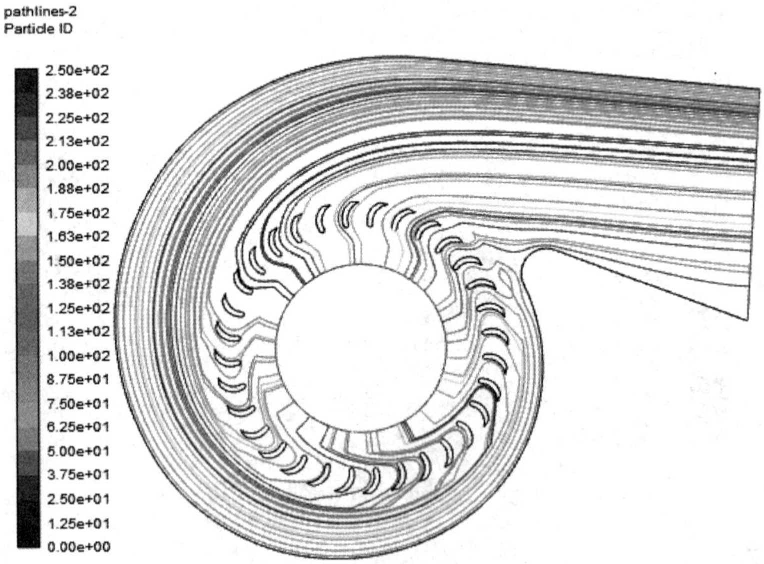

图 6-259 流线图

(6) 报告进出口的流量

依次操作:Results/Reports。

① 选中 Reports 列表中的 Fluxes,单击 Set Up 按钮,打开 Flux Reports 设置对话框,如图 6-260 所示。

② 在 Options 选项组下选择 Mass Flow Rate,在 Boundaries 列表中选择 pressure_inlet 和 pressure_outlet,单击 Compute 按钮,将在 Results 中显示出进出口的流量值。

③ 单击 Close 按钮,关闭 Flux Reports 设置对话框。

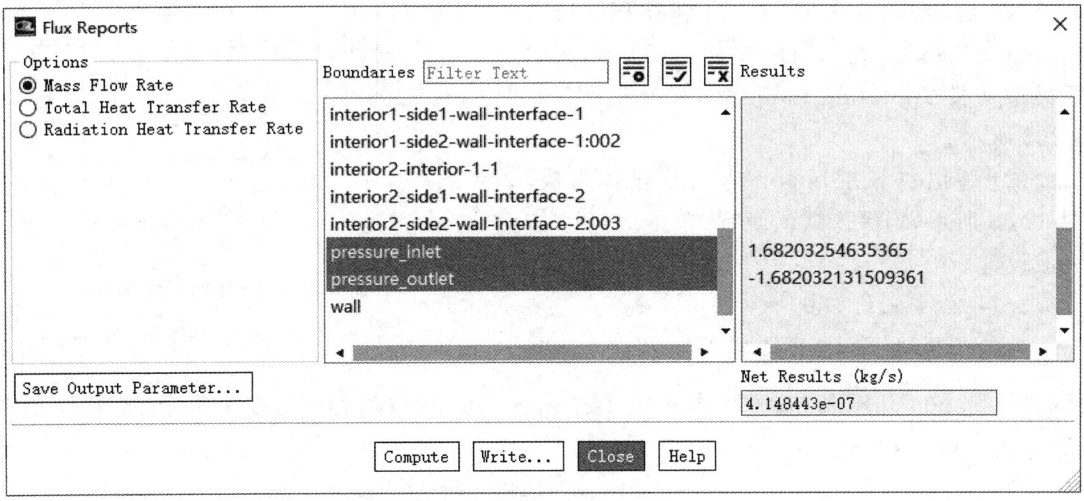

图 6-260 进出口流量显示

6.5.4.9 步骤 9:保存计算后的 Case 和 Data 文件

依次操作:File/Write/Case&Data。

6.6 搅拌设备内部流场液-固两相流数值模拟

6.6.1 实例简介

搅拌常用来进行物料的混合,该类问题涉及旋转部件的处理和多相混合的求解。旋转部件的处理和前述风机叶轮旋转处理类似,即使用多参考系 MRF 方法或者滑移网格方法计算。对于液-固两相流动的处理,当固相体积浓度极低时(小于 15%),一般使用离散相 DPM(Discrete Phase Model)方法;当浓度较高时,使用欧拉方法(使用欧拉双流体方法时,需借助 Granular 方法对固相的性质进行设置)。本例借助一个三维搅拌槽,讲解如何使用 MRF 方法、欧拉双流体模型对液-固两相流场进行求解。

该搅拌槽是一个直径为 200 mm、高度 300 mm 的圆形容器,槽内装有一个六直叶圆盘涡轮式搅拌器,搅拌器离容器底间隙为 80 mm,中心布置,如图 6-261 所示。

搅拌槽内的流体介质密度为 1 250 kg/m^3,黏度为 0.4 kg/(m·s),固体为密度 2 500 kg/m^3、粒径 100 μm 的颗粒,搅拌转速为 700 r/min。

本节采用多参考系法(MRF)来模拟搅拌器流场。涉及的内容有:

① 利用 ICEM CFD 完成搅拌槽体非结构网格的划分；

② 利用 FLUENT 中欧拉双流体模型进行液-固两相数值模拟。

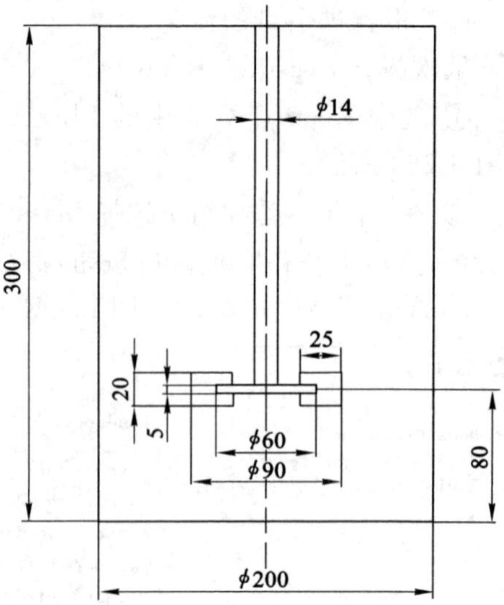

图 6-261　搅拌槽二维图

6.6.2　网格划分

6.6.2.1　导入模型

(1) 启动 ICEM CFD 19.0，单击 File 目录下的 Import Model，在弹出的文件选择对话框中选择模型文件 Agitating tank.igs，单击打开，如图 6-262 所示。

(2) 弹出左下方 Import Model 操作面板，如图 6-263 所示，均保持默认设置，单击 Apply 按钮完成设置。

6.6.2.2　检查几何拓扑

单击 ICEM CFD 工具栏 Geometry 选项下 Repair Geometry 按钮，弹出 Repair Geometry 操作面板，如图 6-264 所示，参数保持默认，单击 Apply 按钮完成设置。

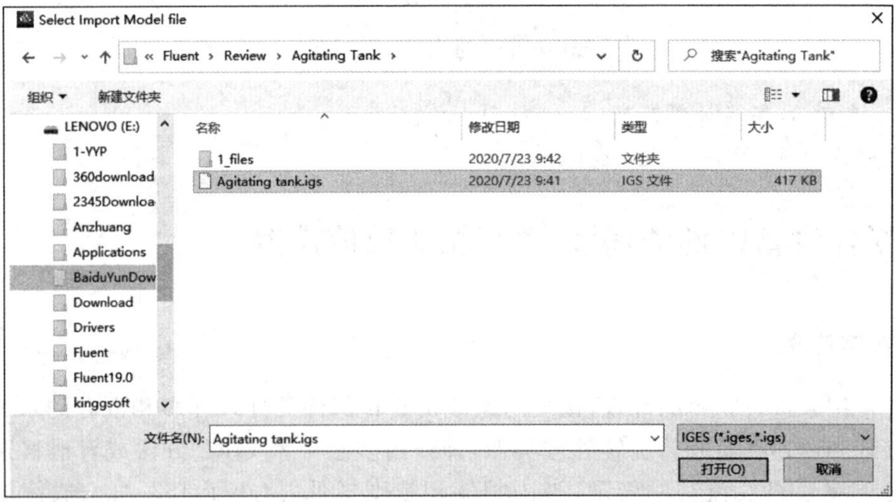

图 6-262　选择模型文件

6.6.2.3　创建 Part

(1) 勾选左侧模型树 Geometry 下的 Surface，并单击按钮。在模型树 Surface 上单击右键，在弹出来的列表中单击 Transparent，更改面透明度，如图 6-265 所示。

(2) 在左侧模型树中 Parts 单击右键，选择 Create Part，并将 Part 命名为 TOP FACE，点选搅拌槽上表面，如图 6-266 所示，选中的表面颜色变灰。单击 Apply 按钮完成设置。

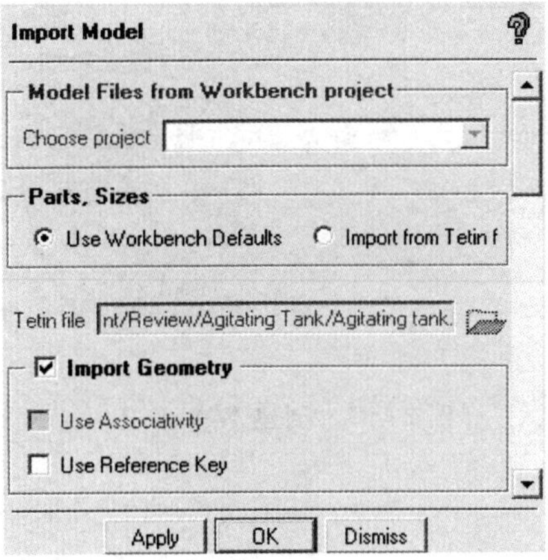

图 6-263　Import Model 操作面板

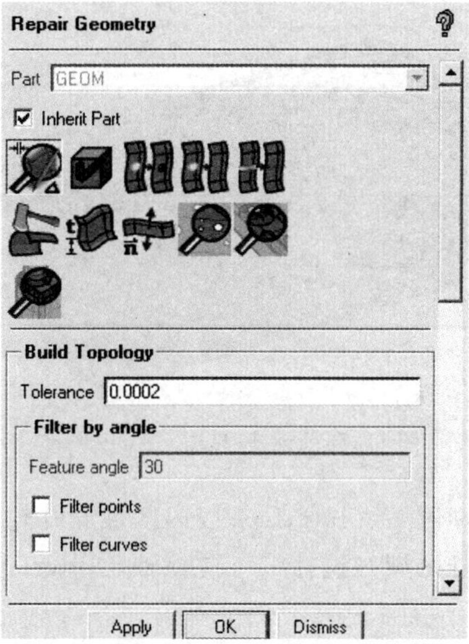

图 6-264　Repair Geometry 操作面板

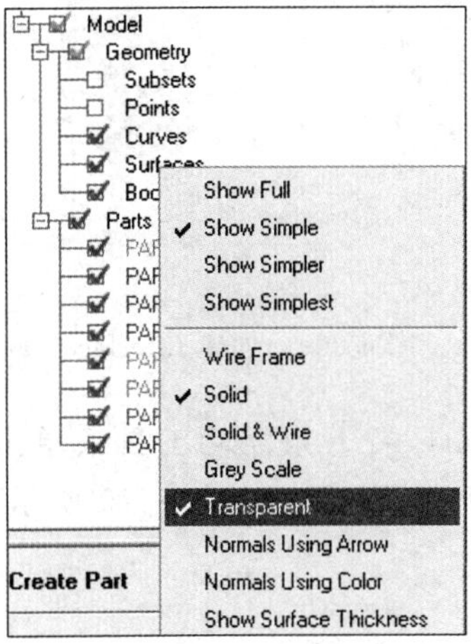

(a)

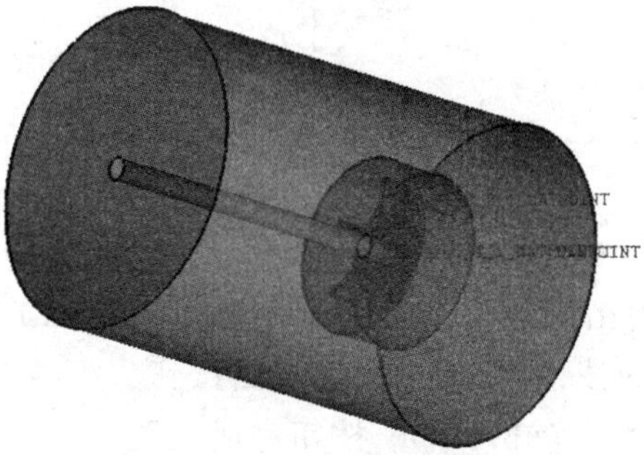

(b)

图 6-265　改变面透明度

(3) 在左侧模型树取消勾选 TOP FACE,将其隐藏。重复右键单击 Parts,选择 Creat Part,将其命名为 WALL,点选搅拌槽外表面以及下底面,如图 6-267 所示。单击 Apply 按钮完成设置。

(4) 在左侧模型树 Parts 下取消勾选 WALL,将其隐藏。重复右键单击 Parts,选择 Creat Part,点选搅拌轴,如图 6-268 所示,并将其命名为 Axis,单击 Apply 按钮完成设置。

(5) 单击隐藏 Part 下 Axis,并重复 Create Part,鼠标点选叶轮周边包围体的上下表面以及壁面,如图 6-269 所示,命名为 Interface,单击 Apply 按钮完成设置。

图中 Interface 以内、叶轮以外区域设置旋转参考系,称之为动区域;其余区域使用静参考系,包括除搅拌轴以及 Interface 围住区域的其他空间,称之为静区域。即:

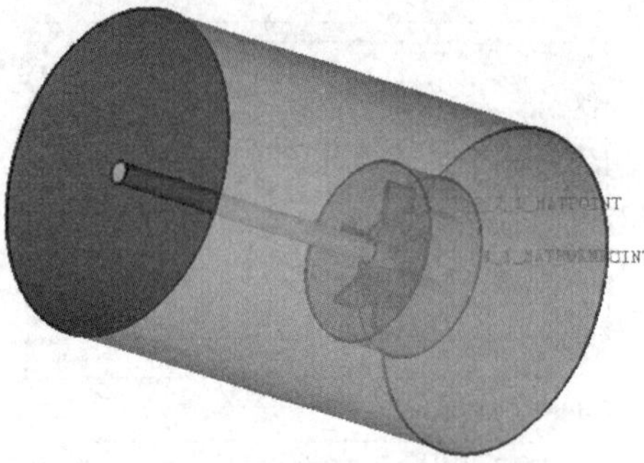

图 6-266　创建 TOP FACE Part

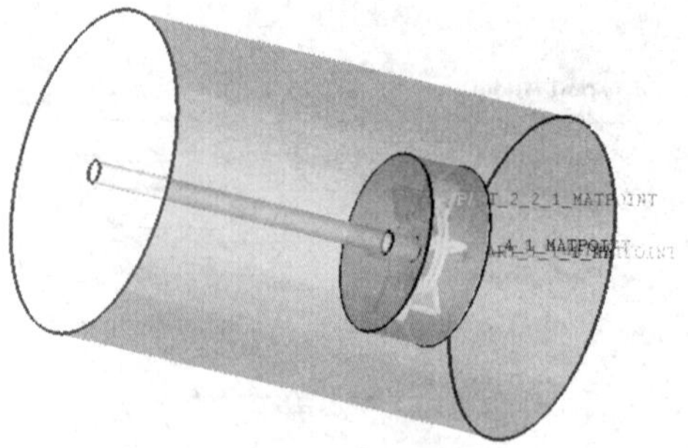

图 6-267　创建 WALL Part

动区域＝Interface 以内区域－叶轮

静区域＝搅拌槽－搅拌轴－Interface 以内区域

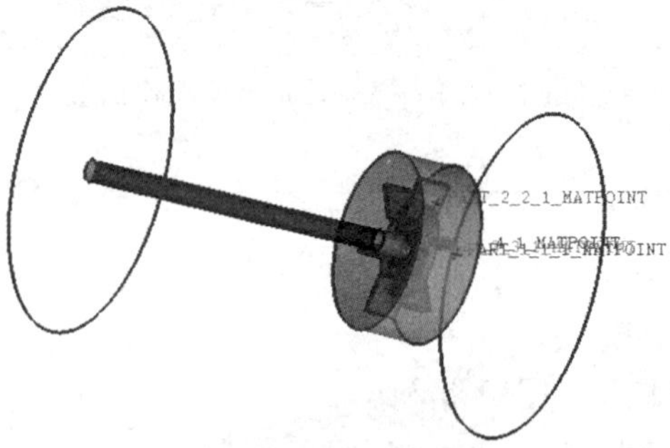

图 6-268　创建 Axis Part

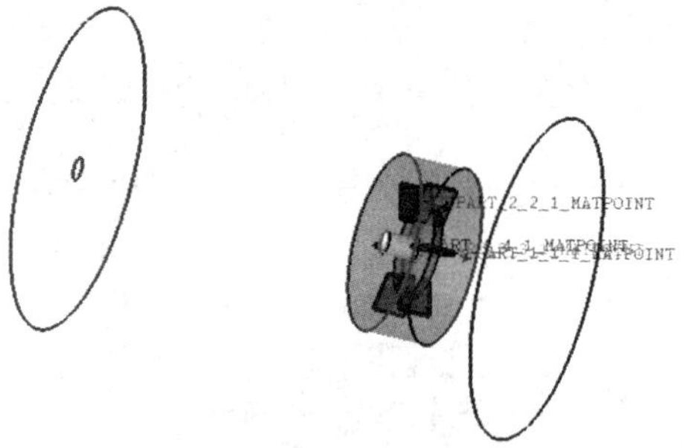

图 6-269　创建 Interface Part

(6) 单击隐藏 Part 下 Interface。重复 Create Part，右上角浮动工具条单击关闭选择点、线、体的按钮，仅留下选择平面按钮。框选叶轮模型所有面，如图 6-270 所示，将其命名为BLADES。单击 Apply 按钮完成设置。

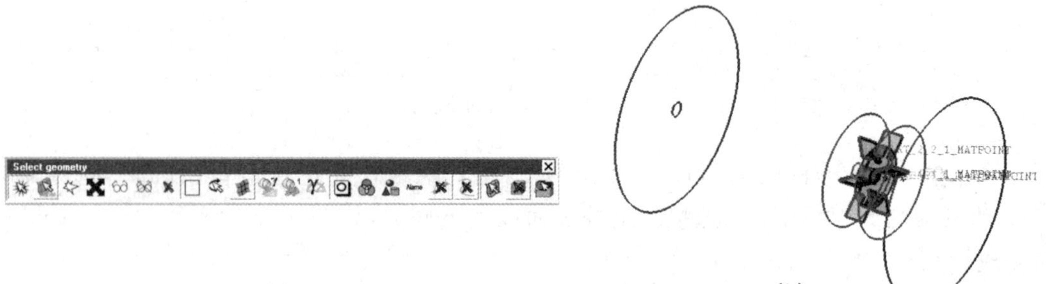

(a)　　　　(b)

图 6-270　创建 BLADES Part

6.6.2.4　分开保存几何

(1) 将动坐标系下 Part 保存到选定文件夹(与上一步静坐标系下保存的文件放在同一目录下，方便后续网格合并)，如图 6-271 所示。选择 Parts 模型树下 INTERFACE 以及

BLADES,右侧视窗则显示出被选择的 Parts,如图 6-272 所示。单击 File/Geometry/Save Visible Geometry As…,在弹出的保存窗口中将文件命名为 rotor,如图 6-273 和图 6-274 所示。完成动区域所有 Parts 的保存。

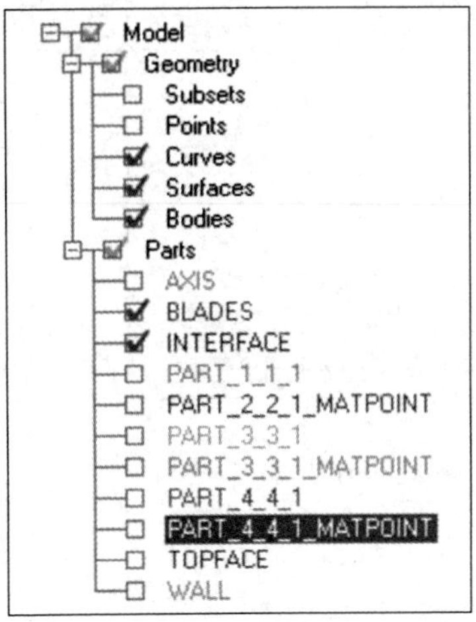

图 6-271 选择所有动坐标系 Part

图 6-272 选择后的可视 Part

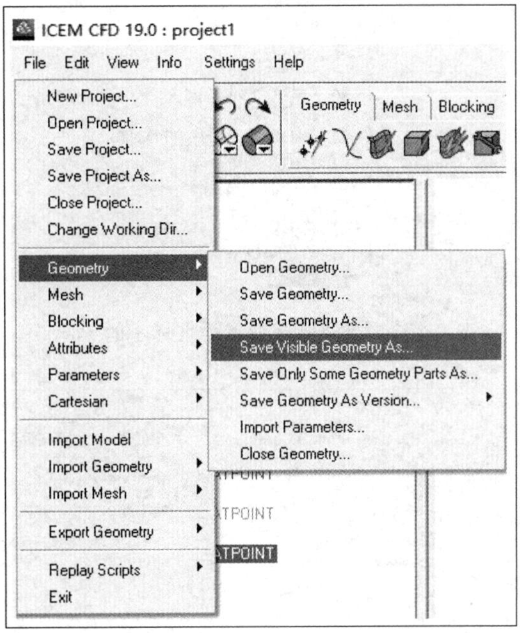

图 6-273 保存模型中参考动坐标系的 Parts

(2) 保存静区域模型 Parts。首先勾选左侧 Parts 模型树下 WALL,INTERFACE,AXIS 和 TOPFACE,如图 6-275 所示;然后单击 File 下 Geometry 选项下 Save Visible Geometry As 选项,将所有静坐标系 Part 保存在上一步中所用文件夹(方便后续网格合并),命名为 stator。

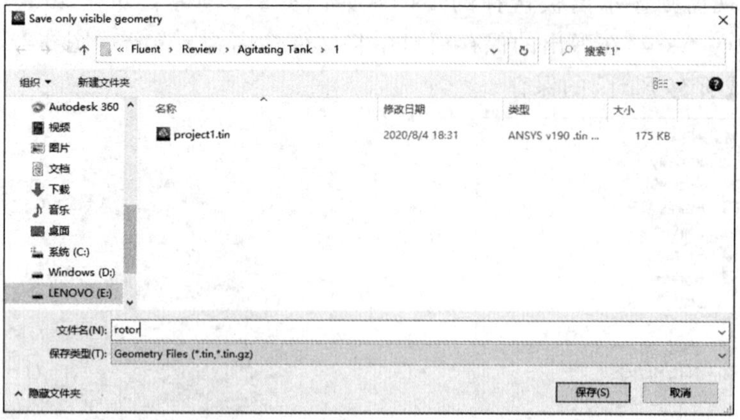

图 6-274　选择文件夹保存动坐标系 Part

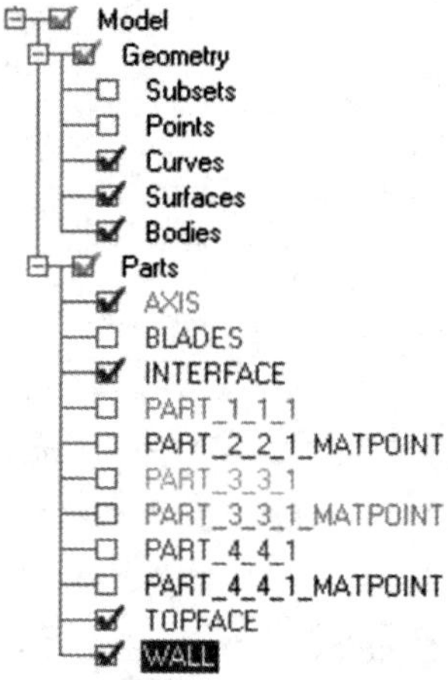

图 6-275　选择所有参考静坐标系的 Parts

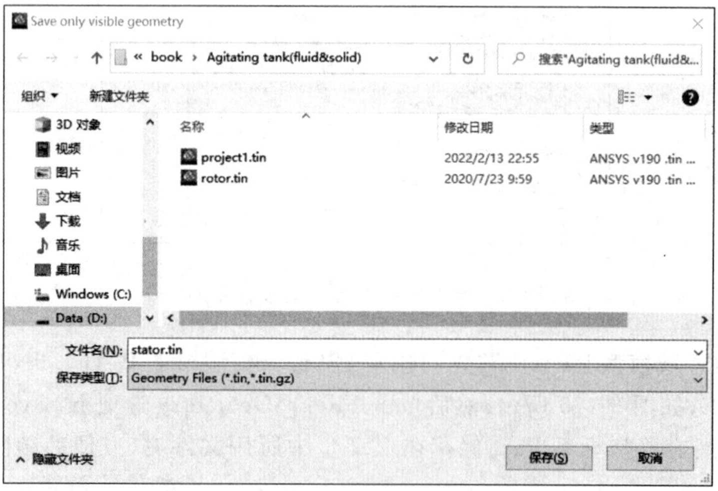

图 6-276　选择文件夹保存静坐标系 Part

6.6.2.5 网格分别划分及合并

（1）重新打开 ICEM CFD，单击 File/Geometry/Open Geometry，在弹出窗口中选择 6.6.2.4中保存模型 Parts 的文件夹，如图 6-277 所示，先打开 rotor. tin。

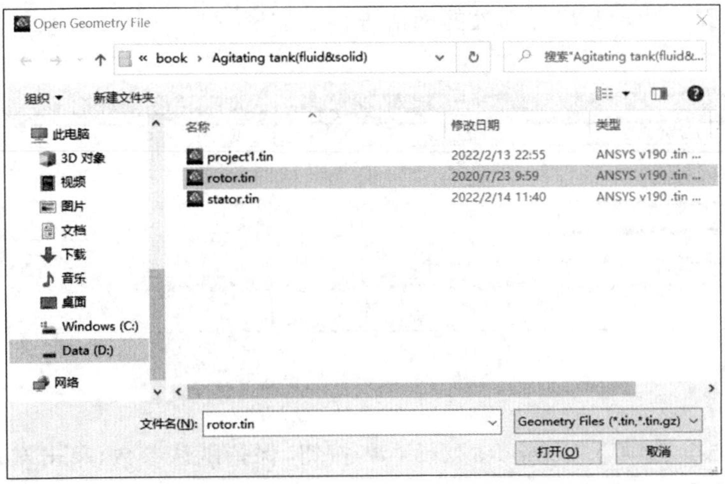

图 6-277 打开划分好的动坐标系下的模型文件 rotor. tin

（2）弹出提示是否要新建 Project 的对话框，选择 Yes。

（3）勾选模型树 Geometry 下的 Surface，并单击按钮，右键单击 Surface，选择 Transparent，更改面透明度。单击标签栏 Geometry 下 Repair Geometry 按钮，参数默认。单击 Apply 按钮，完成模型修复。右侧视窗显示出动参考系即 rotor. tin 模型，如图 6-278 所示。

（4）单击 ICEM CFD 上部标签栏 Mesh 选项 Global Mesh Setup 按钮，参数中Global Element Scale Factor 设置为 1. 0，Global Element Seed Size 即全局尺寸设置为 0. 008，如图 6-279 所示。单击 Apply 按钮完成设置。

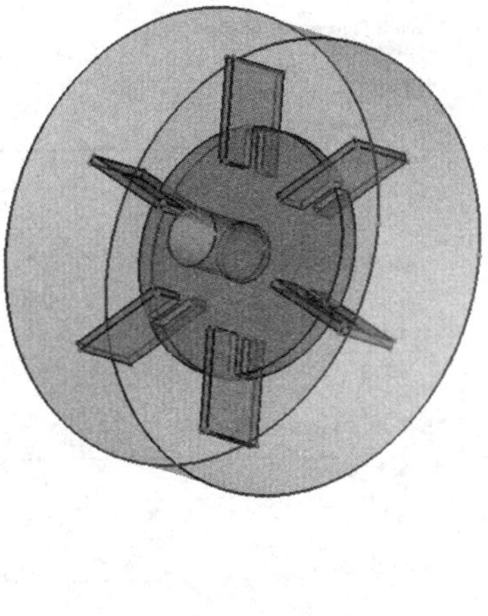

图 6-278 rotor. tin 模型文件

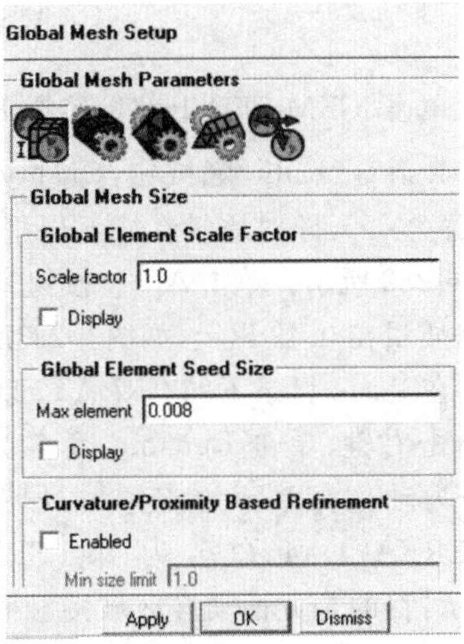

图 6-279 全局网格参数设定

（5）单击 ICEM CFD 上部标签栏 Mesh 选项 Part Mesh Setup 按钮，勾选 BLADES 和 INTERFACE 对应的 Prism 选项，Maximum size 设置为 0.002 5，即叶轮表面和交界面处的最大尺寸为 0.002 5，Num layers 即层数设置为 4，如图 6-280 所示。单击 Apply 按钮完成设置。此步骤对叶轮和交界面处的网格进行了加密。

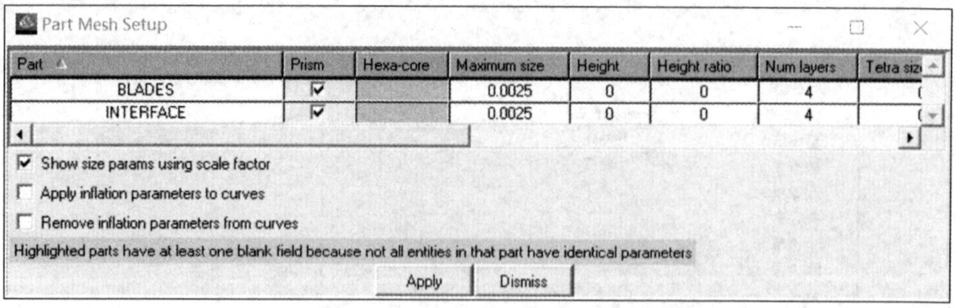

图 6-280　边界层设定

（6）单击 Mesh 选项下 Compute Mesh 按钮，保持默认参数，单击 Compute，划分网格，如图 6-281 所示。

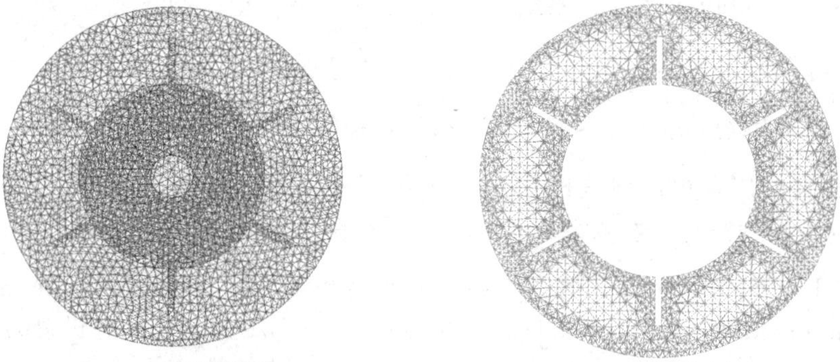

（a）rotor网格整体图　　（b）rotor网格剖面

图 6-281　网格划分效果

（7）单击 ICEM CFD 上部标签栏 Edit Mesh 选项 Smooth Mesh Globally 按钮，Quality 参数中 Up to value 设置为 0.6，即对质量在 0.6 以下的网格进行光顺，如图 6-282 所示。单击 Apply 按钮完成设置。光顺后的网格质量在 0.42 以上，如图 6-283所示。

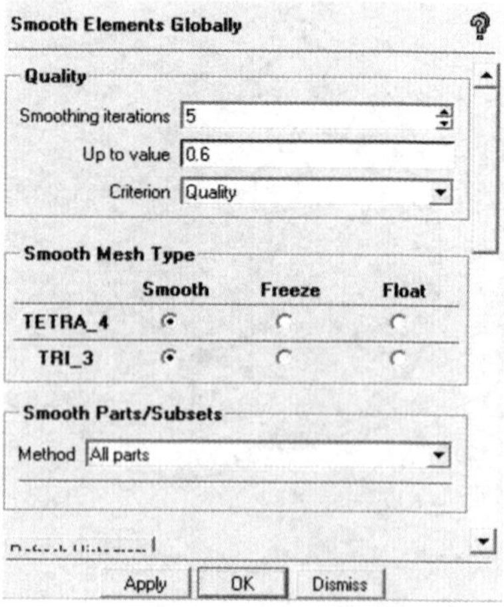

图 6-282　光顺网格设置

（8）在 Parts 目录下的 CREATED_MATERIAL_10 上单击右键，单击 Rename，命名为 FLUID-ROTOR，即为动坐标系下的流体域，如图 6-284 所示。将 INTERFACE 重命名为 INTERFACE1，如图 6-285所示，目的是方便动静区域接触面配对。

（9）单击 File 下 Save Project，保存划分好的模型及网格文件。

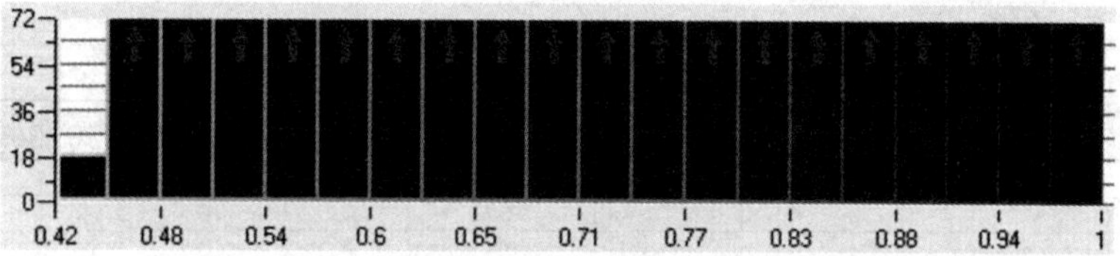

图 6-283 光顺后网格质量

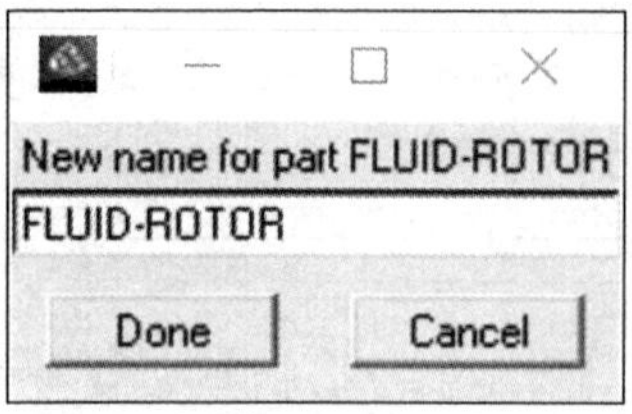

图 6-284 重命名流体域

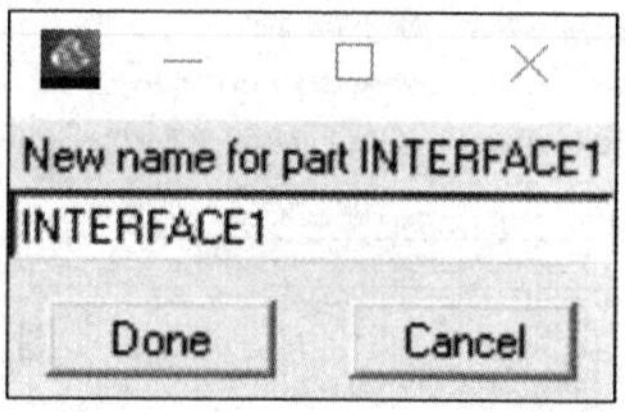

图 6-285 重命名交界面

(10) 单击 File/Geometry/Open Geometry，重复前面(1)～(3)步，打开保存的 stator. tin 模型文件，并参照 rotor. tin 完成模型修复以及模型面显示，结果如图 6-286 所示。

(11) 划分 stator. tin 模型网格，本次网格划分采用非结构网格划分，单击 ICEM CFD 工具栏 Mesh 选项的 Global Mesh Setup 按钮，参数中 Global Element Scale Factor 设置 Scale factor 为 1. 0，Global Element Seed Size 即全局尺寸设置 Max element 为 0. 02，如图 6-287 所示。单击 Apply 按钮完成设置。

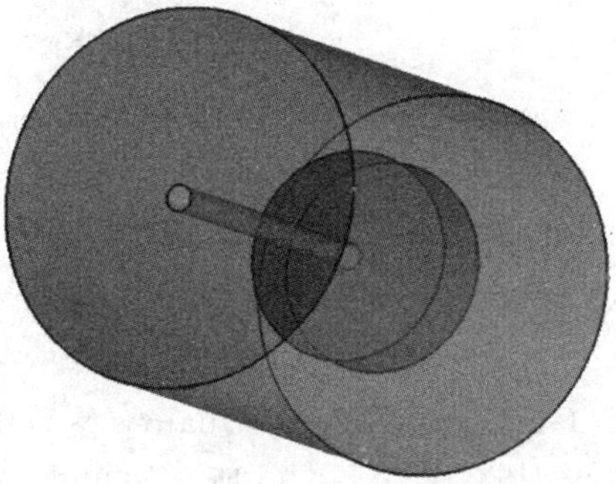

图 6-286 stator 模型显示

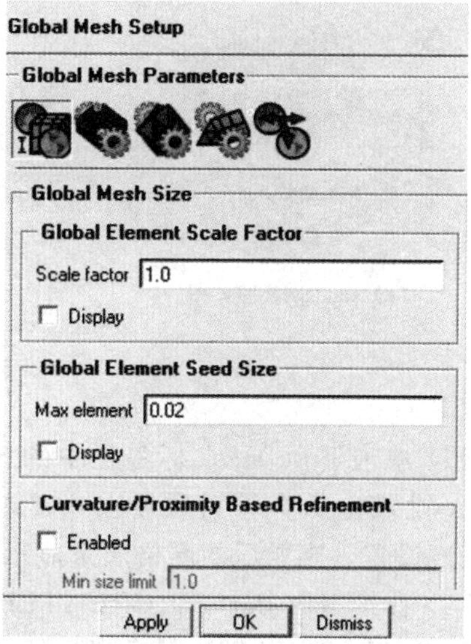

图 6-287 stator 网格划分尺寸设置

(12) 单击标签栏 Mesh 选项中的 Part Mesh Setup 按钮，勾选 AXIS 和 INTERFACE 对应的 Prism 选项，Maximum size 设置为 0. 002，Num layers 即边界层数设置为 4，如图 6-288 所示。单击 Apply 按钮完成设置。此步骤对 stator 部分的搅拌轴和交界面处的网格进行了加密。

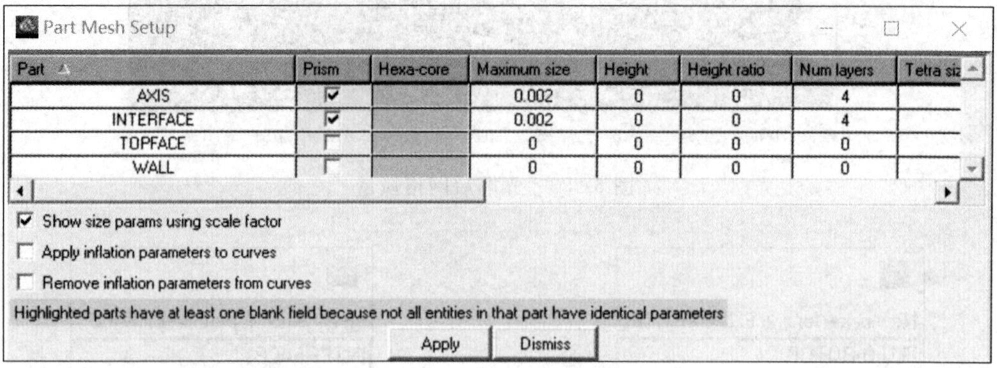

图 6-288　stator 边界层设定

(13) 在 Mesh 标签栏下选择 Compute Mesh 操作,参数默认,单击 Compute,划分网格,如图 6-289 所示。

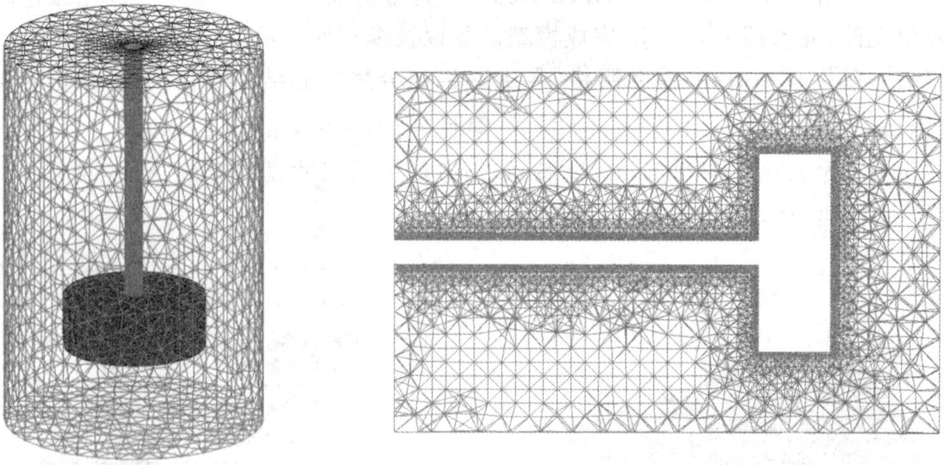

(a) stator网格整体图　　(b) stator网格剖面图

图 6-289　stator 网格

(14) 单击 Edit Mesh 标签栏中的 Smooth Mesh Globally 按钮,Quality 参数中 Up to value 设置为 0.6,即对质量在 0.6 以下的网格进行光顺,如图 6-290 所示。单击 Apply 按钮完成设置。光顺后的网格质量显示在 0.44 以上,如图 6-291 所示。

(15) 在模型树 Parts 下 CREATED_MATERIAL_12 上单击右键,选择 Rename,命名为 FLUID-STATOR,即为静参考坐标系下的流体域。

(16) 单击 File 下 Save Project,保存划分好的模型及网格文件。

(17) 重新打开 ICEM CFD,选择 File/Mesh/Open Mesh,选择前述保存模型网格文件所在文件夹,打开 rotor. uns。继续选择 File/Mesh/Open Mesh,选择 stator. uns,单击打开按钮,在弹出的对话框中选择 Merge,即合并已经划分好的两部分网格,如图 6-292 和图 6-293所示。注:该实例网格划分较粗,网格相关性应做另行检验。

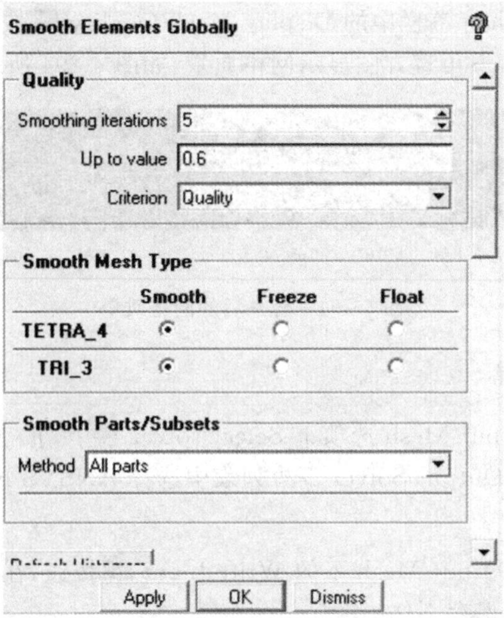

图 6-290　stator 网格光顺设置

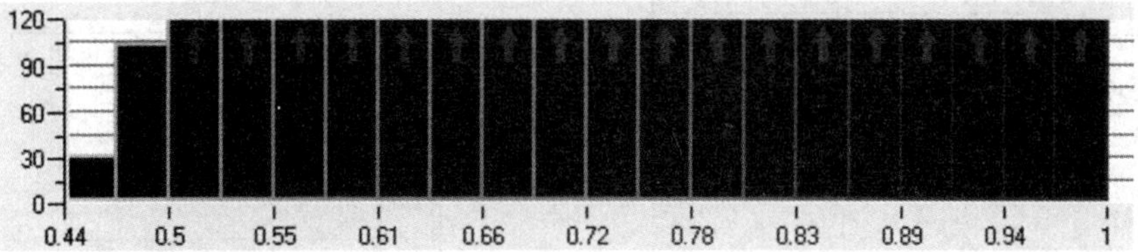

图 6-291　stator 网格光顺后的质量

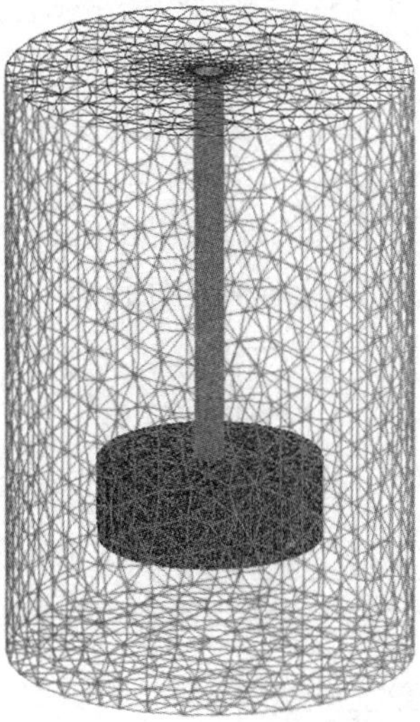

图 6-292　合并后的网格

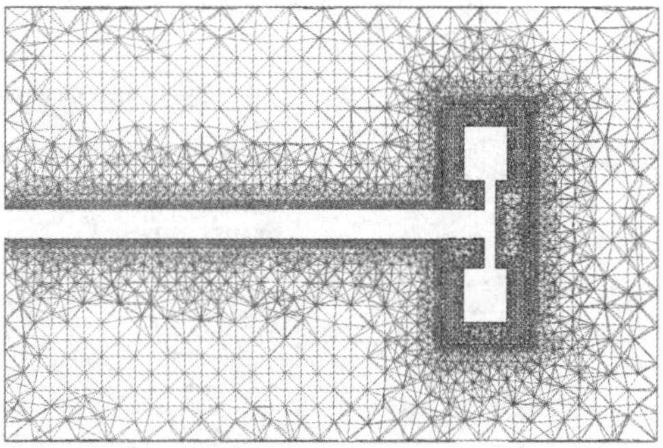

图 6-293　合并后的网格剖面

(18) 单击 Edit Mesh 标签栏中的 Display Mesh Quality 按钮,保持默认参数。单击 Apply 按钮完成设置。右下角直方图显示网格质量,如图 6-294 所示。

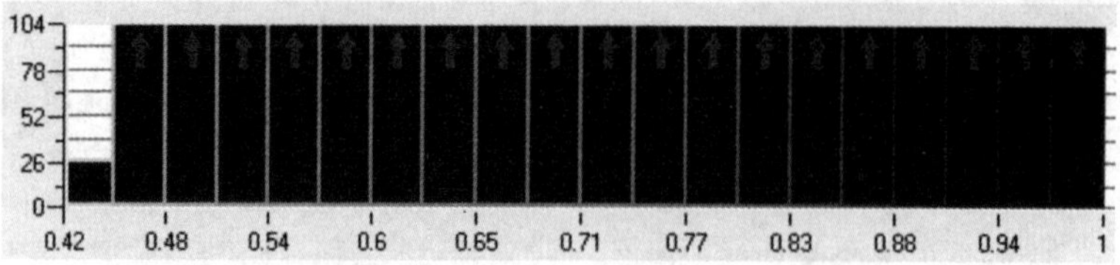

图 6-294　合并后的网格质量

6.6.2.6　输出 mesh 网格

(1) 选择工具栏 Output Mesh 选项下 Select solver 按钮,弹出如图 6-295 所示 Solver Setup 设置面板。在 Output Solver 下拉列表中选择 ANSYS Fluent。单击 Apply 按钮完成设置。

(2) 选择工具栏中 Output Mesh 下的 Write Input 按钮,在出现的 Save 对话框中选择 Yes,如图 6-296 所示,保存文件。

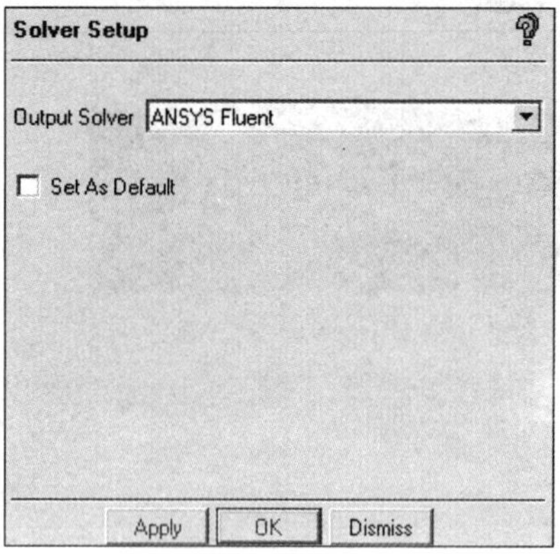

图 6-295　求解器设置

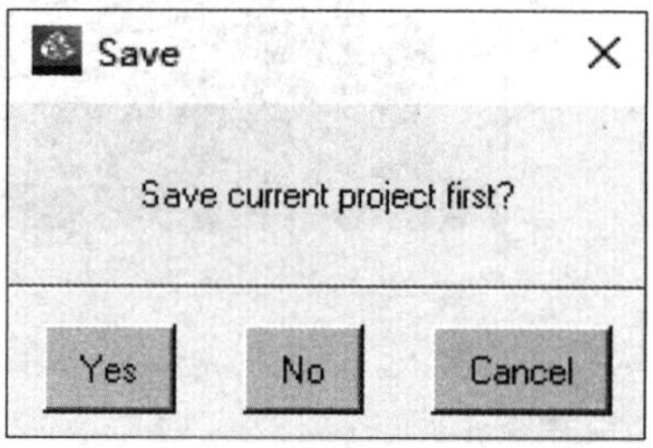

图 6-296　Save 对话框

在之后弹出的如图 6-297 所示的输出参数设置面板中选择 3D,在 Output file 处可修改输出文件名,例如 Agitating Tank. msh。单击 Done 按钮,完成网格文件保存。

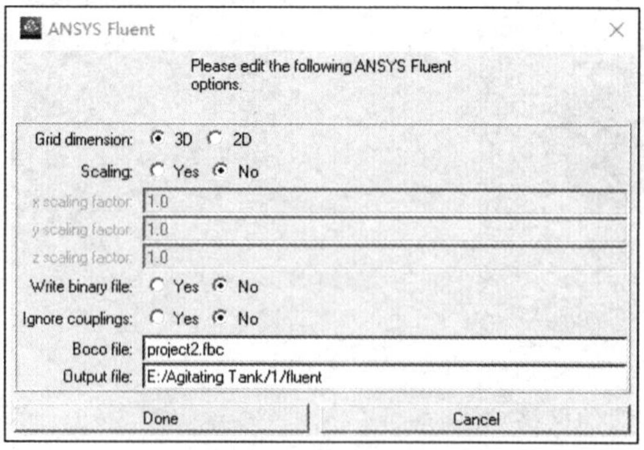

图 6-297　输出网格文件

6.6.3 求解与后处理

打开 Fluent 19.0,Dimension 选择 3D,Processing Options 选择 Parallel,设置工作目录,即 Working Directory 为上一步中输出网格的文件夹(个人根据自己保存的文件夹选择)。单击 OK 按钮,进入 FLUENT。

6.6.3.1 步骤 1:网格

(1) 导入网格文件 Agitating tank. msh

依次操作:File/Read/Mesh。

(2) 显示网格

依次操作:Mesh/Display。

在弹出的对话框中选择除 int_fluid-rotor 和 int_fluid-stator 外的所有 Surface,如图 6-298所示。单击 Display 按钮,显示网格,如图 6-299 所示。

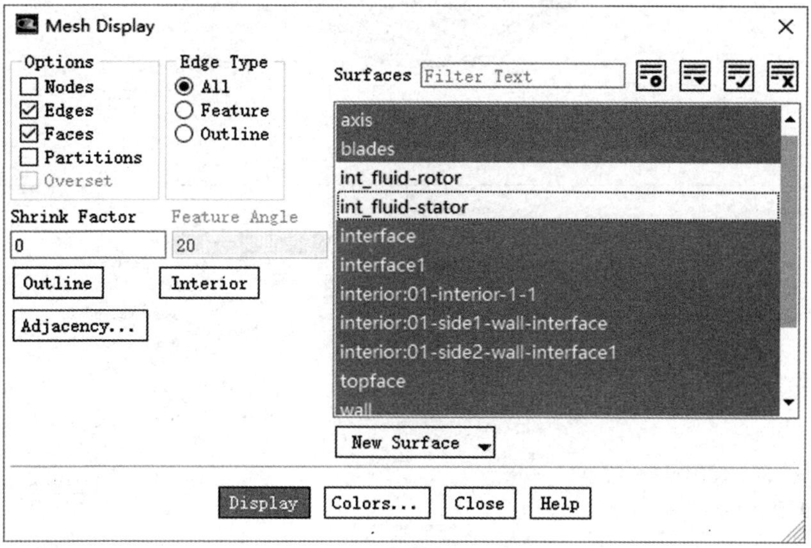

图 6-298 网格显示对话框

(3) 确定计算域的尺寸

依次操作:Mesh/Scale。

按照图 6-300 对话框设置,完成计算域尺寸缩放。

暂时不进行网格质量检查。对于存在交界面 Interface 的网格,若还未对同一个位置处的 Interface 交界面进行配对就单击 Check 按钮会提示网格检查失败,因此需要先进行Interface配对。

6.6.3.2 步骤 2:界面设置

(1) 配对 Interfaces。

依次操作:Setup/Mesh Interfaces。

之前划分网格时采取动静区域分别划分的方法,在导入 FLUENT 后,我们需要将两部分的接触面即 interface 与 interface1 配对。

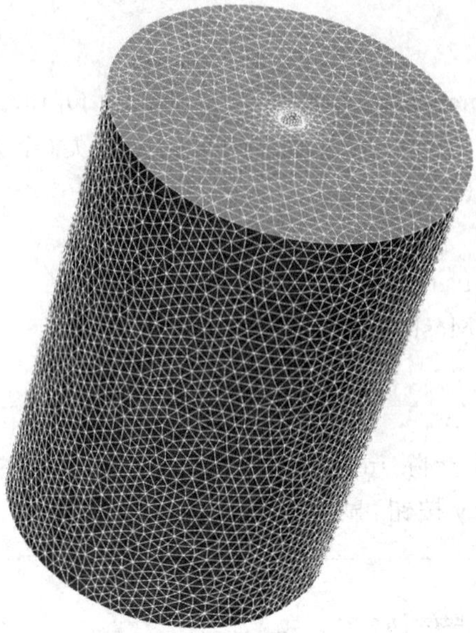

图 6-299　模型网格显示

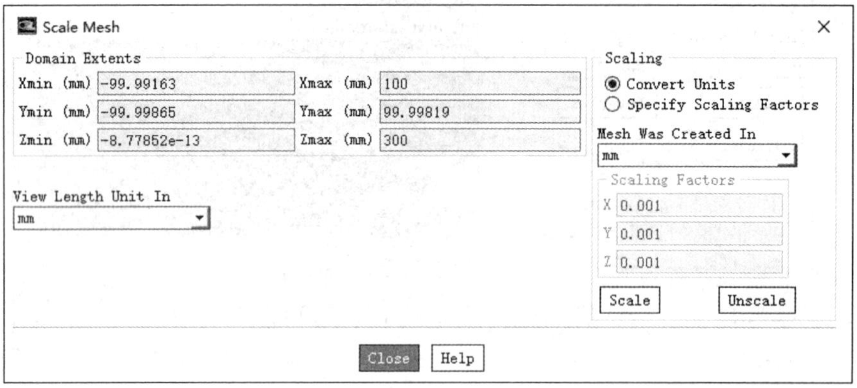

图 6-300　确定计算域尺寸

① 双击 Mesh Interface，弹出如图 6-301 所示对话框，选中两个 Interface，在 Interface Name Prefix 文本框中输入界面名称，本例输入 interior。

② 单击 Auto Create 按钮，完成本步骤。

(2) 生成了如图 6-302 所示名为 interior:01 的接触对，此步完成。

(3) 检查网格质量，确保无负体积网格出现。

依次操作：Mesh/Check。

6.6.3.3　步骤 3：求解器设置

(1) 设置求解器参数

依次操作：Setup/General。

保持默认参数。Type 选项设置 Pressure-Based，Velocity Formulation 设置为 Abso-

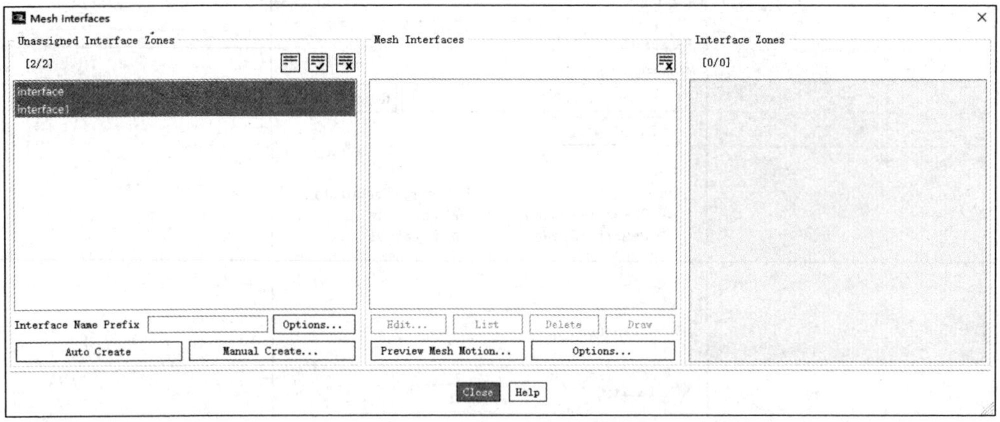

图 6-301　Create Mesh Interface 对话框及设置

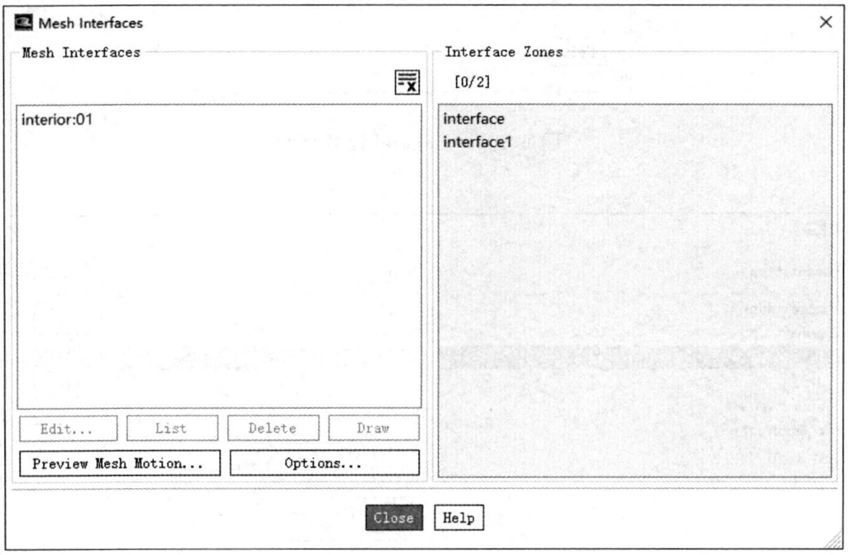

图 6-302　Auto Create 后生成的接触对

lute，Time 选项设置为 Steady，以求解稳态流场，如图 6-303 所示。

(2) 设置重力加速度

① 勾选 Gravity 复选框。

② 在 Gravitational Acceleration 中的 Z(m/s^2)文本框中输入－9.81。

(3) 设置单位

① 单击 Units，弹出如图 6-304 所示 Set Units 对话框。

② 在 Quantities 列表中选择 angular-velocity，即角速度，将其单位改为 rpm(转/分)。

③ 单击 Close 按钮，关闭 Set Units 对话框。

6.6.3.4　步骤 4：材料设置

依次操作：Setup/Materials。

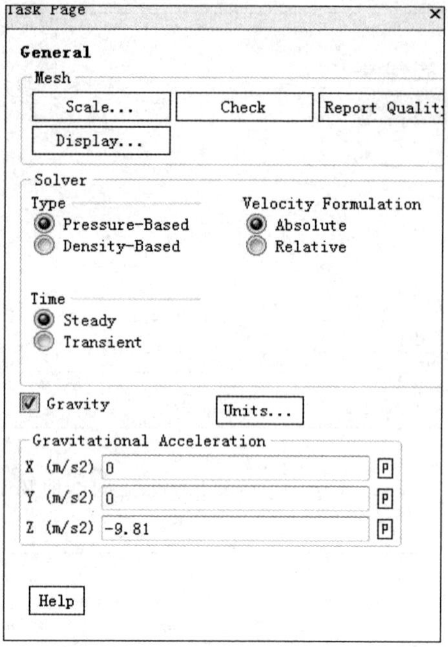

图 6-303　General 设置面板

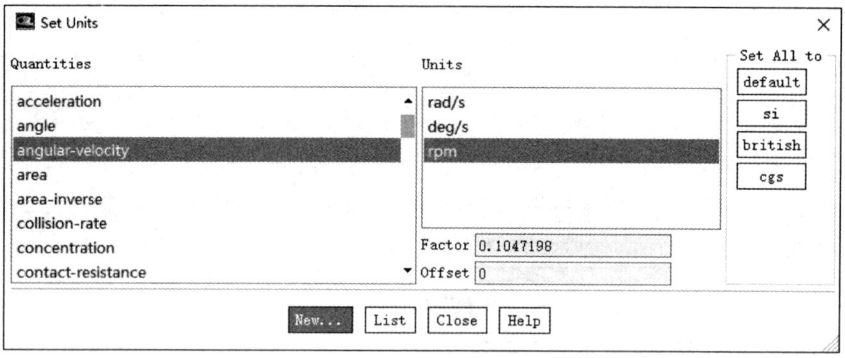

图 6-304　修改转速单位

(1) 设置液相材料

① 选中 Fluid，单击 Create/Edit，弹出 Create/Edit Materials 材料设置对话框，如图 6-305所示。

② 在 Name 文本框中修改材料名称为 user_fluid。

③ 在 Density(kg/m^3)处文本框中输入 1250，在 Viscosity(kg/m-s)处文本框输入 0.4。

④ 单击 Change/Create 按钮，在弹出的是否取代 Air 的对话框中选择 No。

⑤ 单击 Close 按钮，关闭 Create/Edit Materials 对话框。

(2) 设置固相材料

① 右键单击 Fluid，单击 New…，弹出 Create/Edit Materials 材料设置对话框，如图 6-306所示。

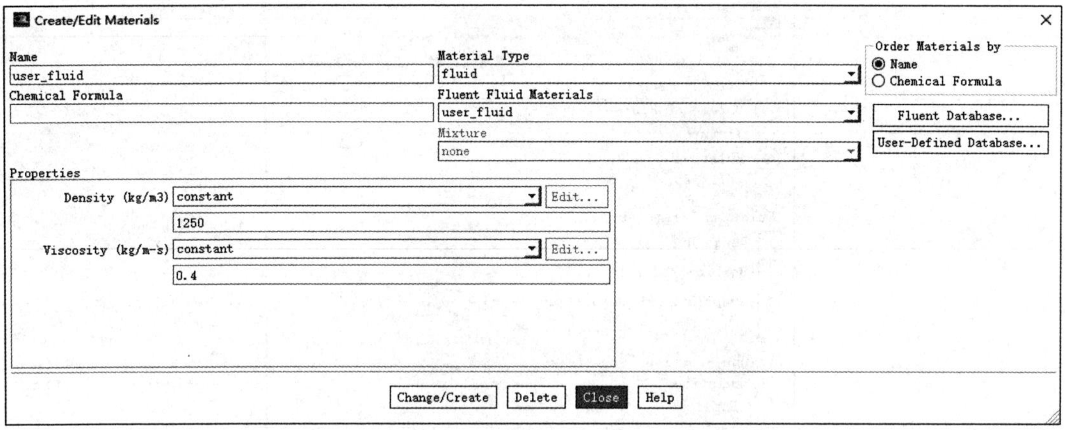

图 6-305　创建流体材料

② 在 Name 文本框中修改材料名称为 user_solid。

③ 在 Density(kg/m^3)处文本框中输入 2500，Viscosity(kg/m-s)处保持默认。

④ 单击 Change/Create 按钮，在弹出是否取代 fluid-1 的对话框中选择 Yes。

⑤ 单击 Close 按钮，关闭 Create/Edit Materials 对话框。

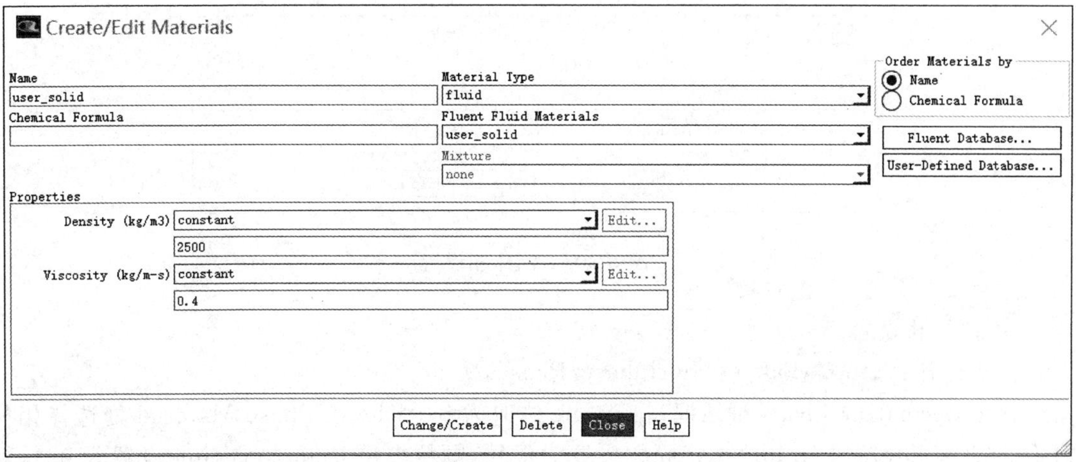

图 6-306　创建固体材料

6.6.3.5　步骤 5：模型

(1) 多相流模型设置

① Eulerian 模型的选择及欧拉相数量的设置。

依次操作：Setup/Models/Multiphase。

在 Model 处选择 Eulerian 为多相流模型，在 Number of Eulerian Phase 处设置相数为 2，如图 6-307 所示。

② 主相设置。

依次操作：Setup/Models/Multiphase/Phases/fluid-1。

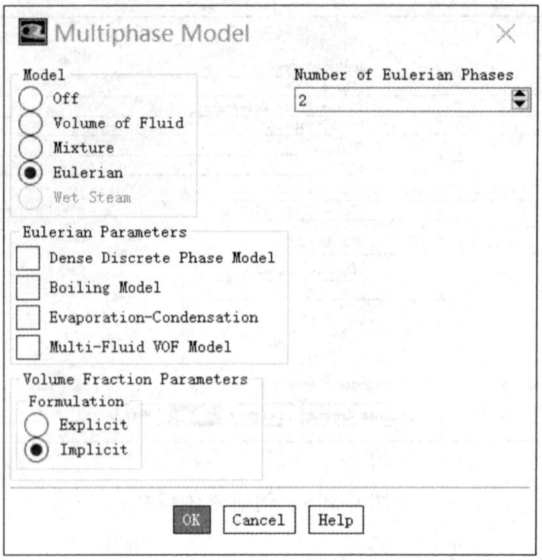

图 6-307　选择多相流模型

弹出 Primary Phase 对话框，如图 6-308 所示，Name 修改为 liquid，在 Phase Material 处选择相材料为 user_fluid，单击 OK 按钮关闭对话框。

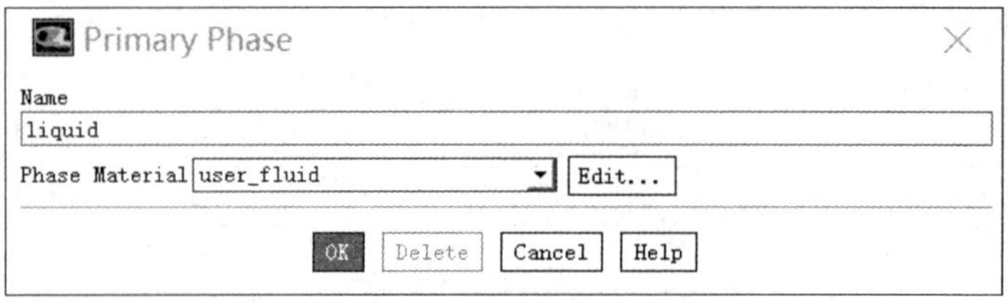

图 6-308　流体相设置

③ 颗粒相设置。

依次操作：Setup/Models/Multiphase/Phases/fluid-2。

弹出 Secondary Phase 对话框，将 Name 修改为 particle，在 Phase Material 处选择相材料为 user_solid，勾选 Granular 将固相设置为颗粒，颗粒粒径 Diameter(mm)设置为 0.1，颗粒黏度模型 Granular Viscosity 选择 syamlal-obrien，颗粒体积黏度 Granular Bulk Viscosity 选择 lun-et-al，其他设置保持默认，如图 6-309 所示。单击 OK 按钮完成设置。

④ 相间作用力设置。

依次操作：Setup/Models/Multiphase。

双击 Phase Interactions，在弹出的窗口中选择 Drag，设置固相和液相之间的曳力模型为 gidaspow 模型，如图 6-310 所示。

(2) 湍流模型设置

依次操作：Setup/Models/Viscous。

双击左侧 Models，然后继续双击弹出窗口中的 Viscous，选择 k-epsilon 为湍流模型，之

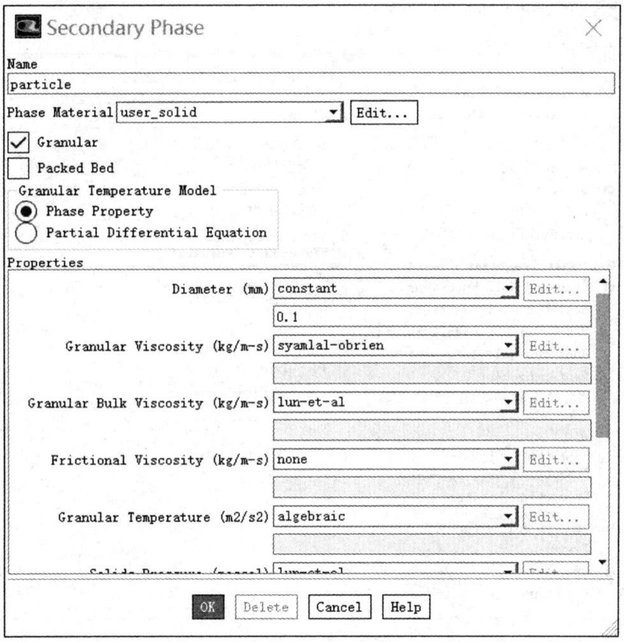

图 6-309 颗粒相设置

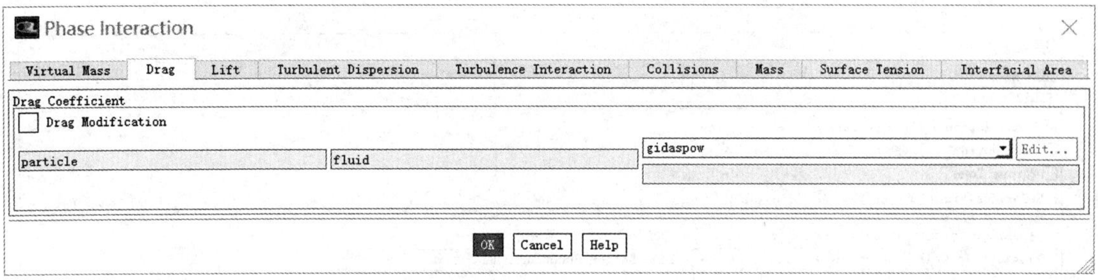

图 6-310 相间作用力设置

后将 Turbulence Multiphase Model 选为 Dispersed，其他设置保持默认，如图 6-311 所示。单击 OK 按钮完成设置。

6.6.3.6 步骤 6：边界条件

（1）设定桨叶区流体域条件

依次操作：Setup/Cell Zone Conditions。

① 从 Zone 列表中选择 fluid-rotor，单击 Edit，弹出 Fluid 对话框。

② 勾选 Frame motion，设定 Rotational Velocity 中 Speed(rpm)值为 700。

③ 可见 Rotation Axis Direction 处 Z 值为 1，说明旋转轴为 Z 轴，如图 6-312 所示。单击 OK 按钮，关闭对话框。

（2）设定静止区流体域条件

① 从 Zone 列表中选择 fluid-stator，单击 Edit，弹出 Fluid 对话框。

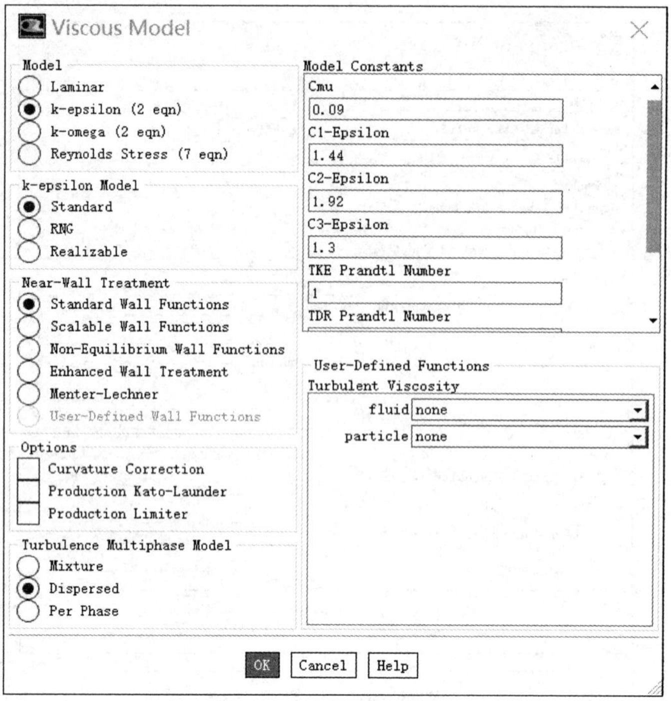

图 6-311　选择湍流模型

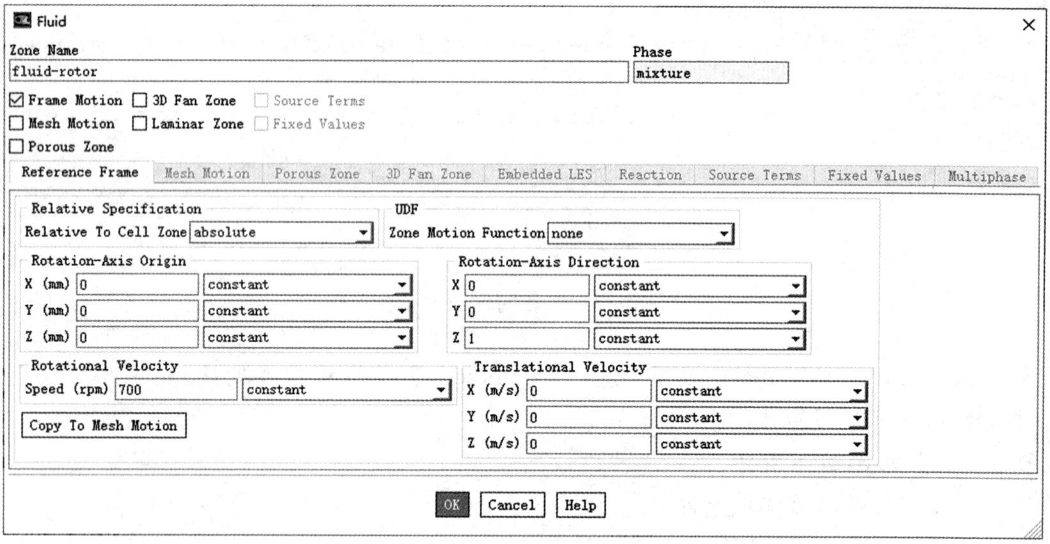

图 6-312　桨叶区流体域条件设置

② 保持默认设置，如图 6-313 所示，单击 OK 按钮，关闭对话框。

(3) 设置叶片 blades 的边界条件

依次操作：Setup/Boundary Conditions。

① 从 Zone 列表中选择 blades，Type 保持默认为 Wall。

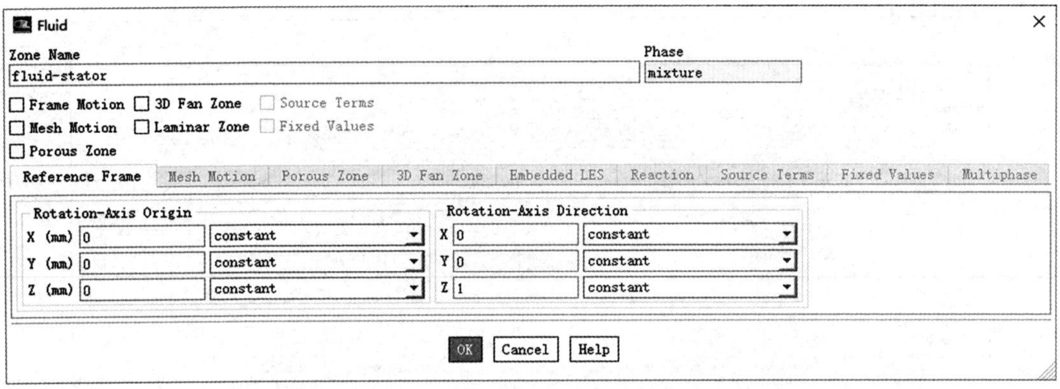

图 6-313　静止区流体域条件设置

② 单击 Edit 按钮，弹出 Wall 对话框，如图 6-314 所示。

③ 点选 Wall Motion 标签下的 Moving Wall，点选 Motion 标签下的 Rotational。

④ 其余保持默认设置。

⑤ 单击 OK 按钮，关闭 Wall 对话框。

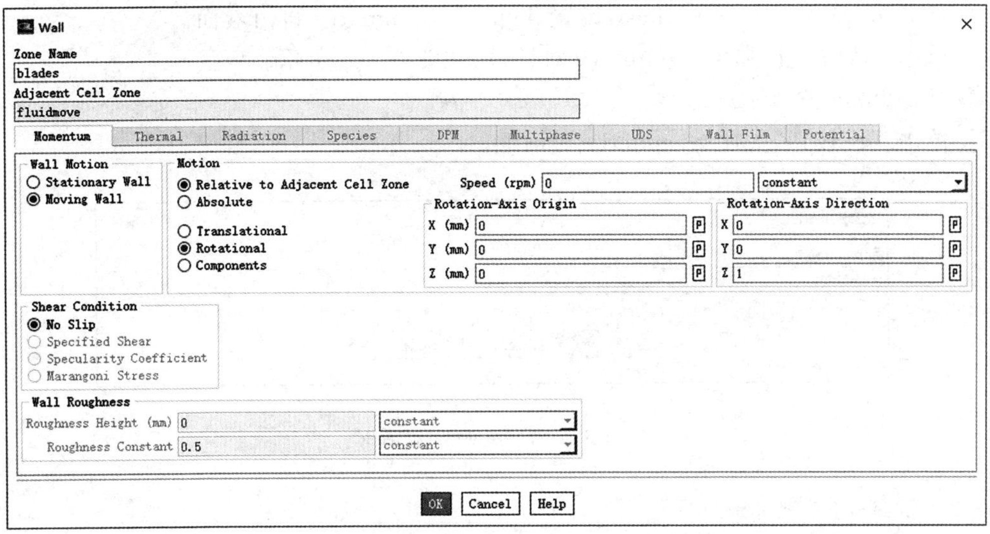

图 6-314　Wall 对话框

（4）设置搅拌轴 axis 的边界条件

依次操作：Setup/Boundary Conditions。

① 从 Zone 列表中选择 axis，Type 设置为 Wall。

② 单击 Edit 按钮，弹出 Wall 对话框，如图 6-315 所示。

③ 点选 Wall Motion 标签下的 Moving Wall，点选 Motion 标签下的 Rotational。

④ Speed(rpm)设置为 700，其余设置保持默认。

⑤ 单击 OK 按钮，关闭 Wall 对话框。

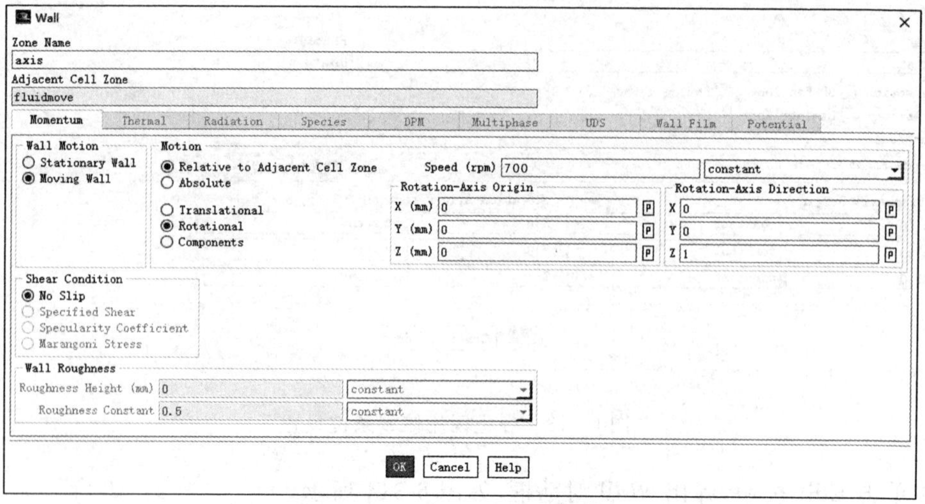

图 6-315　Wall 对话框

(5) 设置顶部 topface 的边界条件

① 从 Zone 列表中选择 topface，设置 Type 为 Symmetry 自由液面。

② 单击 Edit 按钮，弹出 Symmetry 对话框，如图 6-316 所示。

③ 保持默认设置。

④ 单击 OK 按钮，关闭 Symmetry 对话框。

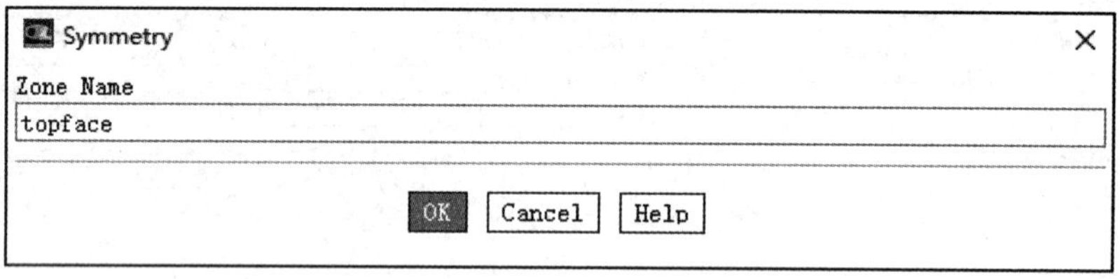

图 6-316　Symmetry 对话框

6.6.3.7　步骤 7：求解

(1) 设定求解参数

依次操作：Solution/Methods。

在 Gradient 下拉列表中选择 Green-Gauss Cell Based，Momentum 下拉列表中选择 First Order Upwind，其余保持默认设置，如图 6-317 所示。

(2) 设定松弛因子

依次操作：Solution/Controls。

将 Pressure 设置为 0.5，Momentum 设置为 0.2，Turbulent Kinetic Engrgy 和 Turbulent Dissipation Rate 设置为 0.8，其余保持默认，如图 6-318 所示。

(3) 设定收敛残差

依次操作：Solution/Monitors/Residual。

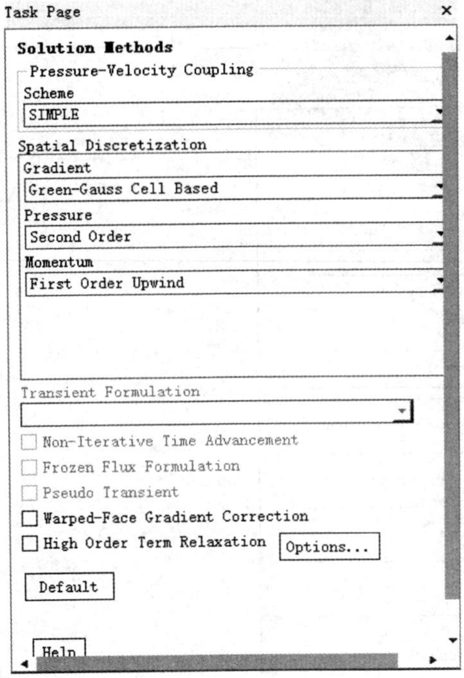

图 6-317 Solution Methods 设置面板

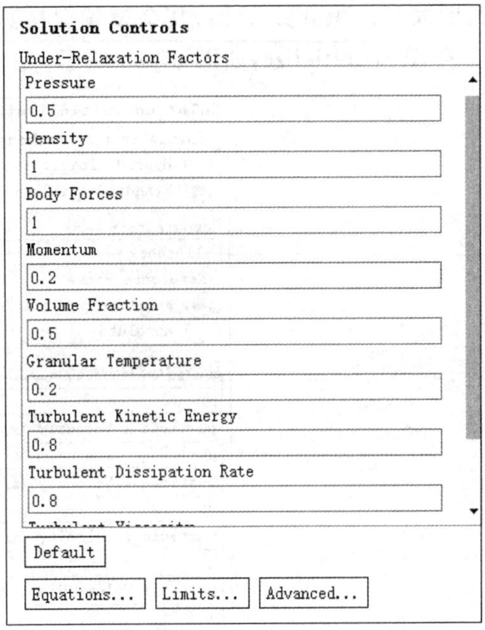

图 6-318 Solution Controls 设置面板

① 在弹出的对话框所有变量的 Absolute Criteria 文本框中输入 0.000 1,如图 6-319 所示。

② 勾选 Plot。

③ 单击 OK 按钮,关闭 Residual Monitors 对话框。

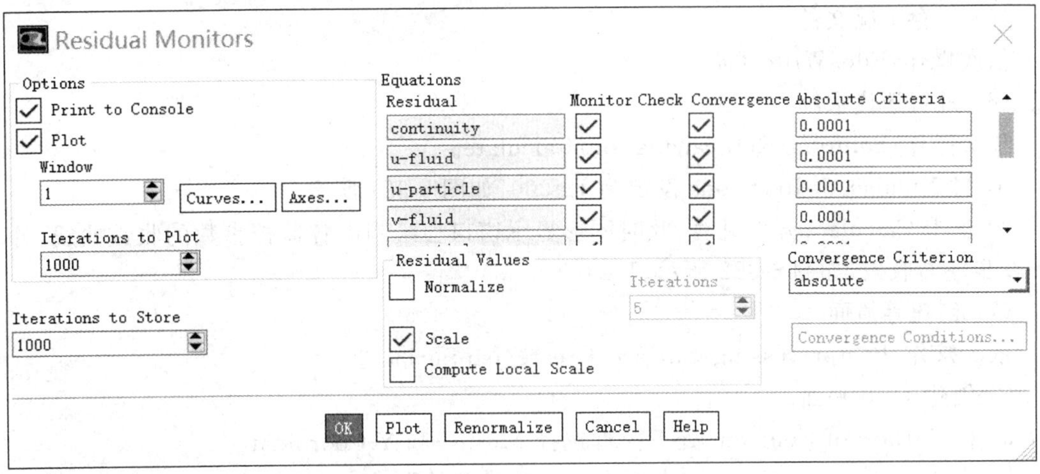

图 6-319 残差监视器设置对话框

(4) 初始化流场

依次操作:Solution/Initialization。

① 在初始化方法 Initialization Methods 处点选 Standard Initialization。

② Compute from 选择 all-zones，Initial Values 处将 particle Volume Fraction 设置为 0.2，即固相体积分数 20%，其余设置保持默认。

③ 单击 Initialize，如图 6-320 所示，完成初始化。

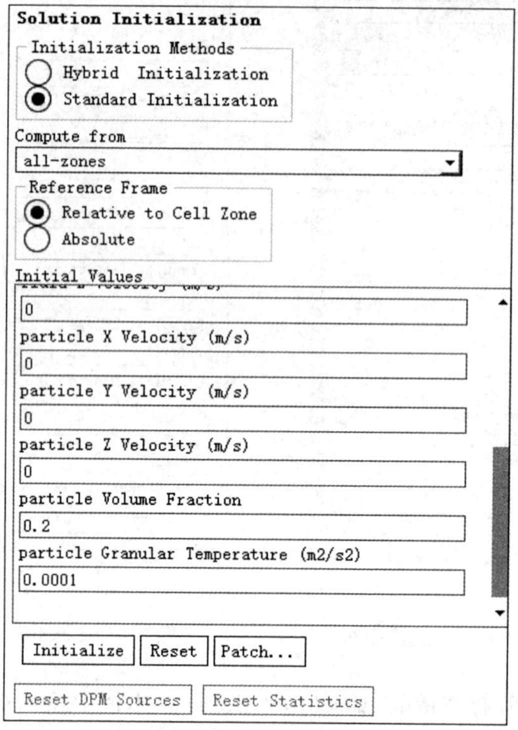

图 6-320 初始化流场设置

(5) 保存工况文件

依次操作：File/Write/Case。

(6) 进行迭代求解

依次操作：Solution/Run calculation/Calculate。

① 将 Number of Iterations 设定为 10 000，如图 6-321 所示。

② 单击 Calculate 开始计算，此时图形显示窗口会绘制出各监控参数的收敛曲线，计算 3 800 步左右收敛，如图 6-322 所示。

(7) 创建等值面

依次操作：Postprocessing/Surface/Create/Iso-Surface。

① 创建 y=0 平面。

a. 在 Surface of Constant 处下拉框选择 Mesh…和 Y-Coordinate。

b. 在 New Surface Name 文本框中输入该截面名称，如 y=0，如图 6-323 所示。

c. 单击 Create 按钮创建截面。

② 创建 z=60mm 水平面。

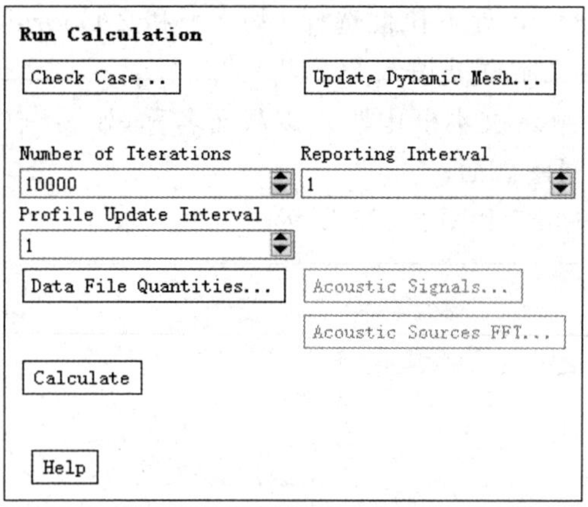

图 6-321 求解步数设置图

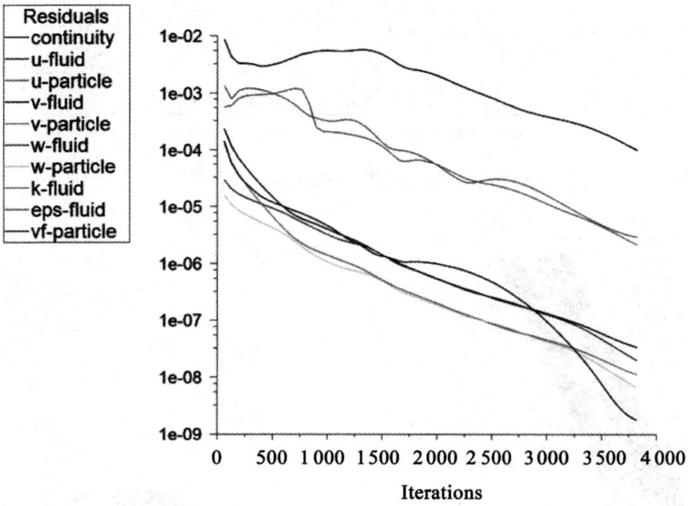

图 6-322 残差收敛曲线图

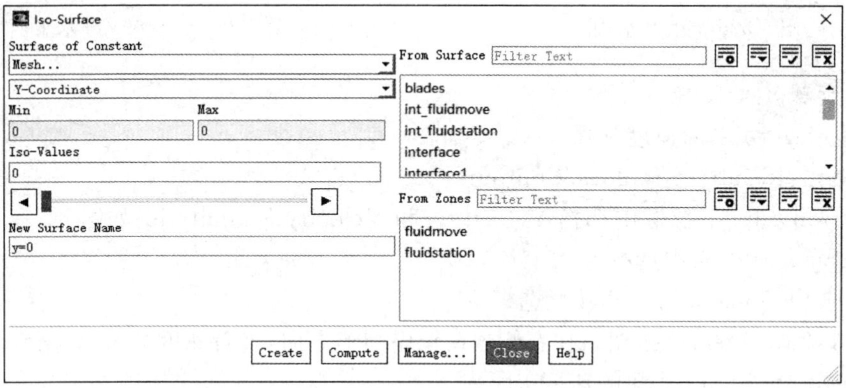

图 6-323 创建 y=0 平面

a. 在 Surface of Constant 处下拉框选择 Mesh…和 Z-Coordinate。

b. 在 Iso-value(mm)文本框处填入 60。

c. 在 New Surface Name 文本框中输入该截面名称，如 z=60mm，如图 6-324 所示。

d. 单击 Create 按钮创建截面。

③ 创建的平面如图 6-325 和图 6-326 所示。

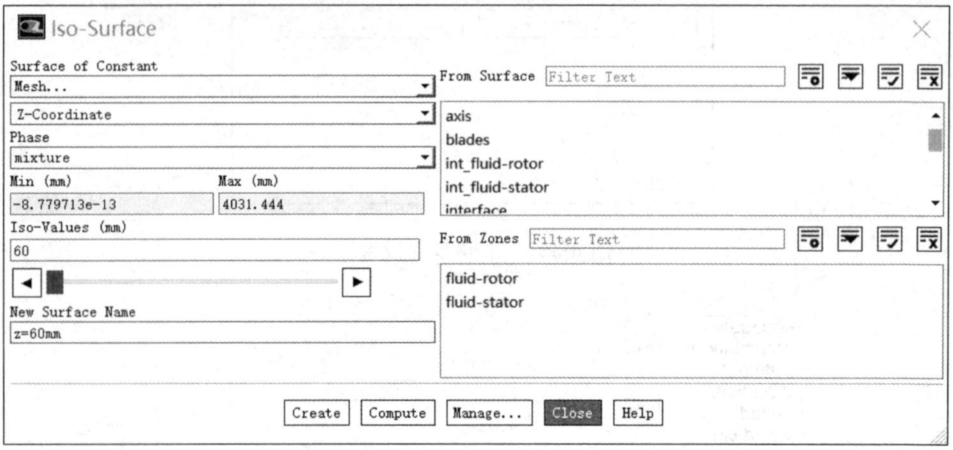

图 6-324　创建 z=60mm 水平面

图 6-325　y=0 平面

图 6-326　z=60mm 水平面

6.6.3.8　步骤 8:后处理

(1) 显示 y=0 平面速度云图

依次操作:Results/Graphics/Contours。

① 从 Contours 下拉框中选择 Velocity…和 Velocity Magnitude，如图 6-327 所示。

② 在 Surface 列表中选择 y=0。

③ 勾选 Options 中的 Filled 复选框。

④ 单击 Save/Display 按钮。在右侧视窗调整图形方向，查看速度分布，如图 6-328 所示。

(2) 显示 z=60mm 平面的速度矢量图

① 在 Surfaces 列表中选择 z=60mm。

② 在 Style 下拉框处选择 arrow。

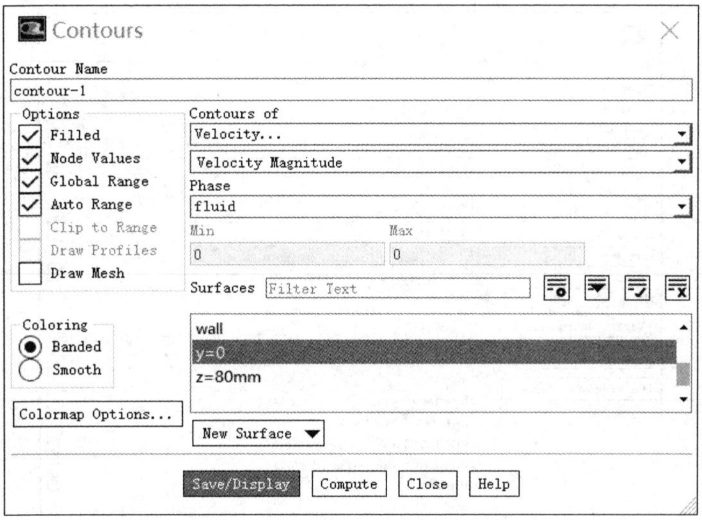

图 6-327　显示 y=0 平面速度云图对话框

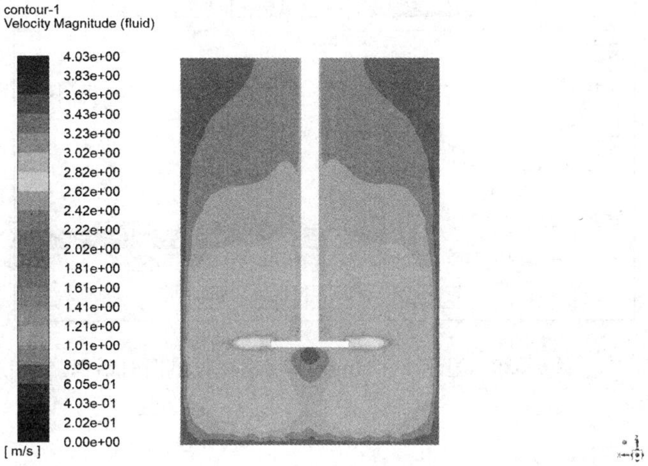

图 6-328　y=0 平面液相速度云图

③ 在 Scale 处文本框中输入 15，在 Skip 处文本框中输入 5，在 Options 中勾选 Draw Mesh，在弹出窗口勾选 Faces，在 Surface 列表中选择 z=60mm，如图 6-329 所示。

④ 单击 Save/Display 按钮，显示 z=60mm 平面速度矢量图，如图 6-330 所示。

(3) 显示 y=0 平面的颗粒相分布云图

依次操作：Results/Graphics/Contours。

① 从 Contours of 下拉框中选择 Phases…和 Volume fraction，从 Phase 下拉框中选择 particle，如图 6-331 所示。

② 在 Surface 列表中选择 y=0。

③ 在 Options 中勾选 Filled 和 Auto Range，去除 Global Range 选项。

④ 单击 Save/Display 按钮。在右侧视窗调整图形方向，查看颗粒分布，如图 6-332 所示。

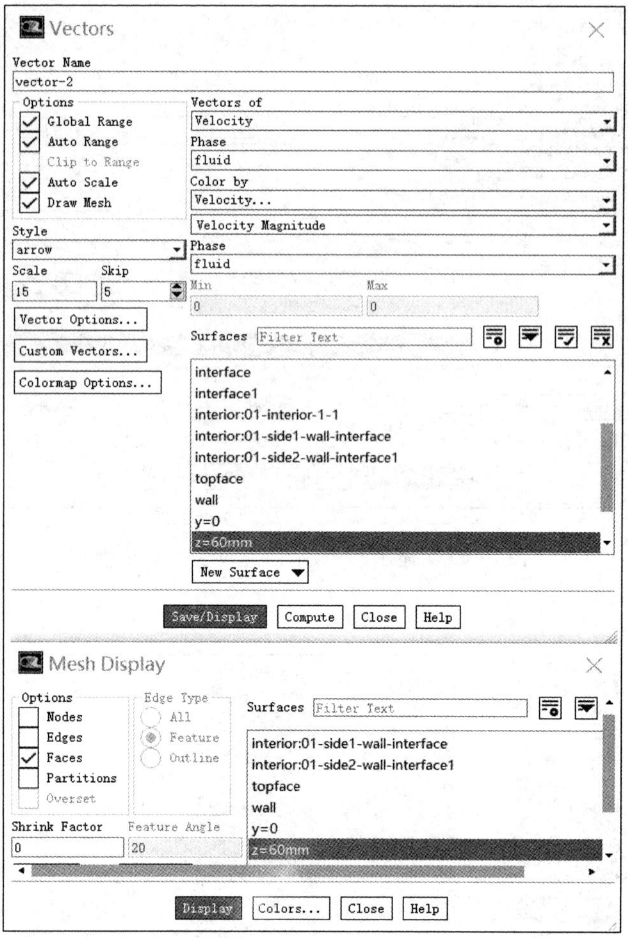

图 6-329　显示 z＝60mm 平面速度矢量图对话框

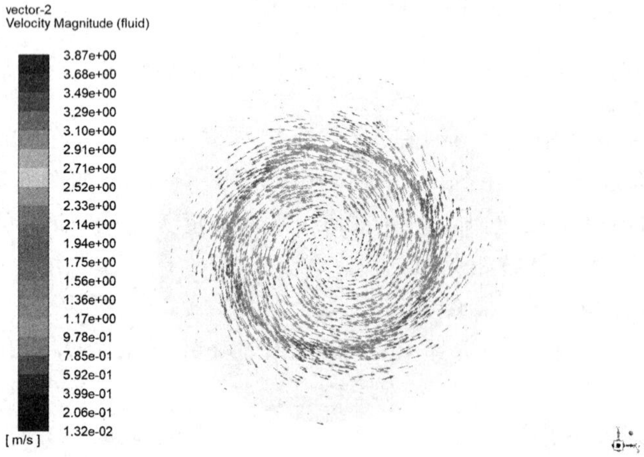

图 6-330　z＝60mm 平面液相速度矢量图

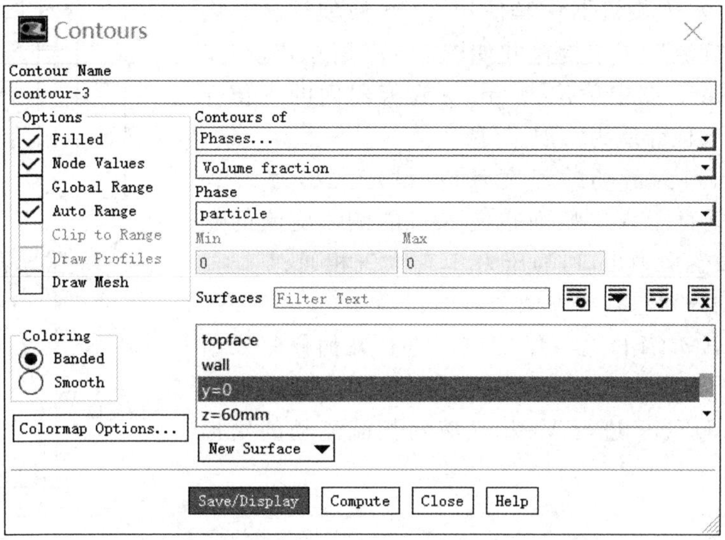

图 6-331　显示 y=0 平面颗粒分布云图对话框

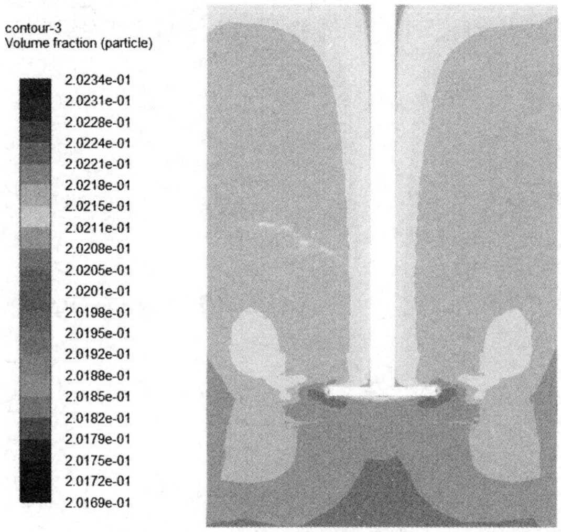

图 6-332　y=0 平面颗粒体积分数云图

6.7　旋流器内部流场 VOF 气-液两相流数值模拟

6.7.1　实例简介

旋流器是一种利用在强旋流作用下产生的离心力进行多相分离的设备，在化工分离行业有着较为广泛的应用。旋流器因其流场的强旋流梯度特性，且中央负压易吸入空气产生空气柱，使数值模型的准确选择并不容易，例如湍流模型。因中央空气柱与液体之间有较为明确的分界面，因此常使用 VOF(Volume of Fluid)模型计算空气与液体界面相间作用。

本例借助一水力旋流器讲解使用 VOF 模型计算其内部流动的过程，旋流器的结构尺寸如图 6-333 所示，进口尺寸 25 mm×20 mm，图中单位为 mm。旋流器内的工作介质为常温水，空气柱介质为常温空气。

旋流器的入口为流场的速度入口，设定大小为 2.28 m/s，速度方向垂直于入口截面指向入口内侧。旋流的底流口和溢流口设置压力出口，静压为 0，与大气相通。

本例涉及的内容包括如下两个方面：

① 利用 ICEM CFD 对三维旋流器进行几何修复及结构化网格划分。

② 利用 FLUENT 进行 VOF 气液两相流流动的模拟与后处理。

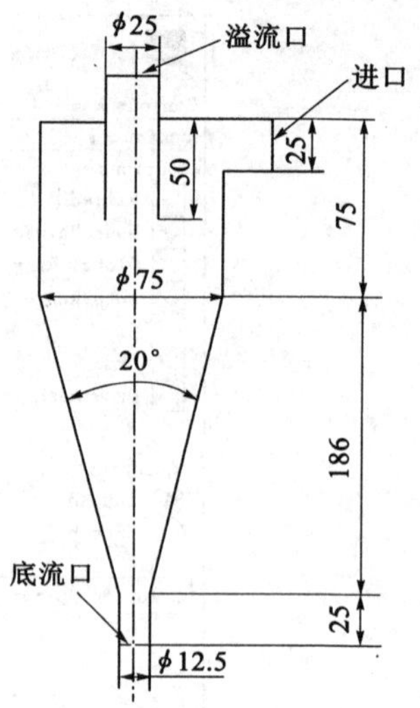

图 6-333 旋流器结构尺寸示意图

6.7.2 网格划分

6.7.2.1 导入几何模型

将本书附带的旋流器几何文件“cyclone. stp”拷贝到工作路径。启动 ICEM CFD，单击 File/Import Model，选择与几何模型一致的格式，此例打开后缀为. stp 的几何模型文件，如图 6-334 所示。

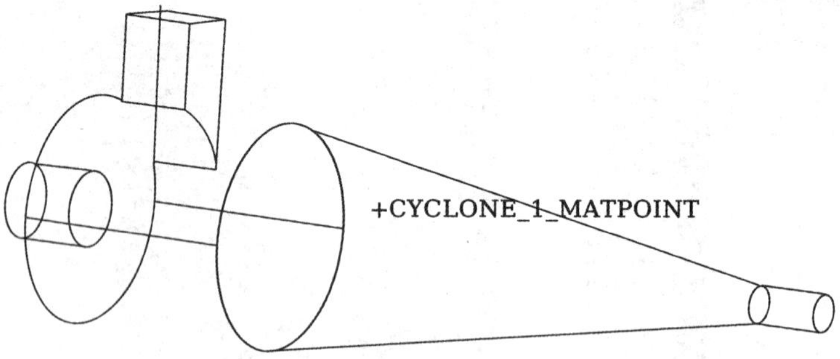

图 6-334 导入几何模型

执行 File/Save project 命令，在文本框里输入文件名，单击保存按钮，生成. prj 文件。

6.7.2.2 模型修复

(1) 模型修复

单击 Geometry 标签栏中的(修复模型)按钮，弹出如图 6-335 所示的 Repair Geometry(修复几何模型)面板。单击按钮，保持默认值，单击 Apply 按钮，几何模型修复完毕，如图 6-336 所示。

(2) 单位

将单位调到绘制几何时使用的单位，有利于创建参考点或曲线。单击 Setting/Model/Units，在 Units 面板下点选绘图时使用的单位(mm)，并在 Scale 面板下勾选 Scale to selected unit 复选框，单击 Apply 按钮完成设置。

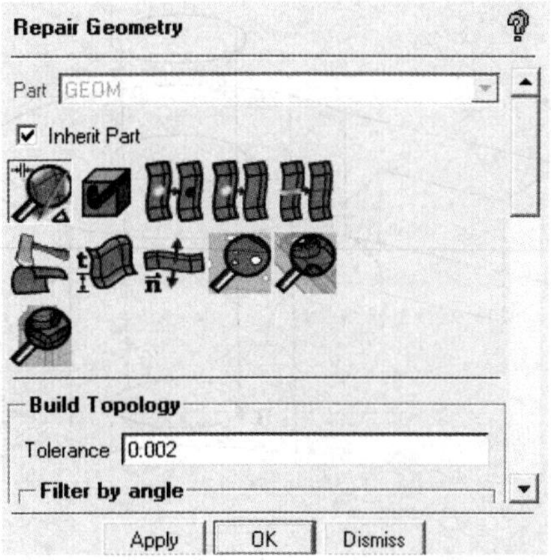

图 6-335 修复几何模型面板

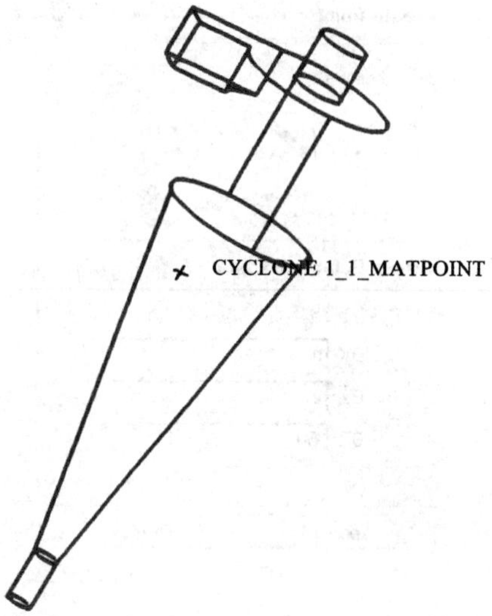

图 6-336 修复后的几何模型

(3) 补全几何

展开左侧模型树，勾选 Surfaces 并单击工具栏按钮，显示出几何实体面。右击模型树 Surfaces 并勾选 Transparent，比较图 6-337(a)(b)，可看出溢流口圆柱面丢失，在此补全几何。补全几何时可将模型树中 Surfaces 取消勾选，并勾选 Points。

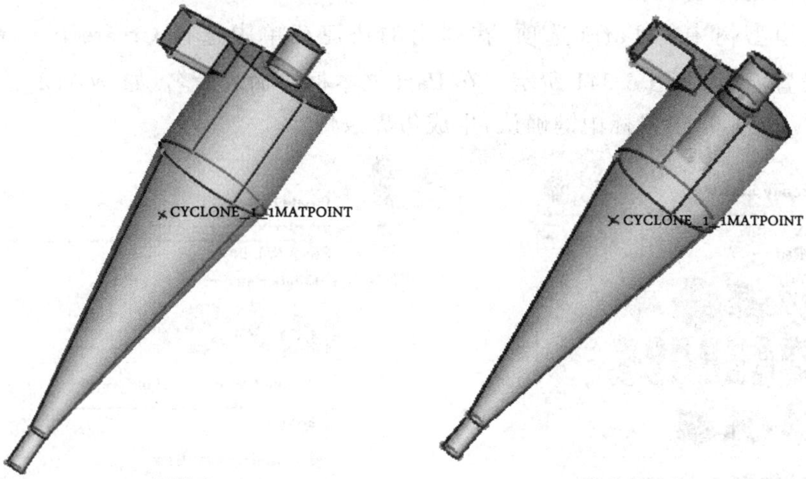

(a) 面缺失　　(b) 完整的几何

图 6-337 几何

① 创建 B 点。单击 Create Point 面板上按钮，在 DZ 处填入－50，如图 6-338 所示，鼠标左键单击右侧视窗中 A 点并中键确认，生成 B 点。单击 Dismiss 关闭 Create Point 面板。此处以 A 点为基点，借助 A、B 两点相对坐标生成点 B，如图 6-339 所示。

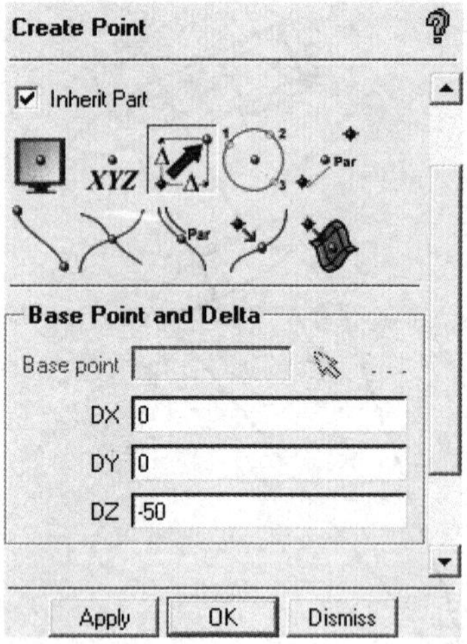

图 6-338　创建点设置面板

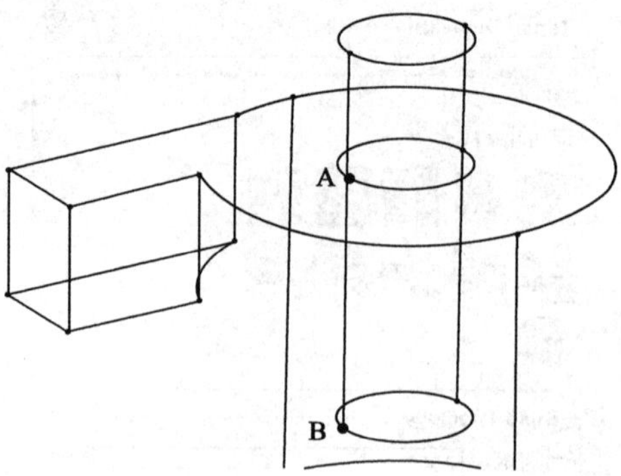

图 6-339　补全几何

② 创建缺失圆柱面。单击 Geometry/(Create/Modify Curve) 按钮，在控制面板单击按钮，连接 A、B 两点。单击 Geometry/(Create/Modify Surface) 按钮，在弹出的控制面板里单击按钮，如图 6-340 所示，Driving curve 及旁边的图标转灰色，说明拾取已激活，单击右侧视窗中的 AB 线段；随后 Driven curves 及旁边的图标转灰色，点选 A 点所在的圆，中键确定。此处 AB 线段沿圆扫描生成圆柱面。勾选模型树中 Surfaces，检查几何。

6.7.2.3　创建 Part

右键单击模型树中的 Parts 选项，在弹出的快捷菜单中选择 Create Part 命令，弹出 Create Part 设置面板，如图 6-341 所示。在 Part 文本框中输入命名，如 WALL_IN，单击按钮，选择相应的面，单击鼠标中键确认，生成边界条件。

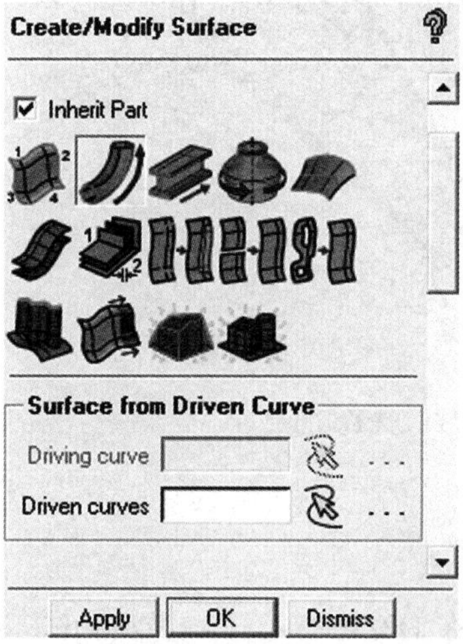

图 6-340　创建面设置面板

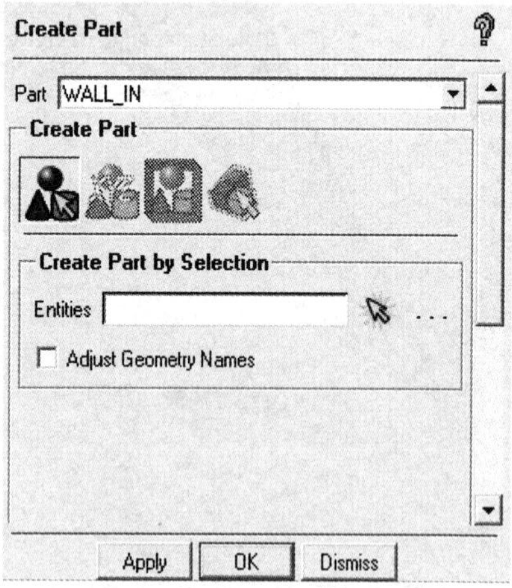

图 6-341　创建 Parts 对话框

通过重复以上步骤来完成其他平面的 Part 的创建。该例需创建入口的边界 INLET，溢流上出口的边界 OUTLET-UP，溢流下出口的边界 OUTLET-DOWN，溢流管壁边界 WALL-IN，其余面均为旋流器外壁面边界 WALL-OUT，如图 6-342 所示。

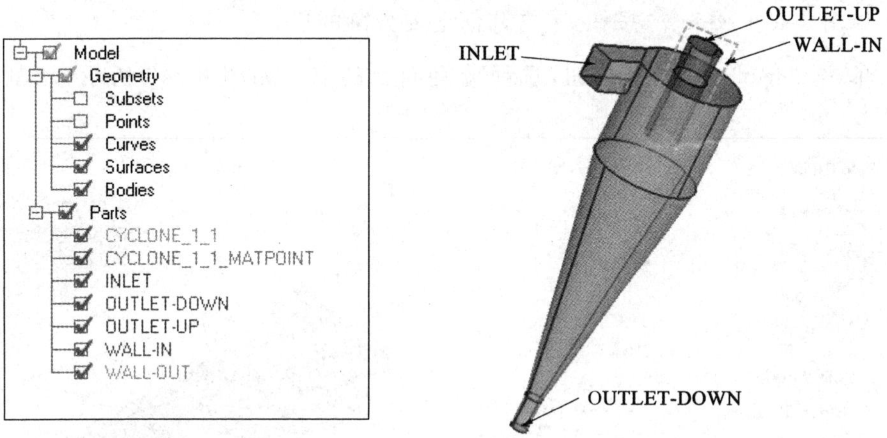

(a) (b)

图 6-342 创建边界条件

6.7.2.4 *初始化块*

单击标签栏中 Blocking/Create Block 按钮，弹出 Create Block 面板，如图 6-343 所示。选择初始化块 Initialize Blocks 按钮，在 Part 文本框中输入 Fluid，在 Type 下拉框中选择 3D Bounding Box，其他保持默认设置。单击 Apply 按钮，初始化几何实体，创建一个环绕所有几何体的块，如图 6-344 所示。

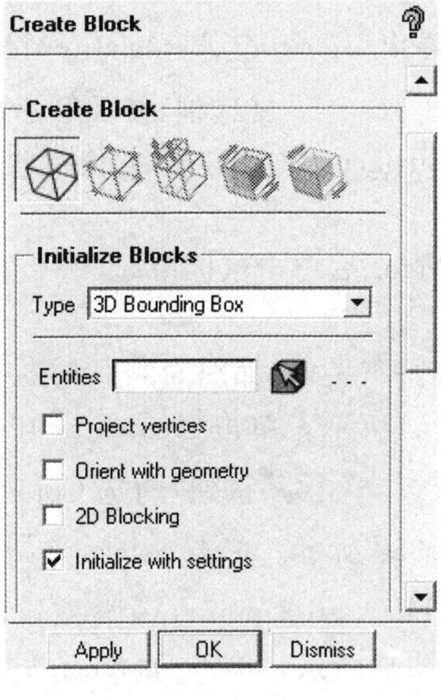

图 6-343 创建 Block 设置面板

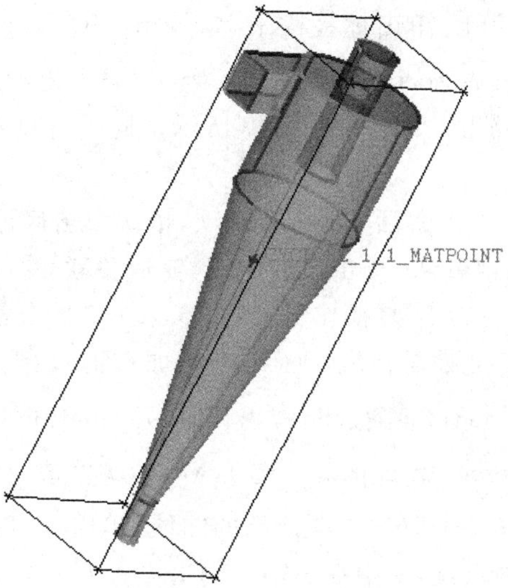

图 6-344 创建整体 Block

6.7.2.5　分割块

（1）单击标签栏中 Blocking /Split Block 按钮，弹出如图 6-345 所示 Split Block 设置面板。单击按钮，在 Split Method 中选择 Prescribed point，意为切割平面会经过所选点。

（2）单击 select edge 按钮，单击几何上要分割的边。

（3）单击 select point 按钮，选择分割面上的点。如图 6-346 所示，切割出三个分割面。

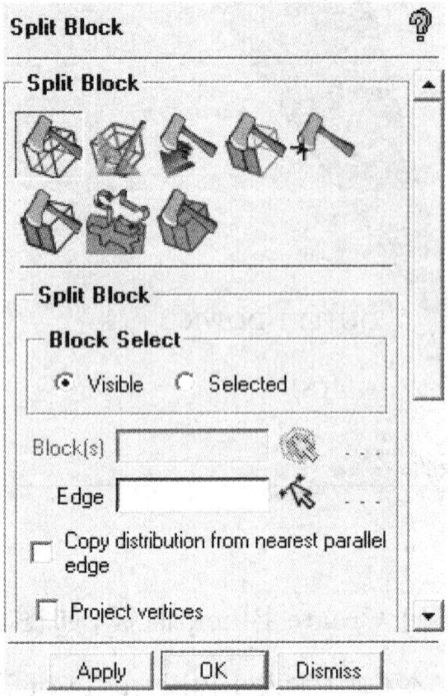

图 6-345　Split Block 设置面板

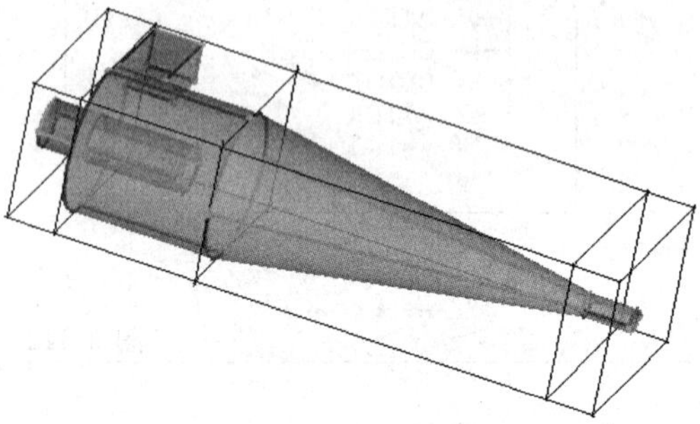

图 6-346　划分 Block

6.7.2.6　关联 Edge 到 Curve

（1）单击标签栏中 Blocking/Associate 按钮，弹出 Blocking Association 设置面板，单击 Associate Edge to Curve 按钮，并勾选 Project vertices 复选框，使关联后的 Edges 贴近几何体，如图 6-347 所示。此步可将左侧模型树 Surfaces 取消勾选，方便关联 Edge 和 Curve。

（2）激活 Edge(s)选项，依次单击底流口外部的 Edges 后单击鼠标中键，然后单击底流口面 Curve，单击鼠标中键，完成关联。

（3）重复操作，依次对 6.7.2.5 中分割出的三个面进行关联，如图 6-348 所示。

此处需在入口面相连处加辅助线条，如图 6-349(b)所示。单击 Geometry/Transform Geometry 按钮，弹出 Transformation Tools 设置面板，单击按钮，勾选 Copy 复选框，Number of copies 处选 1，Method 处选 Vector，如图 6-350 所示。单击 Select 旁按钮，选择图 6-349(a)中框选出的曲线，单击中键确定。单击 Through 2 points 旁按钮，选择 C、D 两点，单击中键确定。单击设置面板中 Apply 按钮，生成线条。单击 Dismiss 按钮关闭设置面板。

顶部面暂时不关联，在对溢流管建立 O-grid 后，于 6.7.2.8 第（3）步骤再关联至 O-grid。

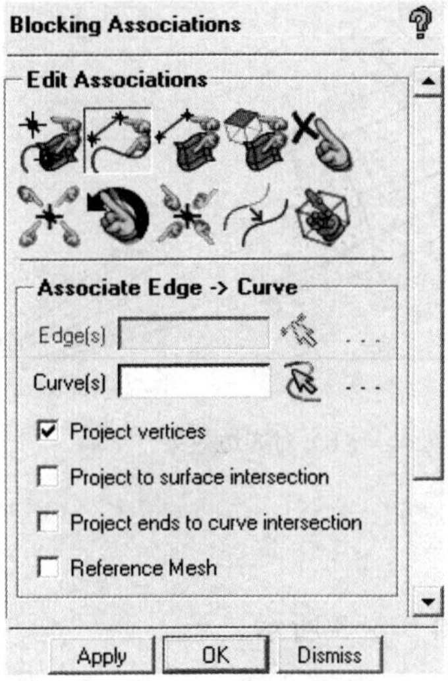

图 6-347 Blocking Association 设置面板

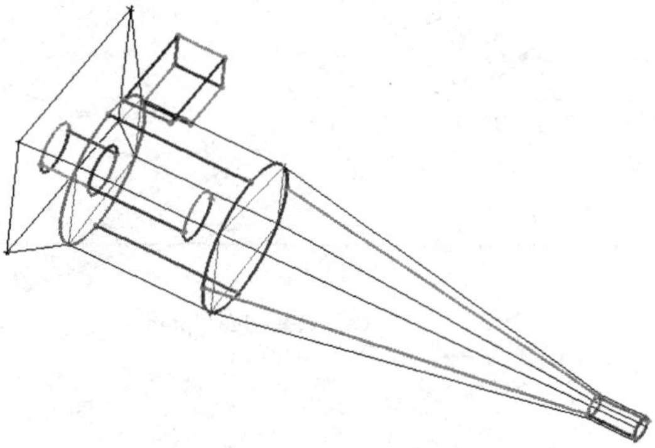

图 6-348 关联 Edge 到 Curve

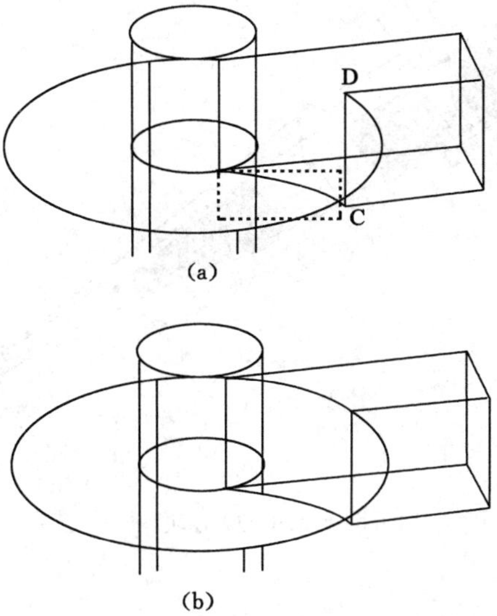

图 6-349 缺失线条补全

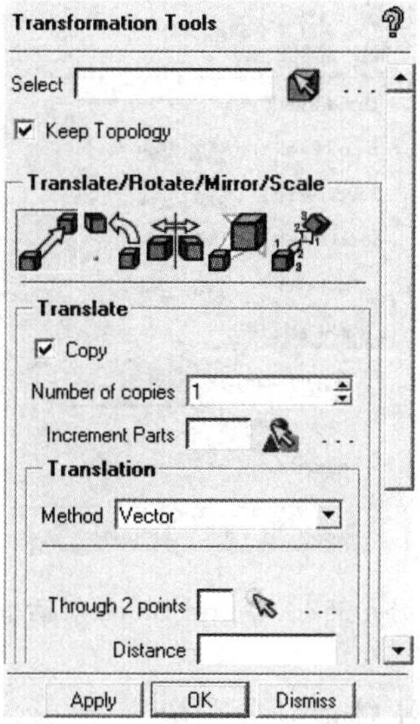

图 6-350 Transformation Tools 设置面板

（4）单击标签栏中 Blocking/Move Vertex 按钮，在 Move Vertex 面板中单击按钮，在 Move in plane 处点选 XY，意为在 XY 平面内移动。选中要对齐的边，再选择该边上的顶点 Vertex，如图 6-351 所示，单击 Apply 按钮完成设置。

6.7.2.7 创建 O-grid

（1）创建 O-grid

单击标签栏中 Blocking/Split Block 按钮，弹出 Split Block 操作面板，如图 6-352 所示。单击(O-grid Block)按钮，单击 Select Blocks 后面的按钮，选择所有的块，单击鼠标中键。单击 Select Faces 后面的按钮，选择 OUTLET-DOWN 和 OUTLET-UP 两个

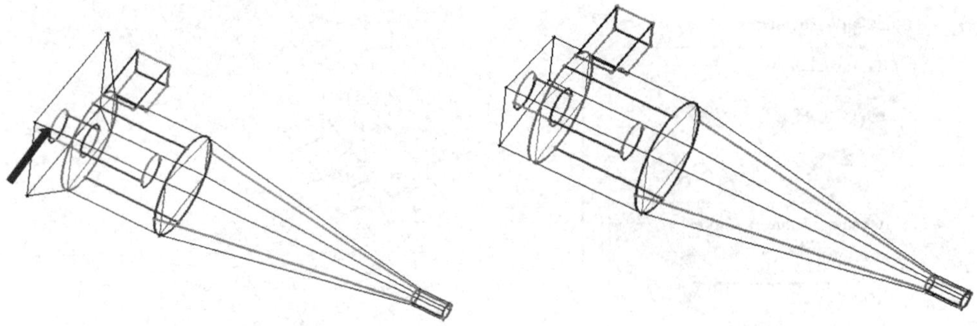

(a) 选择edge和point　　(b) 对齐边效果

图 6-351　对齐边

面，单击鼠标中键，单击 Apply 按钮完成操作，效果如图 6-353 所示。

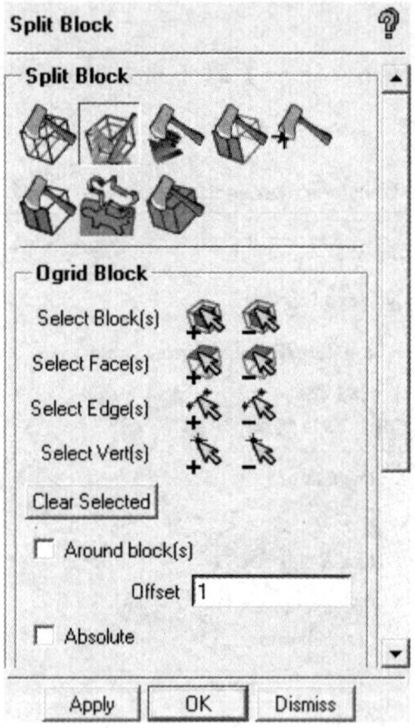

图 6-352　O-grid Block 对话框

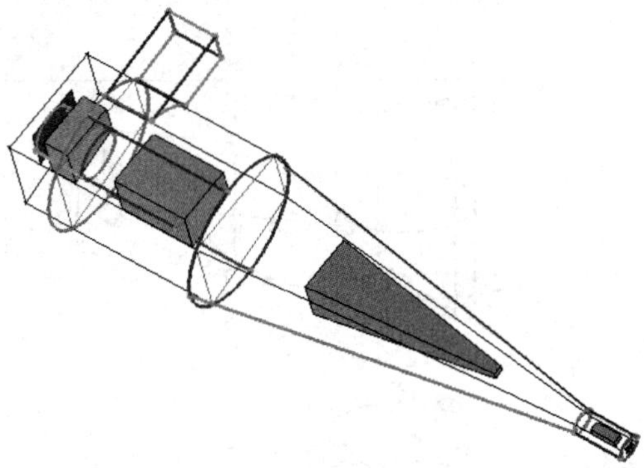

图 6-353　O 分块

(2) 对 O-grid 分割块

① 右击模型树中的 Blocking，单击 index control，在屏幕右下窗口，通过单击↑和↓，如图 6-354 所示，关掉外层块，留下 O-grid。Block 的边是黑色的，O-grid 的边是蓝色的，主界面右侧视窗可见几何由蓝线包围，说明此时 Block 已被隐藏，只有 O-grid，如图 6-355 所示。

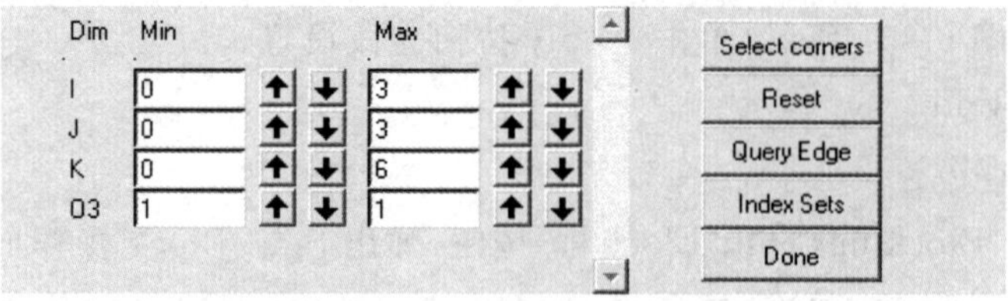

图 6-354　index control 控制窗口

② 单击标签栏中 Blocking/Split Block 按钮，弹出 Split Block 操作面板。单击按钮，在 Split Method 中选择 Prescribed point，单击 select edge 按钮，单击几何上要分割的边。单击 Select Point 按钮，选择分割面上的点。如图 6-355 所示，切割出一个分割面。

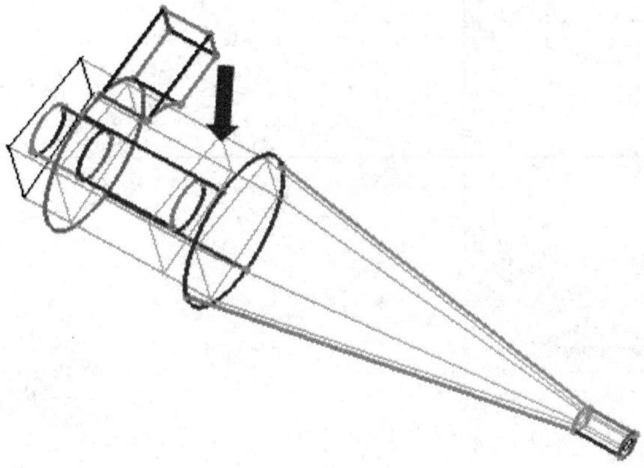

图 6-355 分割块

(3) 关联 Edge 到 Curve

① 此处是对 O-grid 上的边界与溢流管上下曲线的关联。

② 单击标签栏中 Blocking/Associate 按钮，在 Blocking Association 设置面板中单击 Associate Edge to Curve 按钮，激活 Edge(s)选项。依次单击溢流口上部面的 Edges 后单击鼠标中键，然后单击溢流口面 Curve，单击鼠标中键，完成溢流管上部 Curve 与 Edge 的关联。

③ 重复操作，完成 O-grid 溢流管下部线与 O-grid 边界的关联，如图 6-356 所示。

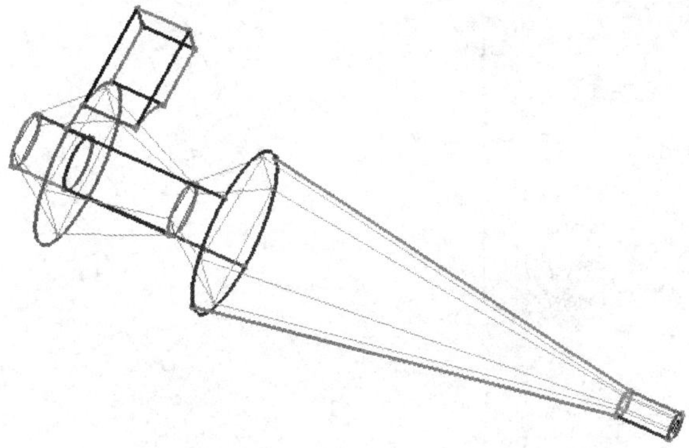

图 6-356 关联溢流管上下表面 Edge 到 Curve

④ 右击模型树中的 Blocking，单击 index control，在弹出窗口，通过单击和，关掉锥段的块，保留圆筒段的内部块。单击 Blocking 标签栏中 Move Vertex 按钮，在如图 6-357所示的 Move Vertex 面板中单击按钮，选中要对齐的边，单击鼠标中键，选择该边上的 Vertex。单击 OK 按钮，使 Edge 与溢流管对齐，如图 6-358 所示。

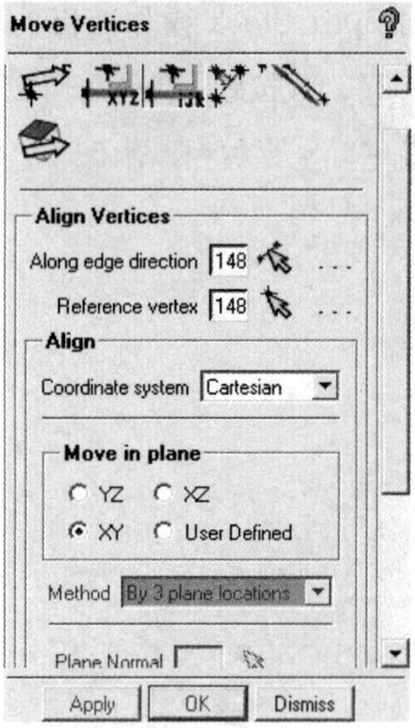

图 6-357　Move Vertices 设置面板

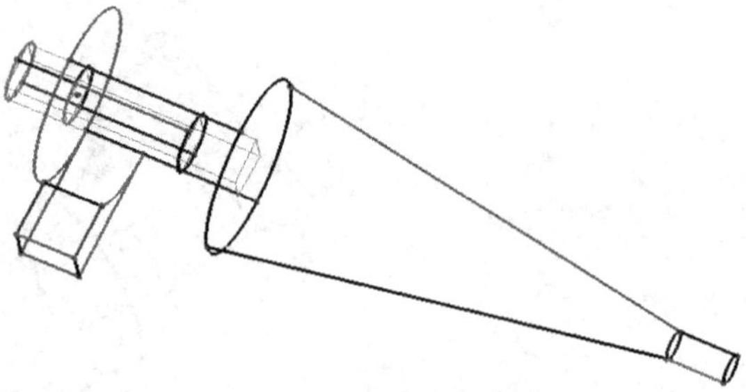

图 6-358　对齐 Edge 和溢流管

（4）关联面

单击标签栏 Blocking 中的 Associate 按钮，在弹出的 Blocking Association 设置面板中单击 Associate face to surface 按钮，如图 6-359 所示。激活 Face(s)右侧 选项，依次单击溢流管所在块的所有侧面，结果如图 6-360 所示。然后单击鼠标中键，在弹出的 Select parts 窗口勾选 WALL-IN，如图 6-361 所示。单击 Accept 按钮，完成面关联。

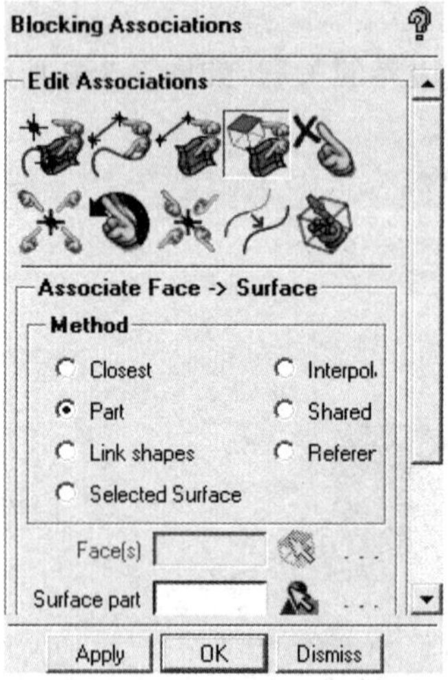

图 6-359　Blocking Association 设置面板

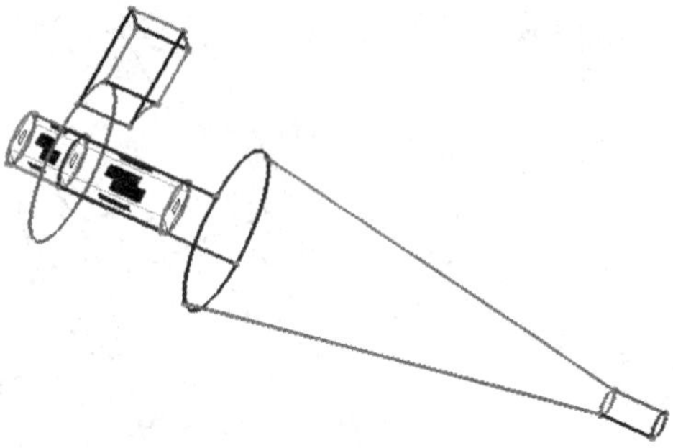

图 6-360　关联面

6.7.2.8　删除多余的块

在 index control 窗口，单击 Reset，显示所有的块。在左侧模型树勾选 Blocks。单击标签栏中 Blocking 中的 Delete Block 按钮，选中溢流管外侧多余的块，单击鼠标中键删除。删除多余的块后如图 6-362 所示。

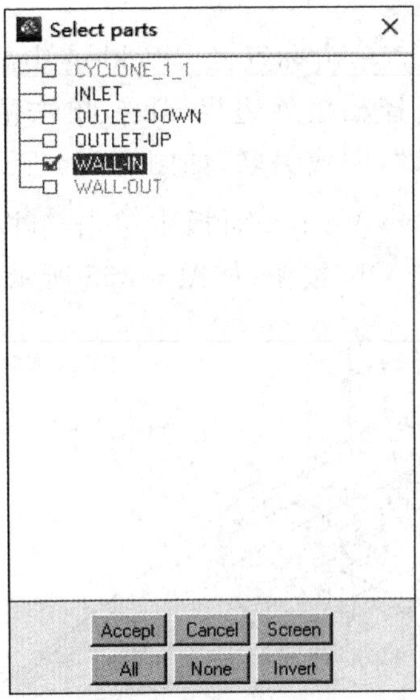

图 6-361　Select parts 对话框

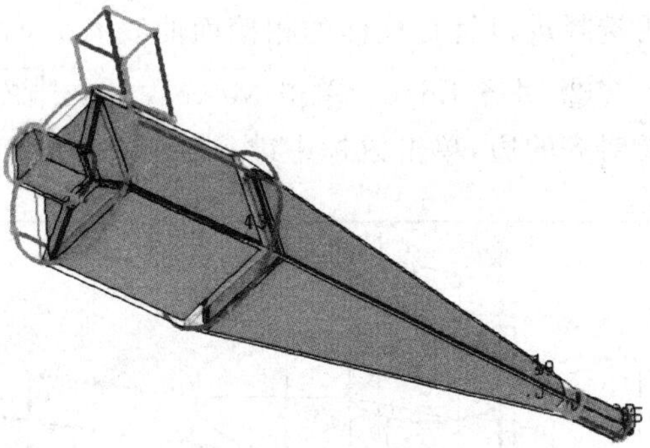

图 6-362　删除多余的块

6.7.2.9　拉伸块

此时观察拓扑结构与实际几何体，会发现入口处还缺少拓扑结构。此处需拉伸块，使拓扑结构完整。此步骤取消勾选模型树 Blocks。

(1) 切割块

① 单击标签栏中 Blocking/Split Block 按钮，弹出 Split Block 操作面板。单击按钮，在 Split Method 中选择 Prescribed point，单击 select edge 按钮，单击几何上要分割的边。单击 select point 按钮，选择分割面上的点。如图 6-363(a)所示，切割出一个分割面。

② 右击左侧模型树的 Blocking，单击 index control，在弹出窗口，通过单击 和 ，只留下靠近入口与圆柱面相接的那一侧的块。单击标签栏中 Blocking/Split Block 按钮，弹出 Split Block 操作面板，单击按钮，单击 select edge 按钮，单击几何上要分割的边。分割好如图 6-363(b)所示。单击 index control 弹出窗口处的 Reset，显示所有的块。

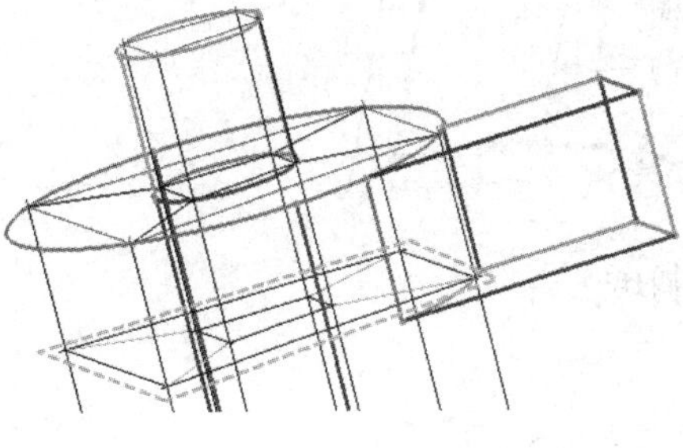

(a) 分割面切割

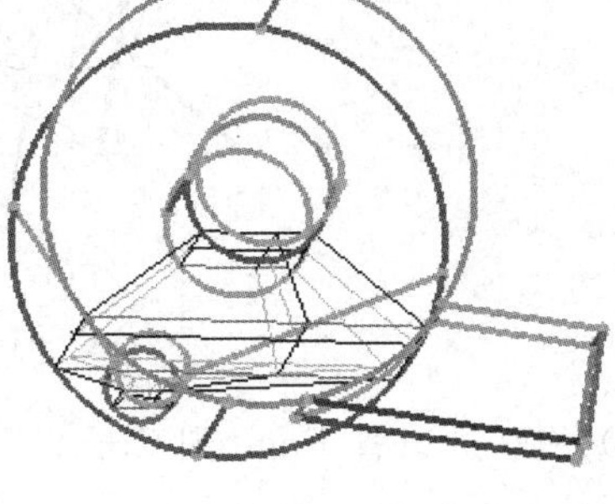

(b) 分割块

图 6-363　切割块

（2）拉伸块

① 先将进口管与柱体相接处的边和曲线进行关联。单击标签栏 Blocking 中的 Associate 功能按钮，跳出 Blocking Associations 设置面板，选择相接处边界 edge，单击鼠标中键，再选择进口管与柱体的相接面曲线 curve，单击鼠标中键，完成关联，如图 6-364 所示。

② 对齐 Edge。单击 Move Vertex 按钮，在 Move Vertex 面板中单击按钮，选中要对齐的边，单击鼠标中键，选择该边上的 Vertex，单击 OK 按钮，如图 6-365 所示。

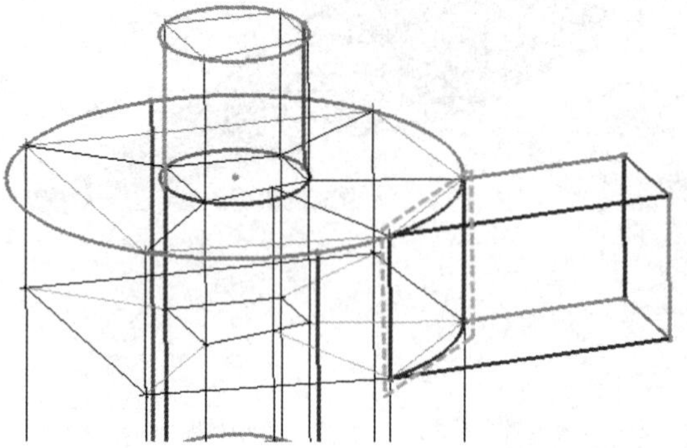

图 6-364　入口管和柱体相接处边和曲线关联

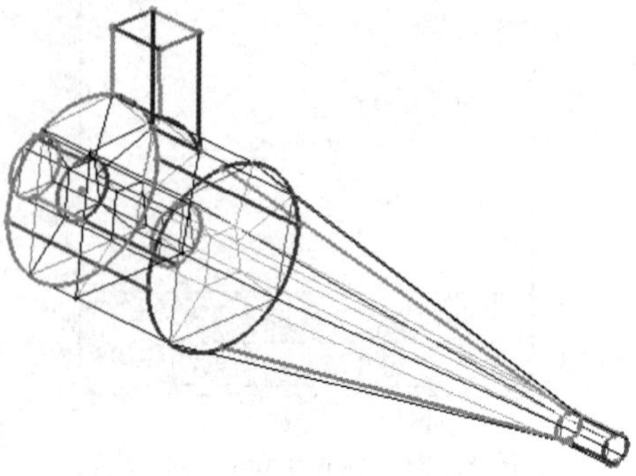

图 6-365　对齐 Edge

③ 单击 Blocking 标签中的 Create Block 按钮，弹出 Create Block 面板，单击 Extrude face 按钮，保持默认选择，激活选项，单击入口管与柱体相交的 face，单击鼠标中键，完成拉伸，如图 6-366 所示。若拉伸出来的块不显示，单击 Index Control 控制窗口的 Reset 按钮，则拉伸出来的块显示出来。

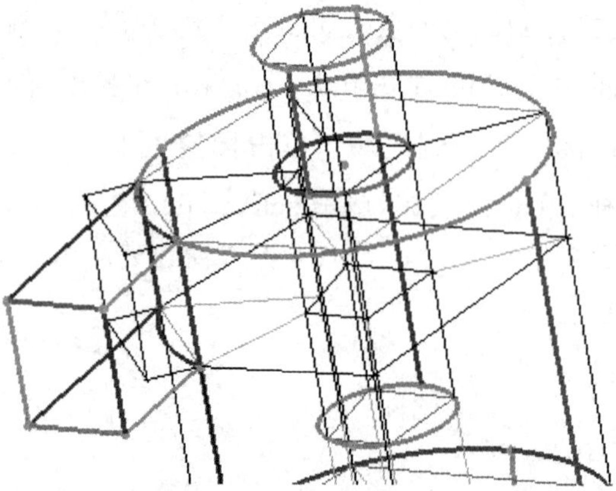

图 6-366　拉伸块

（3）关联进口管 Edge 到 Curve

① 单击标签栏中 Blocking/Associate 按钮，在 Blocking Association 设置面板中单击 Associate Edge to Curve 按钮，激活 Edge(s) 选项，依次单击进口外部的 Edges 后单击鼠标中键，然后单击进口的 Curve，单击鼠标中键，完成关联。

② 单击标签栏中 Blocking/Associate 按钮，在 Blocking Association 设置面板中单击 Associate Vertex 按钮，单击 Vertex 处按钮，选择进口处的 Vertex 后单击鼠标中键，然后单击进口处几何的点，完成关联。重复操作，完成进口管外各点与顶点的关联。结果如图 6-367 所示。

6.7.2.10　对进口管创建 O-grid

单击标签栏中 Blocking(块)/Split Block 按钮，弹出 Split Block 操作面板，单击 O-grid按钮，单击 Select Faces 后面的按钮，单击入口面和进口管与圆柱段相接面，如图 6-368 所示。单击 Apply 按钮完成操作。

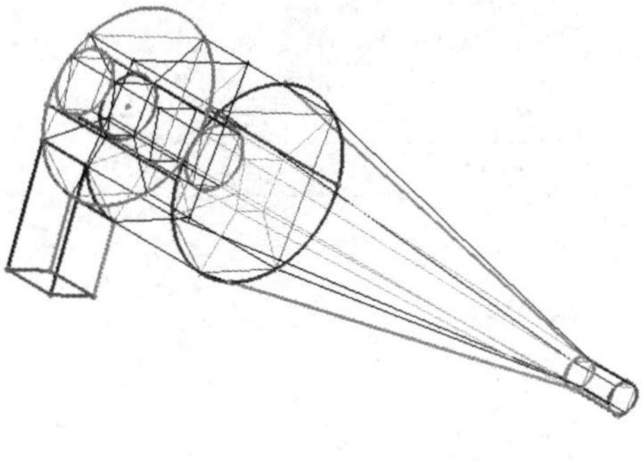

图 6-367　关联后的块

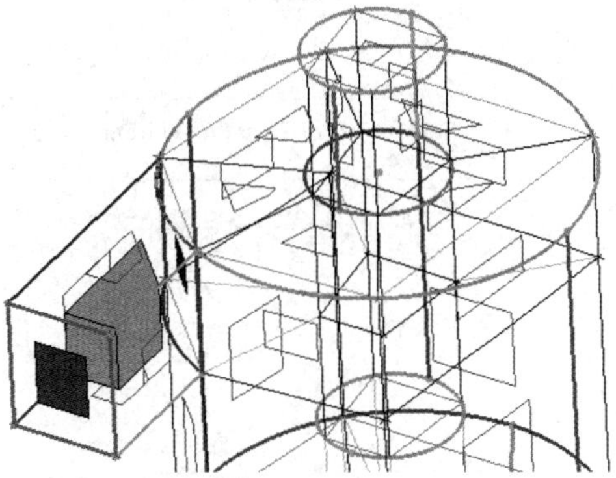

图 6-368　O 分进口管

6.7.2.11　生成网格

(1) 单击标签栏中 Mesh/Global mesh setup 按钮，在弹出的 Global Mesh Setup 窗口 Max element 文本框中输入6.0(根据单位调整)，单击 OK 按钮完成，如图 6-369(a)所示；单击标签栏中 Blocking/Pre-Mesh Params 按钮，在弹出的 Pre-Mesh Params 窗口，勾选 Update All，如图 6-369(b)所示，单击 Apply 按钮，完成网格尺寸设置。

(2) 在左侧模型树勾选 Pre-Mesh，绘制结构化网格，如图 6-370 所示。

6.7.2.12　检查网格质量

对于结构化网格的质量，ICEM CFD 提供了一系列评判标准，方便在计算之前判断网格质量如何，详细的参数及其含义可参考 ICEM CFD 帮助文档。

(1) 单击 Blocking 标签栏下的 Pre-mesh Quality Histograms 按钮，打开检查网格质量的对话框。

(2) 在 Criterion 下拉列表中选择 Determinant 3×3×3 选项。

(3) 分别设置 Min-X value 和 Min-X value 为 0 和 1。

(4) 设置 Min-Y height 为 20，表示某范围内的网格最大数量。

(5) 设置 Num. of bars 为 20，表示前面设置的 0～1 会被分成 20 等份。

(6) 保持其他默认设置不变，单击 Apply 按钮，则可在右下角看见网格质量直方图。

6.7.2.13　输出网格文件

(1) 鼠标右键单击左侧模型树 Pre-Meshing，单击 Convert to Unstruct Mesh，如图

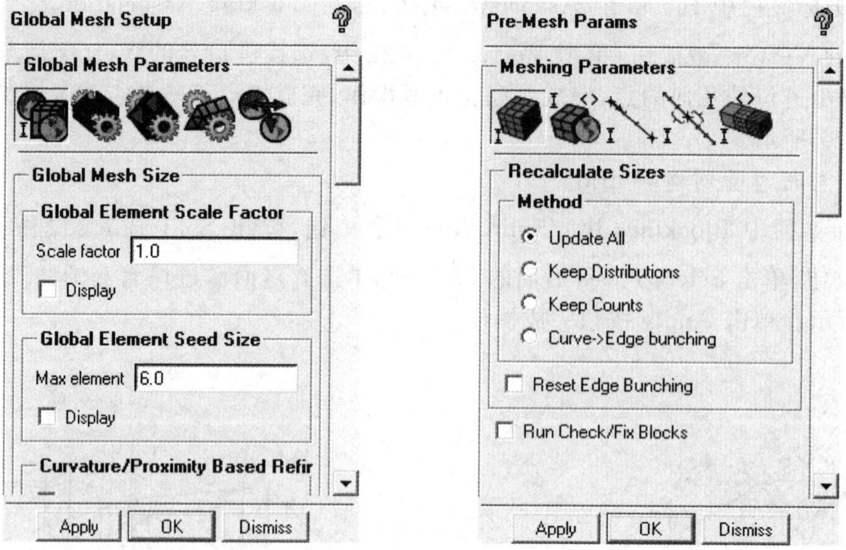

(a) (b)

图 6-369 网格尺寸设置对话框

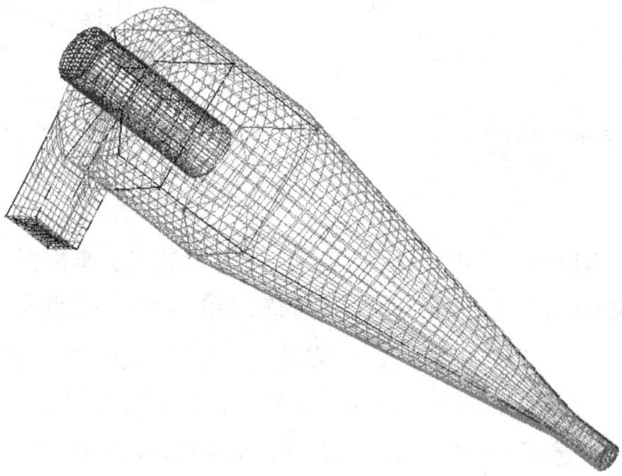

图 6-370 生成结构化网格

6-371所示，即将结构网格保存在非结构网格中。

(2) 单击标签栏中 Output Mesh/Select solver 按钮，弹出 Solver Setup 设置面板，在 Output Solver 下拉框中选择 ANSYS Fluent，单击 Apply 按钮。

(3) 单击标签栏中 Output Mesh/Write input 按钮，弹出 Save 对话框，单击 Yes 按钮。在弹出的对话框中，如图 6-372 所示，Grid dimension 点选 3D，在 Boco file 处选择保存位置，在 Output file 中修改网格文件名称。

6.7.3 求解与后处理

打开 Fluent 19.0，Dimension 选择 3D，设置工作目录，即 Working Directory 为上一步

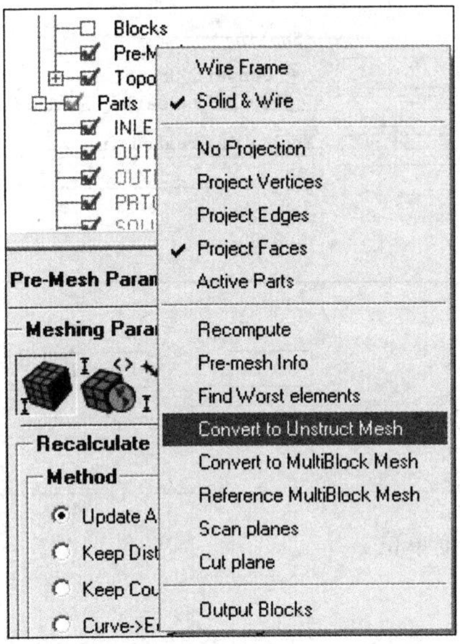

图 6-371 转化为非结构网格

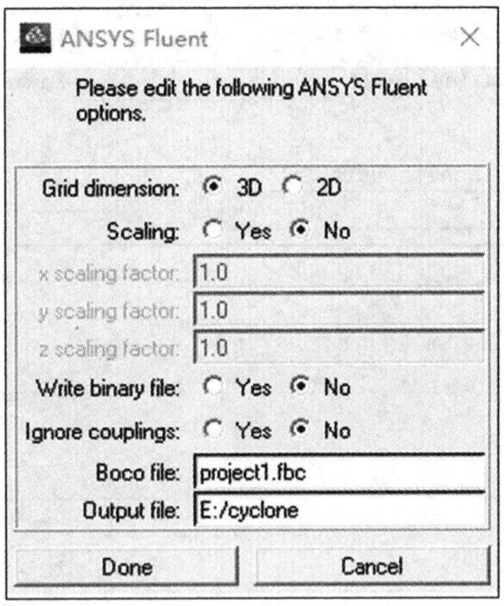

图 6-372 保存网格对话框

中输出网格的文件夹(个人根据自己保存的文件夹选择)。单击 OK 按钮,进入 FLUENT。

6.7.3.1 步骤 1:网格相关操作

(1) 读入网格文件 cyclone. msh

依次操作:File/Read/Mesh。

(2) 检查网格文件

依次操作:Mesh/Check。

对读入的网格进行检查,保证网格的最小体积 minimum volume 不小于 0,即没有负体积网格的出现,否则需要回到 ICEM CFD 重新划分网格。

(3) 缩放计算区域尺寸

依次操作:Mesh/Scale。

FLUENT 软件默认的单位是米(m),但是应用前处理软件建模时所采用的单位不一定是米。如果两者单位不一致,将网格读入 FLUENT 软件后,要将其转变为以米为单位的实际尺寸。本案例中网格以毫米(mm)为单位创建,因此在 Mesh Was Created In 的下拉菜单中,选择 mm 并单击 Scale 按钮,如图 6-373 所示。

6.7.3.2 步骤 2:求解器设置

(1) 求解器选择

依次操作:Setup/General。

该计算将使用基于压力的求解器,以非稳态法求解,如图 6-374 所示。

(2) 设置重力加速度

根据算例的实际情况设置重力。勾选 Gravity,在展开的 Gravitational Acceleration 对话框中的 Z 方向一栏中输入−9.81,即重力沿 Z 轴竖直向下。

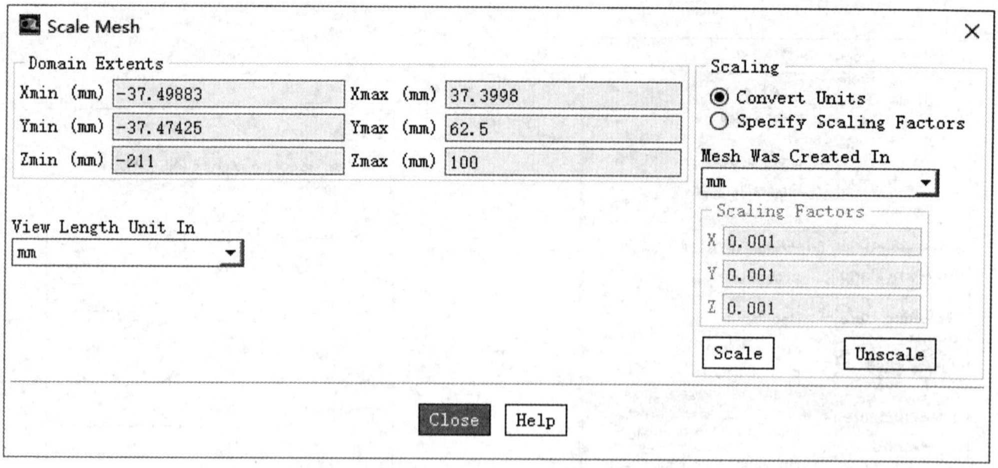

图 6-373　改变模型长度单位

6.7.3.3　步骤 3：选择计算模型

（1）多相流模型的选择

依次操作：Setup/Models/Multiphase/Edit。

旋流器内的流体为水，运行时内部产生负压，从外界吸入空气并在旋流器的中心形成空气柱，多相流模型选择 VOF 模型计算出空气和水之间的交界面。单击 Models/Multiphase，弹出 Multiphase Model 对话框，点选 Volume of Fluid，其余保持默认设置，如图 6-375所示，单击 OK 按钮关闭对话框。

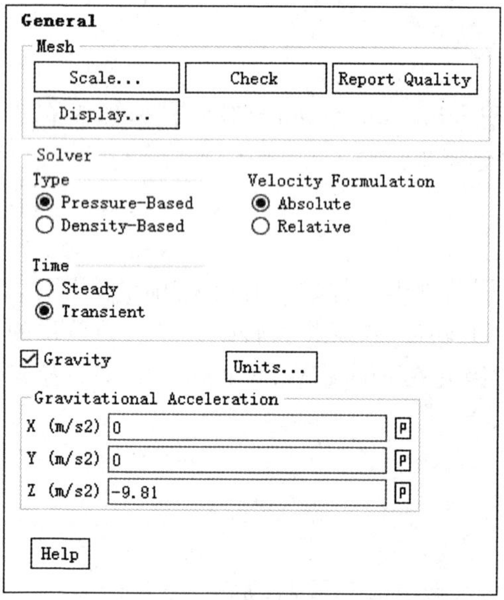

图 6-374　求解器面板

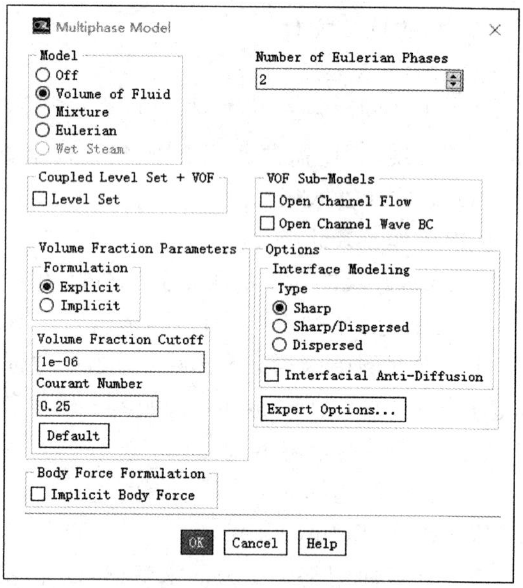

图 6-375　设置多相流模型

（2）湍流模型的选择

依次操作：Setup/Models/Viscous。

旋流器内的流场是复杂的三维强旋转湍流流场，具有强烈的各向异性，因此采用 RSM (Reynolds Stress Model)湍流模型。单击 Models/Viscous，跳出 Viscous Model 对话框，点选 Reynolds Stress(7 eqn)，其余保持默认设置，如图 6-376 所示，单击 OK 按钮，完成设定。

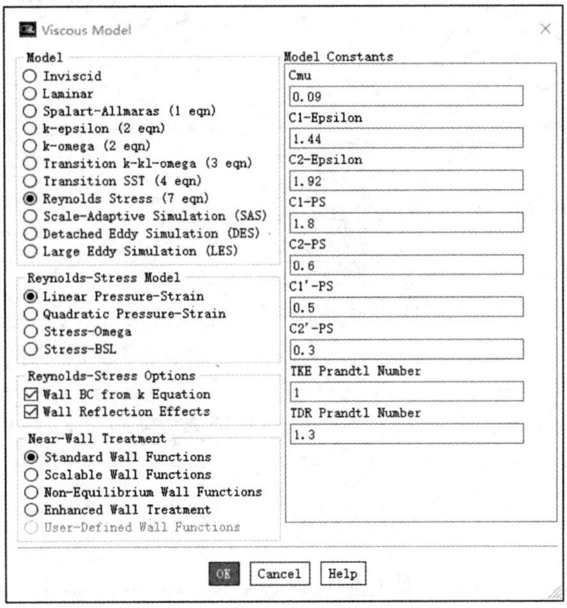

图 6-376　设置湍流模型

6.7.3.4　步骤 4：定义流体的物理属性

依次操作：Setup/Materials。

（1）选中 Fluid，单击 Create/Edit，在图 6-377 所示对话框中单击 Fluent Database…按钮，弹出 Fluent Database Materials 对话框，如图 6-378 所示。

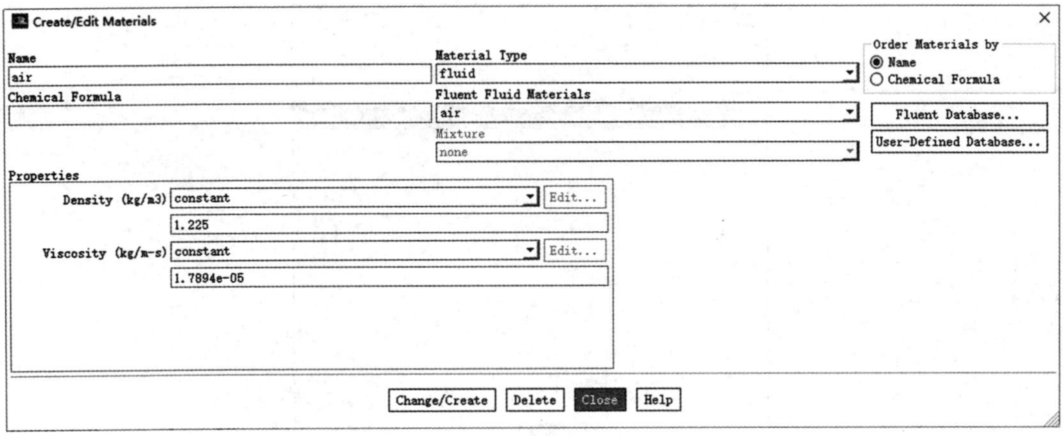

图 6-377　材料设置对话框

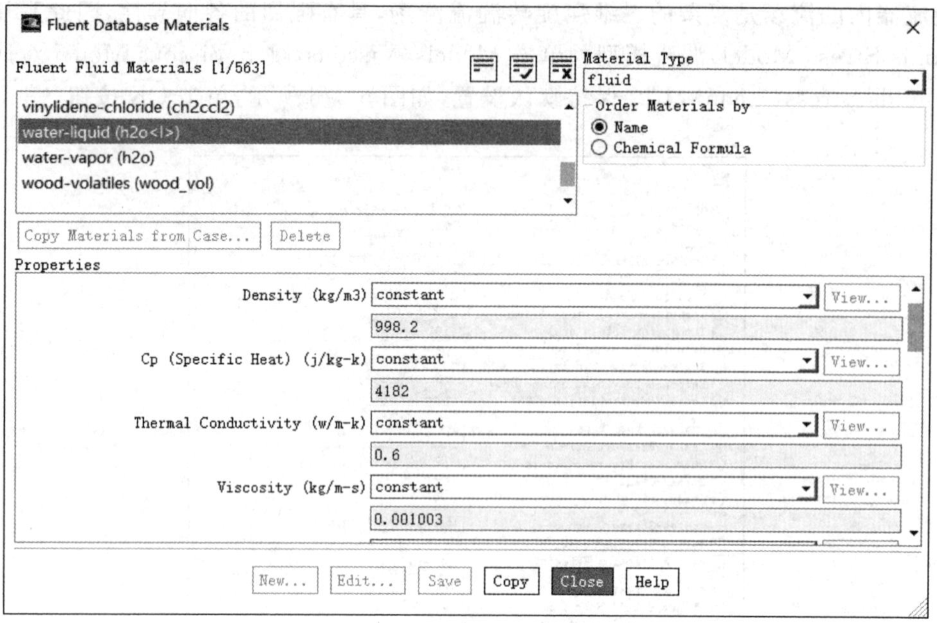

图 6-378　FLUENT 材料数据库

① 在 Fluent Fluid Materials 列表中选择 water-liquid(h2o<1>)。

② 单击 Copy 按钮,关闭 Fluent Database Materials 对话框。

材料设置对话框中将显示复制的水的信息。

(2) 单击 Change/Create 按钮,关闭材料设置对话框。

6.7.3.5　步骤 5:相设置

(1) 设置初始相水

依次操作:Setting Up Physics/Phases。

① 单击 List&Show All,弹出如图 6-379 所示 Phases 对话框。

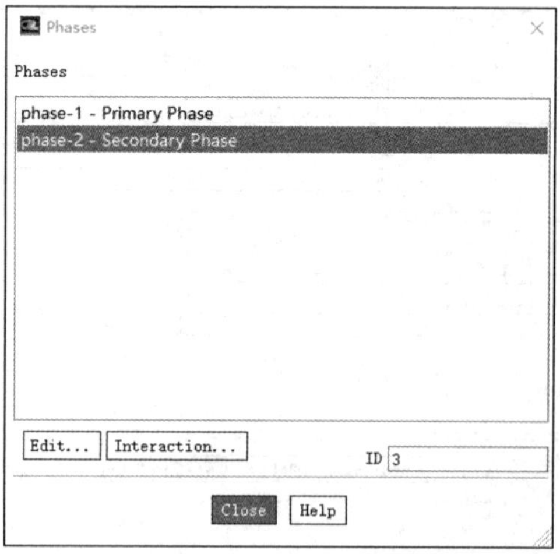

图 6-379　Phases 对话框

② 选中 Phase-1，单击 Edit…按钮，弹出如图 6-380 所示 Primary Phase 对话框。在 Name 文本框中输入 water，作为液相名字。

③ 在 Phase Material 下拉框中选择 water-liquid。

④ 单击 OK 按钮，关闭 Primary Phase 对话框。

(2) 设置气相

① 在 Phases 对话框选中 Phase-2，单击 Edit…按钮，弹出如图6-381所示 Secondary Phase 对话框。在 Name 文本框中输入 gas，作为气相名字。

② 在 Phase Material 下拉框中选择 air。

③ 单击 OK 按钮，关闭 Secondary Phase 对话框。

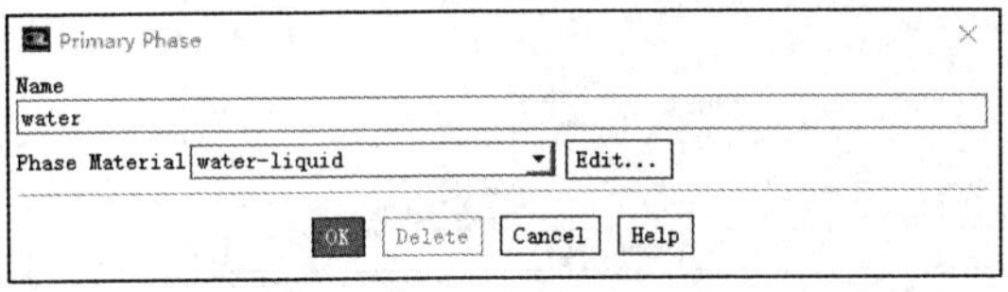

图 6-380 Primary Phase 对话框

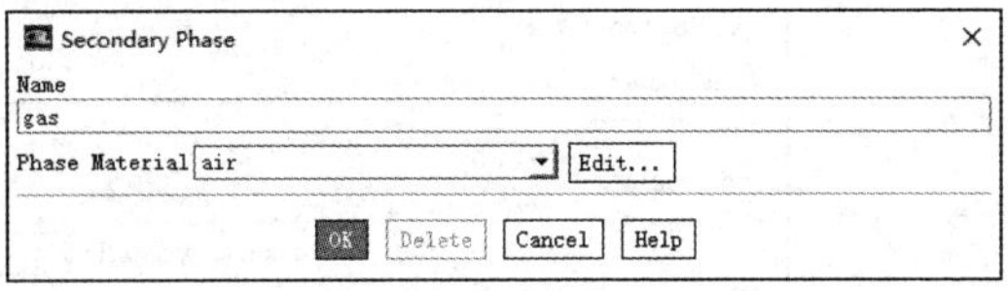

图 6-381 Secondary Phase 对话框

6.7.3.6 步骤 6：边界条件

(1) 设置进口边界条件

依次操作：Setup/Boundary Conditions。

① 从 Zone 列表中选择 Inlet，并设置 Type 为 velocity-inlet，在 Phase 下拉框中保持默认选项 mixture。

② 单击 Edit 按钮，弹出 Velocity Inlet 对话框，如图 6-382 所示。

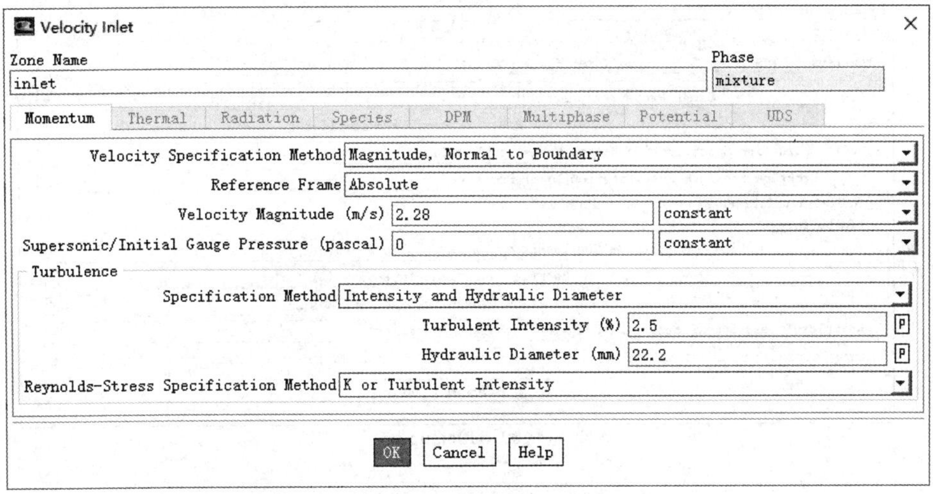

图 6-382 Velocity Inlet 对话框(mixture)

③ 在 Velocity Magnitude (m/s)处填入 2.28。

④ 从 Turbulence 选项组中的 Specification Method 下拉列表中选择 Intensity and Hydraulic Diameter，在 Turbulent Intensity (%)处填入 2.5，在 Hydraulic Diameter (mm)处

填入 22.2。矩形管水力直径由 $D=\frac{2el}{l+e}$ 公式计算得出，e 为流动截面高度，l 为流动截面宽度。本例中入口宽 20 mm，高 25 mm。

⑤ 单击 OK 按钮，关闭 Velocity Inlet 对话框。

(2) 设置底流口和溢流口边界条件

依次操作：Setup/Boundary Conditions。

① 从 Zone 列表中选择 outlet_down 和 outlet_up，并设置 Type 为 Pressure Outlet，在 Phase 下拉框中保持默认选项 mixture。

② 单击 Edit 按钮，弹出 Pressure Outlet 对话框，如图 6-383 所示。

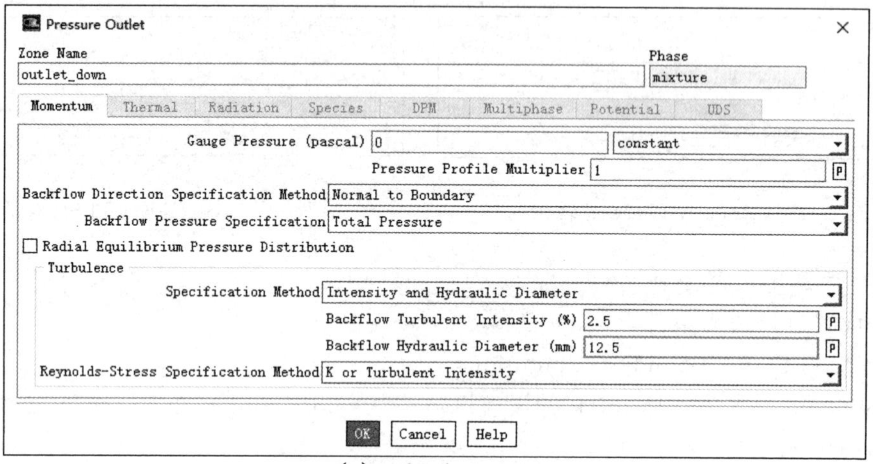

(a) outlet_down

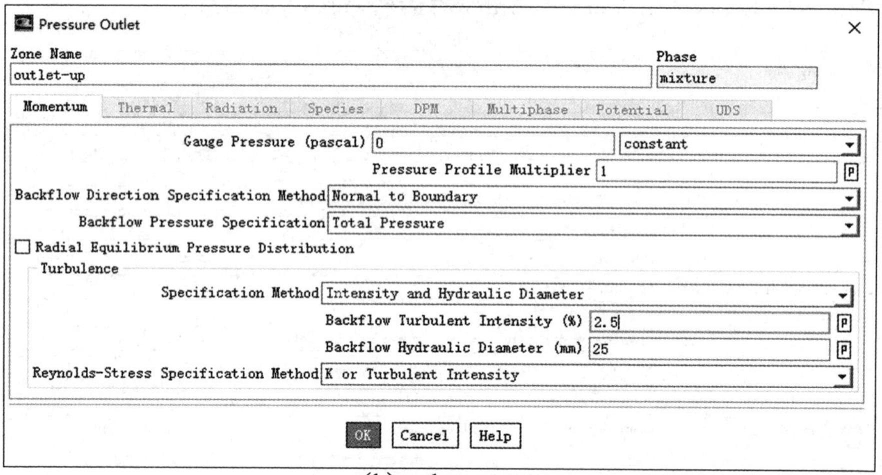

(b) outlet_up

图 6-383 出口边界条件设置对话框

③ 从 Turbulence 选项组中的 Specification Method 下拉列表中选择 Intensity and Hydraulic Diameter。底流口 outlet_down 的对话框中，在 Backflow Turbulent Intensity(%)处填入 2.5，在 Backflow Hydraulic Diameter(mm)处填入 12.5；溢流口 outlet_up 的对话框中，在 Backflow Turbulent Intensity(%)处填入 2.5，在 Backflow Hydraulic Diameter(mm)

处填入25。

④ 在 Gauge Pressure(Pascal)中保持默认0。

⑤ 保持其余默认设置。

⑥ 单击 OK 按钮,关闭 Pressure Outlet 对话框。

(3) 设置出口气相的边界条件

依次操作:Setup/Boundary Conditions。

旋流器运行时内部产生负压,会从底流口和溢流口吸入空气并在旋流器的中心形成空气柱,所以应对底流口和溢流口设置空气回流。

① 从 Zone 列表中选择 outlet_down 和 outlet_up,在 Phase 下拉框中选择 gas 选项。

② 单击 Edit 按钮,弹出 Pressure Outlet 对话框,如图6-384所示。

③ 在 Backflow Volume Fraction 文本框中输入1。

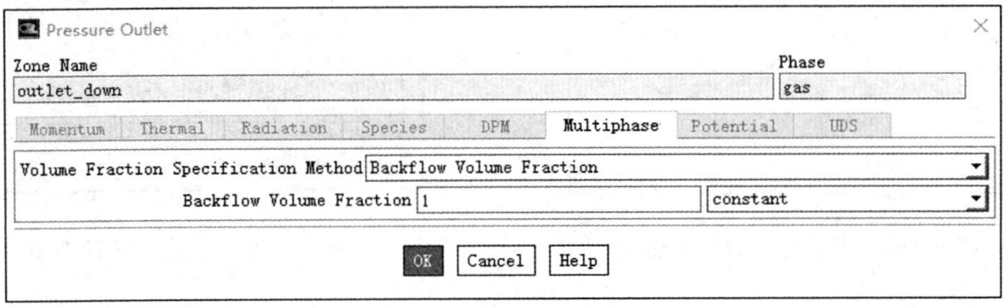

(a) outlet_down

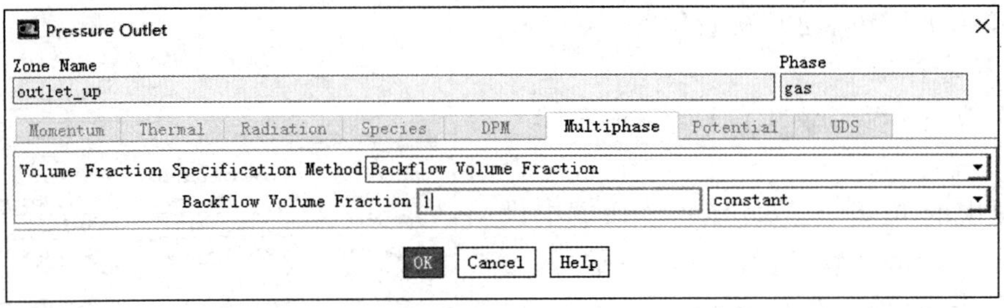

(b) outlet_up

图6-384 出口边界条件设置对话框(gas)

④ 单击 OK 按钮,关闭 Pressure Outlet 对话框。

6.7.3.7 步骤7:求解

(1) 求解控制参数的设置

依次操作:Solution/Methods。

打开求解参数设置对话框,压力速度耦合选择 SIMPLE 方案,空间离散格式设置如图6-385所示。

① 在 Turbulent Kinetic Energy、Turbulent Dissipation Rate 和 Reynolds Stresses 下拉框中选择 QUICK。

② 其余保持默认设置。

(2) 初始化

依次操作：Solution/Initialization。

① 如图 6-386 所示，Solution Initialization 选择 Standard Initialization 模式。

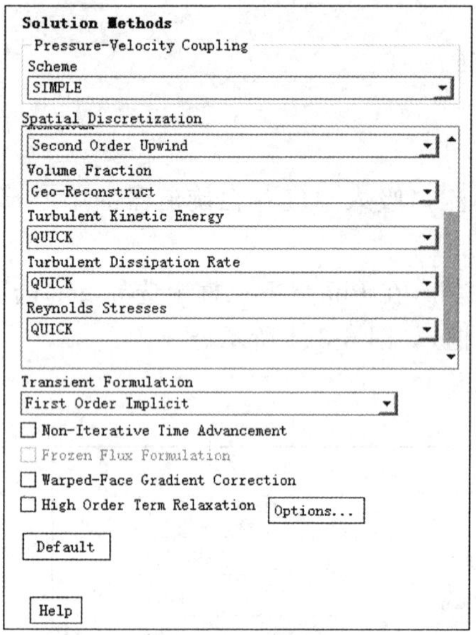

图 6-385　求解方法设置界面

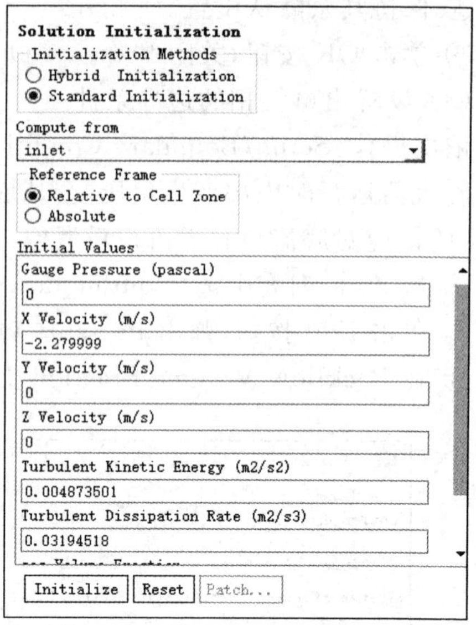

图 6-386　初始化设置界面

② Compute from 的下拉菜单中选择 inlet，即从入口开始初始化。

③ 单击 Initializ，进行初始化。

（3）区域标记

依次操作：Setting Up Domain/Adapt/Region。

在弹出的 Region Adaption 对话框中设置具体的 Region 参数，如图 6-387 所示。

① Options 处点选 Inside。

② Shapes 处点选 Cylinder。

③ 在 Z-Axis Min（mm）和 Z-Axis Max（mm）处分别填入－211 和 100。

④ 在 Radius(mm)处填入 4。

⑤ 单击 Mark 以标记网格单元。

⑥ 单击 Close 按钮，关闭 Region Adaption 对话框。

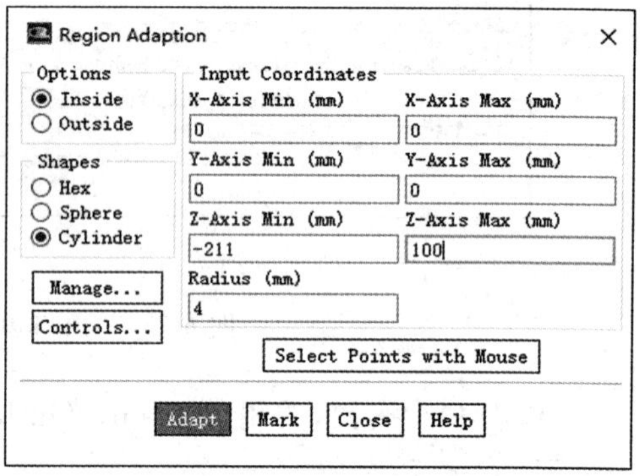

图 6-387　设置 Region

（4）初始化旋流器结构条件

依次操作：Solving/Initialization/Patch。

① 弹出 Patch 对话框，如图 6-388 所示。在 Phase 下拉列表中选择 gas。

② 在 Variable 列表中选择 Volume Fraction。

③ 在 Value 文本框中输入 1。

④ 在 Registers to Patch 列表中选择 cylinder-r0。

⑤ 单击 Patch 按钮，关闭 Patch 对话框。

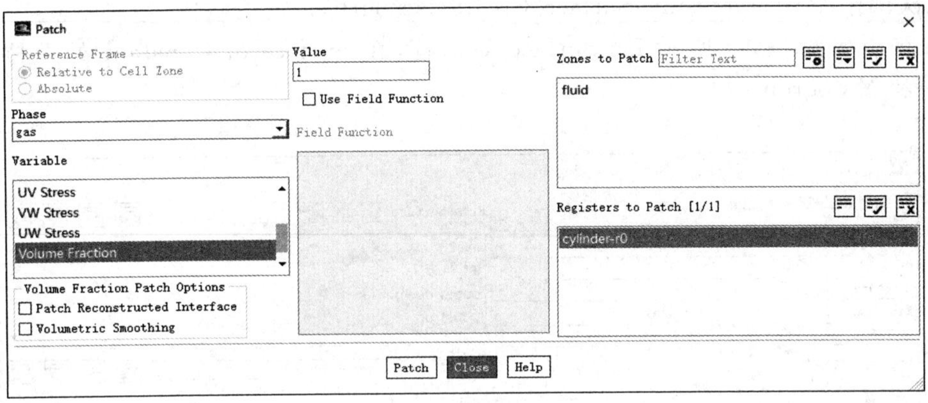

图 6-388 Patch 空气柱

(5) 保存文件

依次操作：File/Write/Case&Data。

保存已设置好的 case 和 data 文件。

(6) 运算参数设置

依次操作：Solution/Run calculation。

单击 Solution 下方的 Run Calculation 任务界面，在 Number of Time Steps 一栏中输入迭代步数 5000，Time Step Size(s)一栏中输入计算的时间步长 0.001，如图 6-389 所示。单击 Calculate 开始计算，视图对话框开始显示残差曲线，同时信息对话框显示残差具体数值。

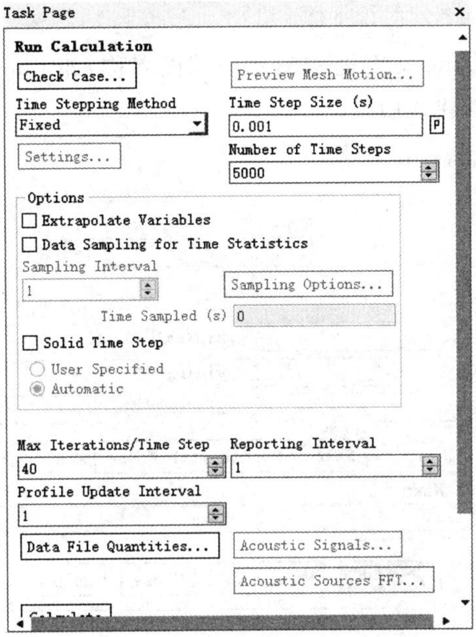

图 6-389 运算设置界面

（7）创建截面

依次操作：Postprocessing/Surface/Create/Iso-Surface。

① 弹出如图 6-390 所示 Iso-Surface 对话框，在 Surface of Constant 处下拉框选择 Mesh…和 Y-Coordinate。

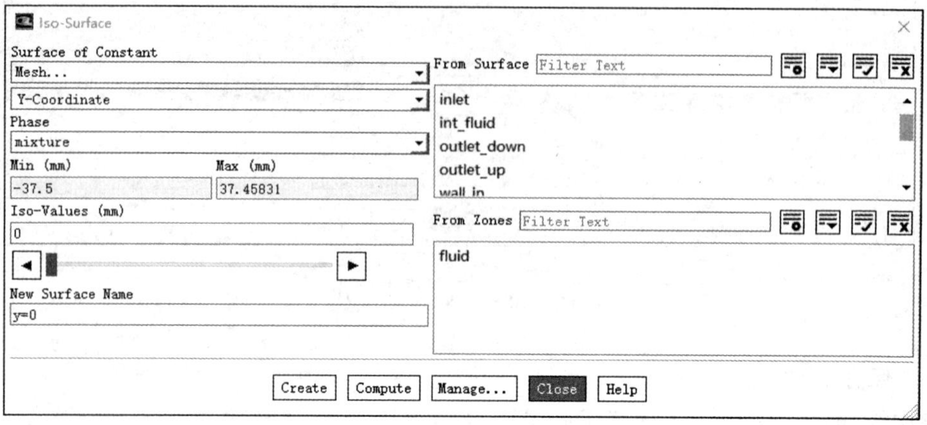

图 6-390　创建截面对话框

② 在 New Surface Name 文本框中输入该截面名称，如 y=0。

③ 单击 Create 按钮创建截面。

（8）创建线段

依次操作：Postprocessing/Surface/Create/(Line/Rake)。

① 弹出如图 6-391 所示 Line/Rake Surface 对话框，在 End Points 对话框中输入两个点的坐标(37.5,0,15)和(−37.5,0,15)。

② 在 New Surface Name 文本框中输入该截面名称，如 line-1。

③ 单击 Create 按钮创建线段。

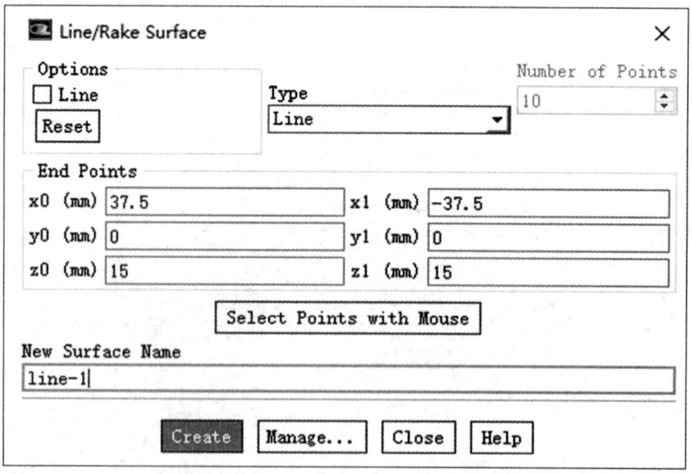

图 6-391　创建线段对话框

6.7.3.8 步骤8:计算结果的后处理

创建观察面及线段,然后再显示这些位置上温度、速度等物理量的分布。

(1) 显示切向速度分布曲线

依次操作:Results/Plots/XY Plot。

① 弹出如图6-392所示Solution XY Plot对话框,在Y Axis Function下拉列表中分别选择Velocity…和Tangential Velocity。

② 在Surfaces下拉的菜单中选择line-1。

③ 其余保持默认设置。

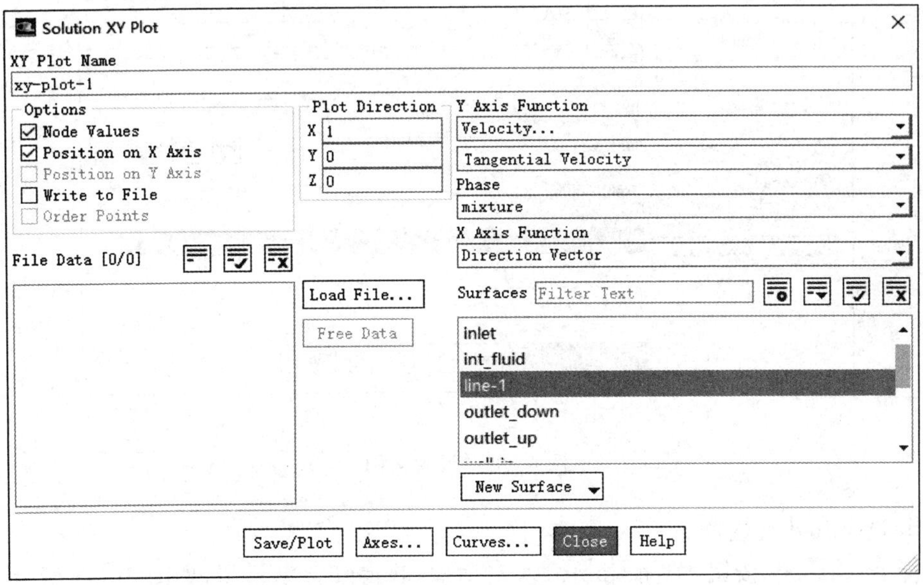

图6-392 设置XY Plot

④ 单击Save/Plot按钮,在右侧窗口可看见如图6-393所示曲线。

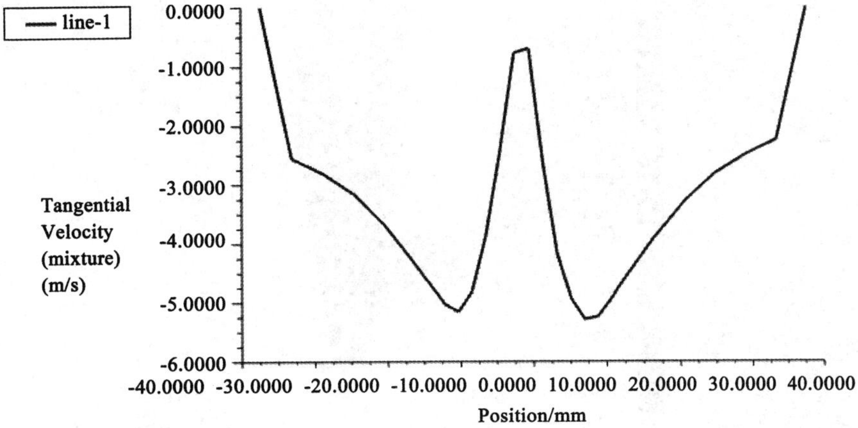

图6-393 线段line-1上的切向速度分布曲线

（2）显示气含率分布图

依次操作：Results/Graphics/Contours。

① 从 Contours of 下拉列表中选择 Phase…和 Volume fraction，Phase 下拉列表中选择 gas，Surfaces 下拉菜单中选择 y=0，如图 6-394 所示。

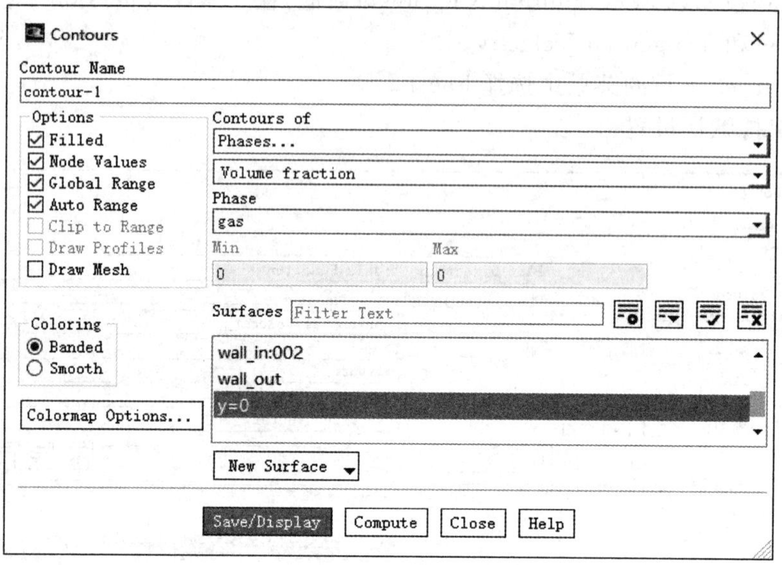

图 6-394　设置云图

② 勾选 Filled 复选框。

③ 单击 Display 按钮，关闭 Contours 对话框，获得气含率云图，如图 6-395 所示。

注：此图显示的是某一时刻瞬时状态，若重点考察的是最终稳定状态，应对计算达到统计学稳定后的算例取最后 2～3 个周期内的时均值。

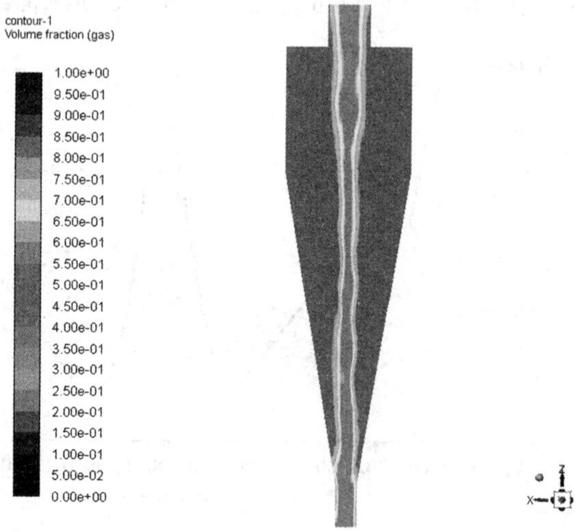

图 6-395　y=0 轴截面上气含率分布云图

参 考 文 献

[1] 安德森. 计算流体力学基础及其应用[M]. 吴颂平,刘赵淼,译. 北京:机械工业出版社,2007.

[2] 胡坤,李振北. ANSYS ICEM CFD 工程实例详解[M]. 北京:人民邮电出版社,2014.

[3] 于勇. FLUENT 入门与进阶教程[M]. 北京:北京理工大学出版社,2008.

[4] 王海彦,刘永刚. ANSYS Fluent 流体数值计算方法与实例[M]. 北京:中国铁道出版社,2015.

[5] 李鹏飞,徐敏义,王飞飞. 精通 CFD 工程仿真与案例实战[M]. 北京:人民邮电出版社,2011.

[6] 朱红钧,林元华,谢龙汉. FLUENT 流体分析及仿真实用教程[M]. 北京:人民邮电出版社,2010.

[7] 温正. FLUENT 流体计算应用教程[M]. 2 版. 北京:清华大学出版社,2013.

[8] 王福军. 计算流体动力学分析:CFD 软件原理与应用[M]. 北京:清华大学出版社,2004.

[9] 陈家庆,余接成,刘美丽,等. ANSYS FLUENT 技术基础与工程应用[M]. 北京:中国石化出版社,2014.

[10] 闫小康,HOLLOWAY W,SUNDARESAN S,等. 亚格子过滤双流体模型的网格依赖性[J]. 化工学报,2013,64(3):877-885.

[11] 闫小康,周长春. 旋流-静态微泡浮选柱管流段结构型式对分选效果的影响[J]. 煤炭学报,2016,41(增刊 1):199-205.

[12] 李娟,闫小康,李晓恒,等. 旋流器内部流场的数值模拟方法研究[J]. 煤炭学报,2019,44(10):8.